高职高专土木与建筑规划教材

建筑施工组织与管理
(第2版)

韩国平　陈晋中　主　编
涂群岚　肖金媛　冯川萍　副主编

清华大学出版社
北　京

内容简介

本书全面系统地阐述了建筑施工组织与管理的理论、方法和案例，注重培养学生的创新思维和动手能力。在内容的编排上，以培养综合素质为基础，以提高职业技能为本位，重点突出综合性和实践性。本书共分8章，包括建筑施工组织概述、建筑工程流水施工、网络计划技术、单位工程施工组织设计、施工组织总设计、施工项目管理组织、施工项目管理、施工项目信息管理及部分案例等。

本书内容简明扼要、知识点实用，既可作为高等职业技术教育建设类专业的教材，也可作为相关人员的岗位培训教材或工程技术人员和工程管理人员学习管理知识、进行施工组织管理工作的参考书。

图书在版编目(CIP)数据

建筑施工组织与管理/韩国平，陈晋中主编；涂群岚，肖金媛，冯川萍副主编. —2版. —北京：清华大学出版社，2012（2021.1重印）
(高职高专土木与建筑规划教材)
ISBN 978-7-302-29044-5

Ⅰ. ①建… Ⅱ. ①韩… ②陈… ③涂… ④肖… ⑤冯… Ⅲ. ①建筑工程—施工组织—高等职业教育—教材 ②建筑工程—施工管理—高等职业教育—教材 Ⅳ. ①TU7

中国版本图书馆CIP数据核字(2012)第127844号

责任编辑：刘天飞　桑任松
封面设计：杨玉兰
责任校对：周剑云
责任印制：宋　林
出版发行：清华大学出版社
　　网　　址：http://www.tup.com.cn, http://www.wqbook.com
　　地　　址：北京清华大学学研大厦A座　　**邮　　编：**100084
　　社 总 机：010-62770175　　**邮　　购：**010-62786544
　　投稿与读者服务：010-62776969, c-service@tup.tsinghua.edu.cn
　　质量反馈：010-62772015, zhiliang@tup.tsinghua.edu.cn
　　课件下载：http://www.tup.com.cn, 010-62791865
印 装 者：三河市龙大印装有限公司
经　　销：全国新华书店
开　　本：185mm×260mm　　印　张：17　　字　数：406千字
版　　次：2007年4月第1版　2012年8月第2版　　印　次：2021年1月第10次印刷
定　　价：49.00元

产品编号：040565-02

前　言

建筑施工组织与管理是建筑工程项目自开工至竣工整个过程中的重要投入手段，它对于提高建筑工程项目的质量水平、安全文明施工管理水平、工程进度控制水平，提高工程建设投资效益等起着重要的保证作用。建筑施工组织与管理是针对工程项目施工的复杂性来研究工程项目建设统筹安排与系统管理客观规律的一门主干课程。它也是建筑企业运用系统的观点、理论和方法对工程项目进行决策、计划、组织、控制、协调等过程的全面管理的一项重要工作。建筑施工组织与管理涉及面广，实践性强，综合性大，影响因素多。本书结合高等职业技术教育的特点，强调理论与实践相结合，注重培养学生的创新思维和实际动手能力。在内容的编排上，以培养综合素质为基础，以提高职业技能为本位，重点突出综合性和实践性，既保证本书的系统性和完整性，又体现内容的先进性、实用性和可操作性，同时兼顾案例教学与实践教学。本书修改后反映了本专业最新的建筑法规、规范、标准、规程与技术要求，在有关章节配有相应的施工组织与管理案例，便于老师课堂内讲授或供学生课后阅读。

本书适用于建设行业高等职业技术教育建筑工程技术、工程监理、工程造价、建筑经济管理、建筑工程管理、基础工程技术、地下工程与隧道工程技术等相关专业作教材，也可作为工程建设类相关人员的岗位培训教材，供建筑施工企业工程技术人员和工程管理人员、建设单位的建设项目管理人员、监理单位工程项目监理人员及建筑工程项目咨询机构的技术人员参考。

本书由韩国平、陈晋中主编，涂群岚、肖金媛、冯川萍任副主编。

全书共分 8 章，第 1 章第 1.1 节～第 1.3 节、第 2 章由江西建设职业技术学院肖金媛教授编写；第 1 章第 1.4 节、第 7 章由江西建设职业技术学院涂群岚副教授编写；第 3 章由广东茂名职业技术学院高级讲师冯川萍编写；第 4 章、第 5 章由南京交通职业技术学院陈晋中副教授编写；第 6 章、第 8 章由江西建设职业技术学院韩国平教授编写。

由于编者水平有限，书中难免存在疏漏和不足之处，衷心欢迎读者提出宝贵意见，予以赐教指正。本书在编写过程中参考了有关建筑施工组织与管理及相关方面的规范、标准、手册、专著等，特此向相关著作的作者表示诚挚的感谢。

编　者

目　　录

第1章　建筑施工组织概述........1

1.1　建设项目程序与施工项目管理程序......1

1.1.1　建设项目及其组成........1

1.1.2　建设项目程序........2

1.1.3　施工项目管理程序........2

1.2　建筑产品及其施工特点........4

1.2.1　建筑产品的特点........4

1.2.2　建筑施工的特点........5

1.3　施工组织设计概论........6

1.3.1　施工组织设计的任务与作用......6

1.3.2　施工组织设计的分类与内容......6

1.3.3　施工组织设计的编制与实施......7

1.3.4　组织项目施工的基本原则........8

1.4　施工准备工作........8

1.4.1　施工准备工作的重要性........8

1.4.2　施工准备工作的分类........9

1.4.3　施工准备工作的内容........9

1.4.4　季节性施工准备........14

1.4.5　施工准备工作计划........15

1.5　本章小结........16

1.6　复习思考题........16

第2章　建筑工程流水施工........17

2.1　流水施工的基本概念........17

2.1.1　建筑施工的组织方式........17

2.1.2　流水施工的技术经济效果........21

2.1.3　组织流水施工的条件........21

2.1.4　建筑流水施工的表达形式........22

2.2　流水施工的基本参数........23

2.2.1　工艺参数........23

2.2.2　空间参数........24

2.2.3　时间参数........26

2.3　流水施工的基本方式........29

2.3.1　有节奏流水施工........29

2.3.2　无节奏流水施工........33

2.4　流水施工案例........35

2.4.1　砖混结构房屋的流水施工........35

2.4.2　框架结构房屋的流水施工........38

2.5　本章小结........44

2.6　复习思考题........44

第3章　网络计划技术........46

3.1　基本概念........46

3.1.1　横道计划与网络计划的特点分析........47

3.1.2　网络计划的分类........49

3.2　双代号网络计划........50

3.2.1　双代号网络图的组成........50

3.2.2　双代号网络图的绘制........53

3.2.3　双代号网络图时间参数的计算........65

3.2.4　双代号时标网络计划........78

3.3　单代号网络计划........83

3.3.1　单代号网络图的组成........83

3.3.2　单代号网络图的绘制........84

3.4　网络计划的优化........85

3.4.1　工期优化........85

3.4.2　费用优化........88

3.4.3　资源优化........94

3.5　本章小结........95

3.6　复习思考题........95

第4章　单位工程施工组织设计........98

4.1　概述........98

4.2　工程概况和施工特点分析........100

4.3　施工方案........101

4.3.1　施工程序与施工段划分........102

4.3.2　施工流向与施工顺序........103

4.3.3　选择施工方法和施工机械........104

4.3.4　主要技术组织措施........106

4.3.5 施工方案的技术经济评价......107

4.4 施工进度计划......108

4.4.1 单位工程施工进度计划的分类......108

4.4.2 单位工程施工进度计划编制的依据和程序......109

4.4.3 单位工程施工进度计划的编制......109

4.5 施工准备工作及资源需用量计划......117

4.5.1 施工准备工作计划......117

4.5.2 资源需用量计划......118

4.6 单位工程施工平面图......119

4.6.1 施工平面图设计的依据、原则与步骤......120

4.6.2 起重运输机械位置的确定......120

4.6.3 搅拌站、加工棚、仓库及材料堆场的布置......121

4.6.4 运输道路的布置......123

4.6.5 临时设施的布置......124

4.6.6 临时供水、供电设施的布置......124

4.6.7 施工平面图的绘制......125

4.7 单位工程施工组织设计案例......128

4.8 本章小结......142

4.9 复习思考题......143

第5章 施工组织总设计......144

5.1 概述......144

5.2 工程概况......145

5.3 施工总体部署......146

5.4 施工总进度计划......147

5.4.1 施工总进度计划的编制原则和内容......147

5.4.2 划分工程项目与计算工程量......148

5.4.3 确定各单位工程的施工期限......149

5.4.4 确定各单位工程开竣工时间和相互搭接关系......149

5.4.5 编制施工总进度计划......150

5.5 资源需要量计划......151

5.6 施工总平面图......153

5.6.1 施工总平面图的设计依据......153

5.6.2 施工总平面图的设计原则与内容......153

5.6.3 施工总平面图的设计步骤......154

5.6.4 施工总平面图的绘制......156

5.7 大型临时设施计算......156

5.7.1 临时仓库和堆场计算......156

5.7.2 临时建筑物计算......159

5.7.3 临时供水计算......160

5.7.4 临时供电计算......162

5.8 施工组织总设计案例......165

5.9 本章小结......182

5.10 复习思考题......183

第6章 施工项目管理组织......184

6.1 施工项目管理经理部......184

6.1.1 项目经理部的作用......186

6.1.2 项目经理部的规模设计......186

6.1.3 项目经理部的管理制度......188

6.1.4 项目经理部的解体......190

6.2 施工项目经理......191

6.2.1 施工项目经理应具备的素质......191

6.2.2 施工项目经理的选择......192

6.2.3 施工项目经理的工作......193

6.2.4 施工项目经理责任制......194

6.2.5 建造师的执业要求、执业能力、执业范围与执业资质考核......197

6.3 案例......200

6.4 本章小结......202

6.5 复习思考题......203

第7章 施工项目管理......205

7.1 施工项目合同管理......205

7.1.1 施工项目合同管理概述......205

7.1.2 施工项目合同的种类与内容......206
7.1.3 施工项目合同的签订及履行......206
7.1.4 施工索赔......207
7.2 施工项目进度控制......209
7.2.1 施工项目进度控制概述......209
7.2.2 施工项目进度计划的审核、实施与检查......210
7.2.3 施工进度计划的调整......211
7.3 施工项目成本管理......212
7.3.1 施工项目成本控制概述......212
7.3.2 施工项目成本预测......215
7.3.3 施工项目成本核算......216
7.3.4 施工项目成本分析和考核......220
7.4 施工项目质量管理......223
7.4.1 施工项目质量控制的内容......223
7.4.2 施工工序质量控制......224
7.4.3 施工项目质量控制方法......228
7.4.4 工程质量问题的分析和处理......232
7.5 施工项目安全管理......233
7.5.1 施工项目安全管理概述......233
7.5.2 施工项目安全保证计划......234
7.5.3 施工项目安全管理措施......234
7.5.4 安全事故原因分析及调查处理......238
7.6 施工项目技术管理......241
7.6.1 施工项目技术管理概述......241
7.6.2 施工项目技术管理基础工作......242
7.6.3 施工项目技术管理工作......242
7.6.4 技术革新......244
7.7 本章小结......245
7.8 复习思考题......246

第8章 施工项目信息管理......247

8.1 施工项目信息管理概述......248
8.1.1 施工项目信息的分类......248
8.1.2 施工项目信息的表现形式......250
8.1.3 施工项目信息的流动形式......251
8.1.4 施工项目信息管理的基本要求......252
8.2 施工项目信息的内容......253
8.3 施工项目信息管理系统......253
8.3.1 施工项目信息管理系统结构......254
8.3.2 施工项目信息管理系统的内容......255
8.3.3 施工项目信息管理系统的基本要求......256
8.4 施工项目信息管理软件简介......256
8.4.1 施工项目管理软件应具备的基本功能......256
8.4.2 施工项目管理软件......257
8.5 本章小结......261
8.6 复习思考题......261

参考文献......262

第 1 章　建筑施工组织概述

在每一个建筑工程项目上，各类建筑物的施工生产活动，往往有着许多不同工种的操作工人、不同类型的施工机具、不同种类的建筑材料和构配件等。要提高建筑工程项目施工的质量，缩短施工工期，降低工程成本，实现安全文明施工，施工管理人员就面临着如何合理组织施工的问题。

1.1　建设项目程序与施工项目管理程序

1.1.1　建设项目及其组成

基本建设是固定资产的建设，也是指建造、购置和安装固定资产的活动及与此相联系的其他工作。基本建设按其内容构成包括：固定资产的建造和安装、固定资产的购置及其他基本建设工作。基本建设的范围包括：新建、扩建、改建、恢复和迁建各种固定资产的建设工作。

基本建设项目简称建设项目。凡是按总体设计组织施工建成后具有完整的系统，可以独立地形成生产能力或使用价值的建设工程，称为建设项目，如工业建筑的钢厂、纺织厂等；民用建筑的学校、医院等。

建设项目，按其复杂程度由高到低分为以下工程。

1. 单项工程

凡是具有独立的设计文件，竣工后可以独立发挥生产能力或效益的工程，称为单项工程(也称工程项目)。建设项目，可以由一个单项工程组成，也可由若干个单项工程组成。如工业建设项目中，各独立的生产车间、实验楼、各种仓库等；民用建设项目中，学校的教学楼、实验楼、图书馆、学生宿舍等，这些都可以称为单项工程。

2. 单位工程

凡是具有单独设计，可以独立施工，但完工后不能独立发挥生产能力或效益的工程，称为单位工程。单项工程一般都由若干个单位工程所组成。如一个复杂的生产车间，一般由土建工程、管道安装工程、设备安装工程、电气安装工程等单位工程组成。

3. 分部工程

一个单位工程可以由若干个分部工程组成。如一幢房屋的土建工程，按结构或构造部位划分，可以分为基础、主体结构、屋面、装修等分部工程；按工种工程划分，可以分为土(石)方工程、桩基工程、混凝土工程、砌筑工程、防水工程、抹灰工程等分部工程。

4. 分项工程

一个分部工程可以划分为若干个分项工程。可以按不同的施工内容或施工方法来划分，以便于专业施工班组的施工。如房屋的基础工程，可以划分为基槽(坑)挖土、混凝土垫层、砖砌基础、回填土等分项工程。

1.1.2 建设项目程序

建设项目程序指的是建设项目在整个建设过程中各项工作必须遵循的先后顺序，是拟建建设项目在整个建设过程中必须遵循的客观规律。

基本建设项目程序，一般可划分为决策、准备和实施三个阶段。

1. 投资决策阶段

投资决策阶段是根据国民经济、中长期发展规划，进行建设项目的可行性研究，编制建设项目的计划任务书(又称设计任务书)。其内容包括调查研究、经济论证、选择与确定建设项目的地址、规模和时间要求等。

2. 投资准备阶段

投资准备阶段是根据批准的计划任务书，进行勘察设计，做好建设准备，安排建设计划。其内容包括工程地质勘察，进行初步设计、技术设计和施工图设计，编制设计概算，设备订货，征地拆迁，编制分年度的投资及项目建设计划等。

3. 投资实施阶段

投资实施阶段是根据设计图纸，进行建筑安装施工，做好生产或使用资金的积累，进行竣工验收，交付生产或使用。

基本建设项目程序可分为 8 个步骤。

(1) 建设项目可行性研究。

(2) 建设项目计划任务书(或设计任务书)。

(3) 勘察设计工作。

(4) 建设项目的准备工作。

(5) 拟定建设项目的建设计划安排。

(6) 建筑、安装施工。

(7) 生产前的各项准备工作。

(8) 竣工验收、交付使用。

以上 8 个步骤，就是基本建设项目的程序。这个程序既不能违反，也不能颠倒，但在具体工作中有互相平行交叉的情况。

1.1.3 施工项目管理程序

施工项目管理是企业运用系统的观点、理论和科学技术的方法对施工项目进行的计划、组织、监督、控制、协调等全过程的管理。施工项目管理应当体现管理的规律，企业应利用制度保证项目管理按规定程序运行，提高建设工程的施工管理水平，促进施工项目管理的科学化、规范化和法制化，适应市场经济发展的需要，与国际惯例接轨。施工实践经验的总结，反映了整个施工阶段必须遵循的先后次序。施工项目管理程序由下列各环节组成。

1. 编制项目管理规划大纲

项目管理规划分为项目管理规划大纲和项目管理实施规划。项目管理规划大纲是由企业管理层在投标之前编制的，作为投标依据、满足招标文件要求及签订合同要求的文件。当承包人以编制施工组织设计代替项目管理规划时，施工组织设计应满足项目管理规划的要求。

项目管理规划大纲(或施工组织设计)的内容包括：项目概况、项目实施条件、项目投标活动及签订施工合同的策略、项目管理目标、项目组织结构、质量目标和施工方案、工期目标和施工总进度计划、成本目标、项目风险预测和安全目标、项目现场管理和施工平面图、投标和签订施工合同、文明施工及环境保护等。

2. 编制投标书并进行投标，签订施工合同

施工单位承接任务的方式一般有三种：国家或上级主管部门直接下达；受建设单位委托而承接；通过投标而中标承接。招投标方式是最具有竞争机制、较为公平合理的承接施工任务的方式，在我国某些方面已得到了广泛普及。

施工单位要从多方面掌握大量信息，编制出既能使企业赢利，又有竞争力、有望中标的投标书。如果中标，则与招标方进行谈判，依法签订施工合同。签订施工合同之前要认真检查相关必要条件是否已经具备。如工程项目是否有正式批文、是否落实投资源等。

3. 选定项目经理，组建项目经理部，签订“项目管理目标责任书”

签订施工合同后，施工单位应选定项目经理，项目经理接受企业法定代表人的委托组建项目经理部和配备管理人员。企业法定代表人根据施工合同和经营管理目标要求与项目经理签订“项目管理目标责任书”，明确规定项目经理部应达到的成本、质量、进度和安全等控制目标。

4. 项目经理部编制“项目管理实施规划”，进行项目开工前的准备

项目管理实施规划(或施工组织设计)是在工程开工之前由项目经理主持编制的，用于指导施工项目实施阶段管理活动的文件。

编制项目管理实施规划的依据是项目管理规划大纲、项目经理目标责任书和施工合同。项目管理实施规划的内容包括：工程概况、施工部署、施工方案、施工进度计划、资源供应计划、施工准备工作计划、施工平面图、技术组织措施计划、项目风险管理、信息管理技术经济指标分析等。

项目管理实施规划经会审后，由项目经理签字并报企业主管领导人审批。

根据项目管理实施规划，对首批施工的各单位工程，应抓紧落实各项施工准备工作，使现场具备开工条件，有利于进行文明施工。具备开工条件后，提交开工申请报告，经审查批准后，即可正式开工。

5. 施工期间用“项目管理实施规划”进行管理

施工过程是一个自开工至竣工的实施过程，是施工程序中的主要阶段。在这一过程中，项目经理应从整个施工现场的全局出发，按照项目管理实施规划(或施工组织设计)进行管理，精心组织施工，加强各单位、各部门的配合与协作，协调解决各方面问题，使施工活动顺利开展，保证质量目标、进度目标、安全目标和成本目标的实现。

6. 验收、交工与竣工结算

项目竣工验收是在承包人按施工合同完成项目全部任务后，经检验合格，由发包人组织验收的过程。项目经理应全面负责工程交付竣工验收前的各项准备工作，建立竣工收尾小组，编制项目竣工收尾计划并限期完成。项目经理部应在完成施工项目竣工收尾计划后，向企业报告，提交有关部门进行验收。承包人在企业内部验收合格并整理好各项交工验收的技术经济资料后，向发包人发出预约竣工验收的通知书，由发包人组织设计、施工、监理等单位进行项目竣工验收。通过竣工验收程序，办完竣工结算后，承包人应在规定期限内向发包人办理工程移交手续。

7. 项目考核评价

施工项目完成以后，项目经理部应对其进行经济分析，做出项目管理总结报告并送企业管理层有关职能部门。企业管理层组织项目考核评价委员会，对项目管理工作进行考核评价。项目考核评价的目的是规范项目管理行为，鉴定项目管理水平，确认项目管理成果，对项目管理进行全面考核和评价。项目终结性考核的内容应包括确认阶段性考核的结果，确认项目管理的最终结果，确认该项目经理部是否具备“解体”的条件。经考核评价后，兑现“项目管理目标责任书”中的奖惩承诺，项目经理部解体。

8. 项目回访保修

承包人在施工项目竣工验收后，应向用户访问以了解工程使用状况和质量问题，并按照施工合同的约定和“工程质量保修书”的承诺，对保修期内发生的质量问题进行修理并承担相应的经济责任。

1.2 建筑产品及其施工特点

1.2.1 建筑产品的特点

1. 建筑产品的概念

建筑业生产的各种建筑物或构筑物等称为建筑产品。它与其他工业生产的产品相比，具有特有的一系列技术经济特点，这也是建筑产品与其他工业产品的本质区别。

2. 建筑产品的技术经济特点

1) 庞体性

建筑产品与一般工业产品相比体积庞大，重量也大。

2) 固定性

建筑物选择固定建造地点，建成后一般都无法移动。

3) 多样性

由于建筑物的使用功能及用途不同，建筑规模、建筑设计、结构类型等也各不相同。即使是同一类型的建筑物，也因坐落地点、环境条件、城市规划要求等因素而彼此有所区别。因此，建筑产品是丰富多彩、多种多样的。

4) 复杂性

通过建筑、装饰设计及装饰施工，可使建筑物表现出极强的艺术风格及感染力，而这种建筑功能、艺术处理及装饰做法等都是一种复杂的产品，其施工过程也大都错综复杂。

1.2.2 建筑施工的特点

1. 长期性(工期长)

由于建筑产品体积庞大，需要消耗巨大的人力、物力、财力，在完成建筑产品的过程中需要吸收多方面的人员，组织成千上万吨物资及施工机具，按照合理的施工顺序，科学地进行生产活动，因而施工工期较长，少则几个月，多则几年。这就要求在施工组织管理中对施工过程中各分部、分项及工序之间的施工活动进行科学分析，合理组织人、财、物的投入顺序、数量、比例，科学地进行工程排队，组织流水作业，提高对时间和空间的利用率。

2. 流动性

由于建筑产品的固定性，用于施工的劳动力、生产资料及相应的设施不仅要随着建筑物建造地点的变更而流动，而且还要随着建筑物施工部位的改变而在不同的空间流动。这就要求每变换一个新的施工地点，施工单位都要对当地的环境和施工现场进行重新调查，根据工程对象的不同特点重新布置施工力量和进行有关设施的建设。为了适应施工地点经常变动及施工队伍流动性大的特点，在施工组织管理中，队伍建设要“精干、高效”，后勤供应要及时、有保障。

3. 个别性

由于建设单位对建筑产品的用途、功能、外形等的不同要求，一般没有固定的模式，因此，建筑施工具有个别性。这就要求在施工组织管理中，根据具体情况因地制宜、因时制宜、因条件制宜地搞好建筑施工。

4. 复杂性

由于建筑产品的复杂性、施工的流动性和个别性，因此各建筑物和构筑物的工程量、劳动量差异较大；由于露天作业、高空作业、地下作业和手工操作多，造成建筑施工条件

难以固定，稳定性差。这就要求在施工组织管理中针对各种变化的可能性进行预测，制定措施，加强控制，保质保量地完成建筑施工任务。结合企业组织的一般原则，最大限度地节约人力、物力、财力，确保工程质量，合理缩短施工周期，全面完成施工任务。

1.3 施工组织设计概论

1.3.1 施工组织设计的任务与作用

1. 施工组织设计的任务

施工组织设计是用来指导拟建工程施工全过程中各项活动的技术、经济和组织的综合性文件。

施工组织设计的任务是：在党和国家建设方针、政策的指导下，从施工的全局出发，根据拟建工程的各种具体条件，拟订工程施工方案，安排施工进度，进行现场布置；把施工中各单位、各部门、各工种、各阶段及各项目之间的关系等更好地协调起来，使施工建立在科学、合理的基础之上，从而做到人尽其力、物尽其用；优质、安全、低耗、高效地完成工程施工任务，取得最好的经济效益和社会效益。

2. 施工组织设计的作用

施工组织设计是施工准备工作的重要组成部分，又是做好施工准备工作的主要依据和重要保证。

施工组织设计是对拟建工程施工全过程实行科学管理的重要手段，是编制施工预算和施工计划的主要依据，是建筑企业合理组织施工和加强项目管理的重要措施。

施工组织设计是检查工程的施工进度、质量、成本三大目标的依据，也是建设单位与施工单位之间履行合同、处理关系的主要依据。

1.3.2 施工组织设计的分类与内容

1. 按设计阶段的不同分类

施工组织设计的编制一般与勘察设计阶段相配合。

1) 设计按两个阶段进行时

施工组织设计分为施工组织总设计(扩大初步施工组织设计)和单位工程施工组织设计两种。

2) 设计按三个阶段进行时

施工组织设计分为施工组织设计大纲(初步施工组织条件设计)、施工组织总设计和单位工程施工组织设计三种。

2. 按编制对象范围的不同分类

1) 施工组织总设计

施工组织总设计是以一个建筑群或一个施工项目为编制对象，用以指导整个建筑群或施工项目施工全过程中各项施工活动的技术、经济和组织的综合性文件。

2) 单位工程施工组织设计

单位工程施工组织设计是以一个单位工程(一个建筑物或构筑物、一个交工系统)为对象，用以指导其施工全过程中各项施工活动的技术、经济和组织的综合性文件。

3) 分部分项工程施工组织设计

分部分项工程施工组织设计是以分部分项工程为编制对象，用以具体指导其施工全过程中各项施工活动的技术、经济和组织的综合性文件。

4) 专项施工组织设计

专项施工组织设计是以某一专项技术(如重要的安全技术、质量技术或高新技术等)为编制对象，用以指导施工的综合性文件。

1.3.3 施工组织设计的编制与实施

1. 施工组织设计的编制

(1) 当拟建工程中标后，施工单位必须编制建设工程施工组织设计。建设工程实行总包和分包的，由总包单位负责编制施工组织设计或者分阶段施工组织设计。分包单位在总包单位的总体部署下，负责编制分包工程的施工组织设计。施工组织设计应根据合同工期及有关的规定进行编制，并且要广泛征求各协作施工单位的意见。

(2) 对结构复杂、施工难度大及采用新工艺和新技术的工程项目，要进行专业性研究，必要时组织专门会议，邀请有经验的专业工程技术人员参加，集思广益，为施工组织设计的编制和实施打下坚实的基础。

(3) 在施工组织设计的编制过程中，充分发挥各职能部门的作用，吸收它们参加编制和审定；充分利用施工企业的技术素质和管理素质，统筹安排，扬长避短，发挥施工企业的优势，合理地进行工序交叉配合的程序设计。

(4) 提出比较完整的施工组织设计方案之后，要组织参加编制的人员及单位进行讨论，逐项逐条地研究，修改后确定，最终形成正式文件，送主管部门审批。

2. 施工组织设计的实施

施工组织设计的编制，只是为实施拟建工程项目的生产过程提供一个可行的方案，这个方案的经济效果如何，必须通过实践去验证。施工组织设计实施实际上是把一个静态平衡方案放到不断变化的施工过程中，考核其效果和检验其优劣，以达到预定目标的过程。所以施工组织设计实施的情况如何，其意义是深远的。为了保证施工组织设计的顺利实施，应做好以下几个方面的工作。

(1) 传达施工组织设计的内容和要求，做好施工组织设计的交底工作。

(2) 制定有关贯彻施工组织设计的规章制度。

(3) 推行项目经理责任制和项目成本核算制。

(4) 统筹安排，综合平衡。

(5) 切实做好施工准备工作。

1.3.4 组织项目施工的基本原则

在我国，施工组织与管理应遵循社会化生产条件下管理的根本原则和企业组织的一般原则，最大限度地节约人力、物力、财力，确保工程质量、合理缩短施工周期、全面完成施工任务。在编制施工组织设计和组织项目施工时，应遵守以下原则。

(1) 认真贯彻执行党和国家对工程建设的各项方针政策和法律、法规，严格执行现行的建设程序。

(2) 遵循建筑施工工艺及其技术规律，按照合理的施工程序和施工顺序，在保证工程质量的前提下，加快建设速度，缩短工程工期。

(3) 采用流水施工方法和网络计划的先进技术，组织有节奏、连续和均衡的施工，科学地安排施工进度计划，保证人力、物力充分发挥作用。

(4) 统筹安排，保证重点，合理地安排冬期、雨期施工项目，提高施工的连续性和均衡性。

(5) 认真贯彻建筑工艺化方针，不断提高施工机械化水平，按照工厂预制和现场预制相结合的原则，扩大预制范围，提高预制装配程度；改善劳动条件，减轻劳动强度，提高劳动生产率。

(6) 采用国内外先进施工技术，科学地确定施工方案，贯彻执行施工技术规范和操作规程，提高工程质量，确保安全施工，缩短施工工期，降低工程成本。

(7) 精心规划施工平面图，节约用地，尽量减少临时设施，合理储存物资，充分利用当地资源，减少物资运输量。

(8) 做好现场文明施工和环境保护工作。

1.4 施工准备工作

1.4.1 施工准备工作的重要性

施工准备工作是指施工前从组织、技术、经济、劳动力、物资、生活等方面为保证土建施工和工程设备安装顺利进行而事先做好的各项工作。在建筑施工中，它作为一个重要阶段，应当自始至终坚持“不打无准备之仗”的原则。它之所以重要，是因为建筑施工是一项非常复杂的生产活动，需要处理复杂的技术问题，耗用大量的物资，使用众多的人力，动用许多机械设备，所遇到的问题也是多种多样的，涉及的范围上至国家机关，下至各协作单位，十分广泛。认真地做好施工准备工作，对于合理供应资源，加快施工速度，提高工程质量，降低工程成本，发挥企业优势，增加企业经济效益，赢得企业社会信誉，实现企业现代化管理等具有重要的意义。

任何工程开工，必须有合理的施工准备期，以便为施工创造一切必要的条件。实践证明，凡是重视施工准备工作，积极为拟建工程创造一切施工条件，项目的施工就会顺利地进行；凡是不重视施工准备工作，就会给项目施工带来麻烦和损失，甚至给项目施工带来灾难，其后果不堪设想。

1.4.2 施工准备工作的分类

1. 按施工准备工作的范围分类

(1) 全场性施工准备。它是以一个建筑工地为对象而进行的各项施工准备工作，其目的和内容都是为全场性施工服务的，它不仅要为全场性的施工活动创造有利条件，而且也兼顾单位工程施工条件的准备工作。

(2) 单位工程施工条件的准备。它是以一个建筑物或构筑物为对象而进行的各项准备工作，其目的和内容都是为该单位工程创造施工条件做准备工作，确保单位工程按期开工和持续施工，同时也兼顾分部分项工程施工条件的准备工作。

(3) 分部分项工程作业条件的准备。它是以一个分部或分项工程或冬期、雨期施工工程为对象而进行的作业条件的准备工作。

2. 按拟建工程所处的施工阶段分类

(1) 开工前的施工准备。它是拟建工程开工前所进行的各项施工准备工作，其目的是为拟建工程正式开工和在一定的时间内持续施工创造必要的施工条件。它既可能是全场性施工准备，又可能是单位工程施工条件的准备。

(2) 各施工阶段施工前的准备。它是拟建工程开工后，每个施工阶段正式开工前所做的各项施工准备工作，其目的是为各施工阶段正式开工创造必要的条件。如砖混结构的民用住宅工程施工，一般可分为地基与基础工程、主体工程、屋面工程和装修工程等施工阶段，每个施工阶段的施工内容、施工方法、组织要求、现场布置方式等各不相同。因此，在每个施工阶段开工前，均要做好相应的施工准备工作。

1.4.3 施工准备工作的内容

一个建筑工地或一个单位工程开工前的施工准备工作通常包括技术资料准备、施工物资准备、施工组织准备、施工现场准备和施工现场外准备五个方面。

1. 技术资料准备

技术资料准备是施工准备工作的核心，是确保工程质量、工期、施工安全和降低工程成本、增加企业经济效益的关键，因此必须认真地做好技术资料准备工作。其主要内容包括熟悉与会审施工图纸、调查研究与收集资料、编制施工组织设计、编制施工预算文件。

1) 熟悉与会审施工图纸

(1) 熟悉与会审施工图纸的目的如下。

① 充分了解设计意图、结构构造特点、技术要求和质量标准，以免施工中发生指导性

错误。

② 通过审查发现设计图纸中存在的问题和错误，使其在施工开始之前改正，为施工项目的实施提供一份准确、齐全的设计图纸。

③ 提出合理化建议和协商有关配合施工等事宜，以便确保工程质量和安全，降低工程成本和缩短工期。

(2) 熟悉施工图纸包含以下重点内容和要求。

① 基础部分，应核对建筑、结构、设备施工图纸中有关基础留洞的位置尺寸、标高，地下室的排水方向，变形缝及人防出口的做法，防水体系的做法要求等。

② 主体结构部分，主要掌握各层所用砂浆、混凝土的强度等级，墙、柱与轴线的关系，梁、柱配筋及节点做法，悬挑结构的锚固要求，楼梯间的构造做法等，核对设备图和土建图上洞口的尺寸与位置关系是否准确一致。

③ 屋面及装修部分，主要掌握屋面防水节点做法，内外墙和地面等所用材料及做法，核对结构施工时为装修施工设置的预埋件、预留洞的位置、尺寸和数量是否正确。

在熟悉图纸时，对发现的问题应在图纸的相应位置做出标记，并做好记录，以便在图纸会审时提出意见，协商解决。

(3) 施工图纸会审的重点内容如下。

① 审查拟建工程的地点、建筑总平面图是否符合国家或当地政府的规划，是否与规划部门批准的工程项目规模形式、平面立面图一致，在设计功能和使用要求上是否符合卫生、防火及美化城市等方面的要求。

② 审查施工图纸与说明书在内容上是否一致，施工图纸是否完整、齐全，各种施工图纸之间或各组成部分之间是否有矛盾和差错，图纸上的尺寸、标高、坐标是否准确、一致。

③ 审查地上工程与地下工程、土建工程与安装工程、结构工程与装修工程等施工图纸之间是否有矛盾或施工中是否会发生干扰，地基处理、基础设计是否与拟建工程所在地点的水文、地质条件等相符合。

④ 当拟建工程采用特殊的施工方法和特定的技术措施，或工程复杂、施工难度大时，应审查本单位在技术上、装备条件上或特殊材料、构配件的加工订货上有无困难，能否满足工程质量、施工安全和工期的要求，采取某些方法和措施后，是否能达到设计要求。

⑤ 明确施工项目的结构形式和特点，复核主要承重结构的强度、刚度和稳定性是否满足要求，审查施工图纸中复杂、施工难度大和技术要求高的分部分项工程或新结构、新材料、新工艺，检查现有施工技术水平和管理水平能否满足工期和质量要求，并采取可行的技术措施加以保证。

⑥ 明确建设期限、分期分批投产或交付使用的顺序、时间，以及建设单位提供的材料和设备的种类、规格、数量及到货日期等。

⑦ 明确建设、设计和施工单位之间的协作、配合关系，以及建设单位可以提供的施工条件。

2) 调查研究与收集资料

(1) 调查研究与收集资料的目的如下。

① 为投标提供依据。1984 年我国实行招标承包制，改变了过去用行政手段分配施工任务的办法。施工单位在投标前，除了要认真研究招标文件、图纸等资料外，还要仔细地

调查研究现场及社会经济技术条件，在综合分析的基础上进行投标。

② 为签订承包合同提供依据。中标单位与招标单位签订工程承包合同，其中许多内容直接与当地的技术经济情况有关。

③ 为编制施工组织设计提供依据。施工组织设计中的有关材料供应、交通运输、构件订货、机械设备选择、劳动力筹集等内容的确定，都要以技术经济调查资料为依据。

(2) 调查研究与收集资料的主要内容如下。

① 技术经济资料的调查。主要包括建设地区水、电、气等能源情况的调查，交通状况的调查，主要材料、半成品、成品及其价格的调查。

② 建设场址的勘察。主要是了解建设地点的地形、地貌、地质、水文、气象及场地周围环境和障碍物情况等。

③ 社会资料的调查。主要有建设地区的政治、经济、文化、科技、风土、民俗等内容。其中社会劳动力情况、生活设施情况和可能参与工程施工的各单位情况是调查的重点。

④ 收集的主要参考资料。包括施工定额、施工手册、施工组织设计实例和平时施工实践中积累的经验资料等。

3) 编制施工组织设计

施工组织设计是全面安排施工生产的技术经济文件，是指导施工的主要依据。施工总承包单位经过投标、中标承接施工任务后，即开始编制施工组织设计，这是拟建工程开工前最重要的施工准备工作之一。

4) 编制施工图预算和施工预算

施工组织设计经批准后，即可着手编制单位工程施工图预算和施工预算，以确定人工、材料和机械费用的支出，并确定人工数量、材料消耗数量及机械台班使用量。

2. 施工物资准备

建筑材料、构配件、工艺机械设备、施工材料、机具等施工用物资是确保拟建工程顺利施工的物质基础，这些物资的准备工作必须在工程开工前完成，根据各种物资的需要量计划，分别落实货源，安排运输和储备，使其满足连续施工的要求。施工物资进场验收和使用时，应注意以下问题。

(1) 无出厂合格证明或没有按规定进行复验的原材料、不合格的建筑构配件，一律不得进场和使用。严格执行施工物资的进场检查验收制度，杜绝假冒伪劣产品进入施工现场。

(2) 现场配制的混凝土、砂浆、防水材料、耐火材料、绝缘材料、保温隔热材料、防腐蚀材料、润滑材料及各种掺和料、外加剂等，使用前均应由实验室确定原材料的规格和配合比，并制定出相应的操作方法和检验标准后方可使用。

(3) 根据施工预算提供的构(配)件、制品的名称、规格、质量和消耗量，确定加工方案、供应渠道及进场后的存放地点和方式，编制出其需要量计划，为组织运输、确定堆场面积提供依据。

(4) 按照施工项目工艺流程及工艺设备的布置图，提出工艺设备的名称、型号、生产能力和需要量；进场的机械设备，必须进行开箱检查验收，必须与设计要求完全一致。

3. 施工组织准备

施工组织准备是确保拟建工程能够优质、安全、低成本、高速度地按期建成的必要条

件。其主要内容包括：建立施工项目的领导机构；建立精干的施工队伍；加强职业培训和技术交底工作；建立健全各项规章与管理制度。

(1) 建立施工项目的领导机构。项目领导机构的建立应根据拟建项目的规模、结构特点、施工的难易程度，确定项目施工的领导机构人选和名额。对于一般的单位工程，可配置项目经理、技术员、质量员、材料员、安全员、定额统计员、会计各一人即可；对于大型的单位工程，项目经理可配副职，技术员、质量员、材料员和安全员的人数均应适当增加。

(2) 建立精干的施工队伍。施工队伍的建立要认真考虑专业、工种的合理配合，技工、普工的比例要满足合理的劳动组织，要符合流水施工组织方式的要求，建立施工队伍要坚持合理、精干的原则，同时制订出该项目的劳动力需要量计划。

建筑工程施工队伍主要有基本、专业和外包施工队伍三种类型。基本施工队伍是建筑施工企业组织施工生产的主力，应根据工程的特点、施工方法和流水施工的要求恰当地选择劳动组织形式。专业施工队伍主要用来承担机械化施工的土方工程、吊装工程、钢筋气压焊施工和大型单位工程内部的机电、消防、空调、通信系统等设备的安装工程。也可将这些专业性较强的工程外包给其他专业施工单位来完成。外包施工队伍主要用来弥补施工企业劳动力的不足。外包施工队伍大致有三种形式：独立承担单位工程施工、承担分部分项工程施工和参与施工单位施工队组施工，在实际中以前两种形式居多。

施工经验证明，无论采用哪种形式的施工队伍，都应遵循施工队组和劳动力相对稳定的原则，以利于保证工程质量和提高劳动效率。

(3) 加强职业培训和技术交底工作。建筑产品的质量是由工序质量决定的，工序质量是由工作质量决定的，工作质量又是由人的素质决定的。因此，要想提高建筑产品的质量，必须首先提高人的素质，加强职业技术培训，不断提高各类施工操作人员的技术水平。

施工队伍确定后，按工程开工日期和劳动力的需要量与使用计划，分期分批地组织劳动力进场，并在单位工程或分部分项工程开始之前向施工队组的有关人员或全体施工人员进行施工组织设计、施工计划交底和技术交底。

施工组织设计、施工计划交底和技术交底的内容主要有：工程施工进度计划、月(旬)作业计划、施工工艺方法、质量标准、安全技术措施、降低成本措施、施工验收规范中的有关要求，以及图纸会审纪要中确定的有关内容、施工过程中三方会签的设计变更通知单或洽商记录中核定的有关内容等。交底工作应按施工管理系统自上而下逐级进行；交底的方式以书面交底为主，口头交底、会议交底为辅，必要时应进行现场示范交底或样板交底。

施工队组和工人接受施工组织设计、计划和技术交底工作之后，还要组织施工队组有关人员或全体施工人员进行研究、分析，搞清关键内容，掌握操作要领，明确施工任务和分工协作关系，并制定出相应的岗位责任制和安全、质量保证措施。

(4) 建立健全各项规章与管理制度。施工现场各项规章与管理制度是否健全，不仅直接影响工程质量、施工安全和施工活动的顺利进行，而且直接影响企业的施工管理水平、企业的信誉和社会形象。为此，必须建立健全各项规章与管理制度，主要包括以下几点。

① 工程质量检查与验收制度。

② 工程技术档案管理制度。

③ 建筑材料、构配件、制品的检查验收制度。

④ 技术责任制度。

⑤ 施工图纸学习与会审制度。

⑥ 技术交底制度。

⑦ 职工考勤、考核制度。

⑧ 经济核算制度。

⑨ 定额领料制度。

⑩ 安全操作制度。

⑪ 机具设备使用保养制度。

4. 施工现场准备

施工现场是施工的全体参加者为实现优质、高速、低耗的施工目标，而有节奏、均衡连续地进行施工的活动空间。施工现场的准备工作，主要是为了给施工项目创造有利的施工条件和物资保证，其具体内容如下所述。

1) 搞好“三通一平”

通常我们把施工现场的路通、水通、电通简称为“三通”，把平整场地工作称为“一平”。

(1) 路通：施工现场的道路是组织大量物资进场的运输动脉。为了使建筑材料、构件、建筑机械、设备等顺利进场，必须首先修通道路或铁路专用线，使各种物资和设备直接运到施工地点，尽量减少二次转运。施工用的道路应尽可能利用永久性道路。实践证明，交通道路对工程施工至关重要，有些大型工程由于没有提前把道路修通、修好，一到雨季，交通阻塞工程中断，从而造成严重的停工待料和机械损耗。因此，工程开工前应提前建好道路网，并在施工过程中加强道路的维护管理。

(2) 水通：施工现场的水通，包括给水和排水两方面。施工用水包括生产性用水和生活、消防性用水。它的布置按施工组织总设计的规划进行安排。施工给水设施，尽量利用永久性给水线路；临时管线的铺设，既要满足生产用水点的需要和使用方便，也要考虑尽量缩短管线。施工现场的排水也是十分重要的，尤其在雨季，排水不好会影响物资运输和施工的顺利进行。因此，要做好有组织的排水工作。

(3) 电通：施工临时供电，首先考虑从国家电源系统获得或从建设单位已有的电源上获得。前者要征求当地供电局同意，如果电压较低，则应设置合适的变压设备；后者应与建设单位协商并签证；如果供电系统电量不能满足施工用电量的需要，则应考虑建立自行发电系统。现场电线网路既要缩短线路的长度，又要照顾用电地点的方便。用电包括动力用电和生活照明用电两部分，电压各有不同。施工中如需要用蒸汽、压缩空气等其他能源时，也要事先准备好。

(4) 平整场地：按照建筑施工总平面图的要求，首先拆除场上妨碍施工的建筑物或构筑物，然后根据建筑总平面图规定的标高和土方竖向设计图纸，进行挖(填)土方的工程量计算，确定平整场地的施工方案，进行平整场地的工作。

2) 测量放线

为了使建筑物或构筑物的平面位置和高程符合设计要求，施工前应按总平面图设置永久性的经纬坐标桩及水平坐标桩，建立工程测量控制网，以便建筑物在施工前的定位、放

线。建筑物定位、放线，一般通过设计定位图中平面控制轴线来确定建筑物四周的轮廓位置。测定经自检合格后提交有关部门和甲方验线，以保证定位的正确性。沿红线建的建筑物放线后，还要由城市规划部门验线，以防止建筑物压红线或超红线。

3) 材料、构件及机具设备进场

按照施工组织设计所提出的材料计划，根据开工时所需的材料品种、规格及数量，组织进场。材料堆放位置应符合平面布置图的规定。预制构件及其他半成品的进场，也应按以上原则进行；材料和预制构件的进场，按工程进度要求分期分批组织进场。各种施工用机具设备，按照施工组织设计要求运到指定地点就位、安设、接通电源并试车正常后待用。各种生产性设备特别是要安装的设备，也应及时进场。

4) 临时设施搭设

为了保证顺利开工，还应搞好工地办公室、职工宿舍、食堂、材料库房、作业棚的搭设。在考虑这一问题时，应尽量利用原有建筑物，或先施工一部分永久性的建筑物作为施工临时设施，尽量减少临时设施的数量，以节约资金。

5. 施工现场外准备

施工准备工作除了施工现场内部的准备工作外，还有施工现场外部的准备工作，其具体内容如下所述。

(1) 选定材料、构配件和制品的加工订购地区和单位，签订加工订货合同。

(2) 确定外包施工任务的内容，选择外包施工单位，签订分包施工合同。

(3) 施工准备工作基本满足开工条件要求时，应及时填写开工申请报告，呈报上级批准。

1.4.4 季节性施工准备

土建施工绝大部分工作是露天作业，季节变化对施工的影响很大。我国地域辽阔，气候差异很大。总的来说，北方、西部地区冬季长；南方、东部地区雨天多，包括台风的影响。如前所述，施工受自然气候环境的影响较大，如何减少自然条件给施工作业带来的影响，这是编制施工组织设计时必须研究解决的任务之一，要从组织、进度安排、技术措施等方面提出一系列办法和措施，并注意吸取广大建筑工人长期创造和积累起来的很多宝贵经验。要保证冬期、雨期的施工，首先应特别重视冬期、雨期施工的准备工作。

1) 冬期施工的准备工作

冬期施工是一项复杂而细致的工作，在气温低、工作条件差、技术要求高的情况下，认真做好冬期施工准备具有特殊的意义。当平均气温低于5℃或昼夜最低气温低于-3℃时，就应采用冬期施工措施。

(1) 合理安排冬期施工项目。冬期施工条件差，技术要求高，费用要增加。为此，应考虑将那些既能保证施工质量，而费用又增加较少的项目安排在冬期施工，如吊装、打桩、室内粉刷、装修(可先安装好门窗及玻璃)等工程。费用增加很多又不易确保质量的土方、基础、外粉刷、屋面防水等工程，均不宜在冬期安排施工。因此，从施工组织安排上要综合研究，明确冬期施工项目的安排，做到冬期不停工，而冬期措施费用增加较少。

(2) 落实各种热源供应和管理。包括各种热源供应渠道、热源设备和冬期用的各种保温材料的储存与供应、司炉工培训等工作。

(3) 做好保温防冻工作。冬期来临前，安排做好室内的保温施工项目，如先完成供热系统，安装好门窗玻璃等，保证室内其他项目能顺利施工。室外各种临时设施要做好保温防冻，如防止给排水管道冻裂，防止道路积水结冰，及时清扫道路上的积雪以保证运输顺利。

(4) 做好测温组织工作。测温要按规定的部位、时间要求进行，并要如实填写测温记录。

(5) 做好停止部位的安装和检查。如基础完工后应及时回填土至基础同一高度；砌完一层楼后，将楼板及时安装完成；室内装修抹灰要一层一室一次完成，避免分块留尾等。

(6) 加强安全教育，严防火灾发生。要有防火安全技术措施，经常检查落实，保证各种热源设备完好可用；做好职工培训及冬期施工的技术操作和安全施工教育，确保工程施工质量，避免安全事故发生。

2) 雨期施工的准备工作

(1) 防洪排涝，做好现场排水工作。工程地点若在河流附近，上游有大面积山地丘陵，应有防洪排涝准备。施工现场雨期来临前，应做好排水沟渠的开挖，准备好抽水设备，防止场地积水和地沟、基槽、地下室等泡水，造成损失。

(2) 做好雨期施工安排，尽量避免雨期窝工造成的损失。一般情况下，在雨期到来之前，应多安排完成基础、地下工程、土方工程、室外及屋面工程等不宜在雨期施工的项目；多留些室内工作在雨期施工。

(3) 做好道路维护，保证运输畅通。雨期前应检查道路边坡排水，适当提高路面，防止路面凹陷，保证运输畅通。

(4) 做好物资的储存。雨期到来前，材料、物资应多储存，减少雨期运输量，以节约费用。要准备必要的防雨器材，库房四周要有排水沟渠，防止物品淋雨浸水而变质。

(5) 做好机具设备等的防护。雨期施工，对现场的各种设施、机具要加强检查，特别是脚手架、垂直运输设施等，要采取防倒塌、防雷击、防漏电等一系列防护措施。

(6) 加强施工管理，做好雨期施工的安全教育。要认真编制雨季施工技术措施，严格组织贯彻实施；加强对职工的安全教育，防止事故发生。

1.4.5　施工准备工作计划

为了落实各项施工准备工作，加强对其的检查和监督，必须根据各项施工准备工作的内容、时间和人员，编制出施工准备工作计划。施工准备工作计划如表 1-1 所示。

表 1-1　施工准备工作计划

序　号	施工准备项目	简要内容	负责单位	负责人	起止时间		备　注
					月　日	月　日	

综上所述，各项施工准备工作是互为补充、相互配合的，不是分离、孤立的。为了加快施工准备工作的速度，提高施工准备工作的质量，必须加强建设单位、设计单位、施工单位和监理单位之间的协调工作，建立健全施工准备工作的责任制度和检查制度，使施工准备工作有领导、有组织、有计划和分期分批地进行，并且贯穿于施工全过程。

1.5 本 章 小 结

本章叙述了建设项目程序与施工项目管理程序、建筑产品及其施工特点、施工组织设计概论和施工准备工作。

本章主要知识点：

- 建设项目及其组成。
- 建设项目程序与施工项目管理程序。
- 建筑产品及其施工特点。
- 施工组织的分类、内容、任务、作用，施工组织设计的编制与实施。
- 组织项目施工的基本原则。
- 施工准备工作的分类。

1.6 复习思考题

1. 什么叫建设项目？建设项目由哪些工作内容组成？
2. 简述建设项目程序和施工项目管理程序。
3. 施工组织设计分为哪几类？它们包括哪些主要内容？
4. 编制施工组织设计应遵守哪些原则？
5. 简述施工准备工作的分类。
6. 简述熟悉施工图纸包含的重点内容和要求。
7. 简述施工现场准备工作的要求。
8. 简述施工现场外准备工作的要求。
9. 简述季节性施工准备工作。

第 2 章　建筑工程流水施工

流水施工方法是组织工程项目施工的一种科学方法。建筑工程的“流水施工”来源于工业生产中的“流水作业”，它能使建筑施工连续和均衡生产，降低工程项目成本和提高经济效益，实践证明，它是组织建筑工程施工的一种好方法。

2.1　流水施工的基本概念

实践证明，流水施工也是项目施工最有效的科学组织方法。但是，由于施工项目产品及其施工的特点不同，流水施工的概念、特点和效果与其他产品的流水作业不完全相同，如工业生产中生产量是固定的，而施工中生产量是移动的。本节主要介绍建筑工程流水施工的基本概念、组织方式和具体应用。

2.1.1　建筑施工的组织方式

任何一个建筑工程都是由许多施工过程组成的，而每一个施工过程可以组织一支或多支施工队伍进行施工。如何组织各施工队伍的先后顺序或平行搭接施工，是组织施工中的一个基本的问题。通常组织施工时有依次施工、平行施工和流水施工三种方式 ，现将这三种方式的特点和效果进行如下分析。

1. 依次施工

依次施工也称顺序施工，是将施工项目分解成若干个施工过程，按照一定的施工顺序，前一个施工过程完成后，后一个施工过程才开始施工，或前一个施工段完成后，后一个施工段才开始施工。它是一种最基本的、最原始的施工方式。

【例 2-1】某四幢相同的砌体结构房屋的基础工程，划分为基槽挖土、混凝土垫层、砖砌基础、回填土四个施工过程，每个施工过程安排一支施工队伍，一班制施工。其中，每幢楼挖土方工作队由 16 人组成，2 天完成；垫层工作队由 30 人组成，1 天完成；砌基础工作队由 20 人组成，3 天完成；回填土工作队由 10 人组成，1 天完成。

按照依次施工组织方式施工，进度计划安排如图 2-1、图 2-2 所示。

由图 2-1 和图 2-2 可以看出，依次施工组织方式的优点是每天投入的劳动力较少，机具使用不集中，材料供应较单一，施工现场管理简单，便于组织和安排。

依次施工组织方式的缺点如下所述。

(1) 由于没有充分地利用工作面去争取时间，所以工期长。

(2) 各队伍施工及材料供应无法保持连续和均衡，工人有窝工的情况。

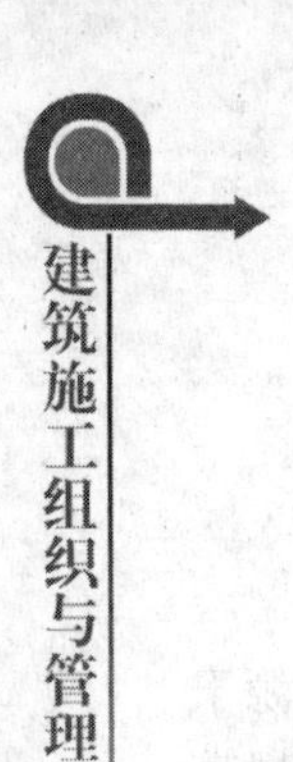

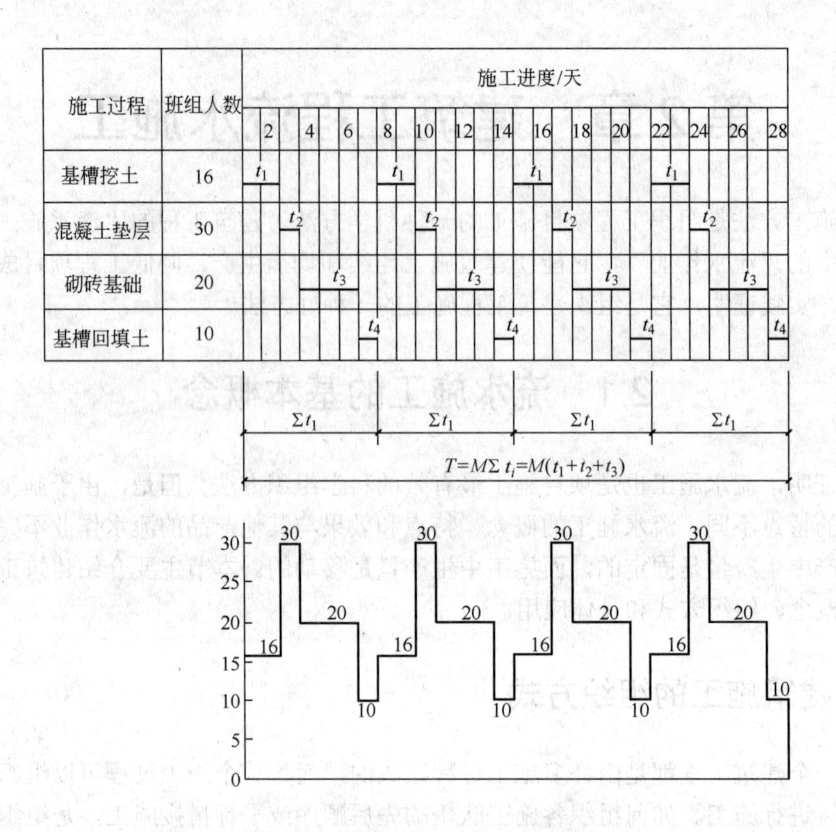

图 2-1　按幢(或施工段)依次施工

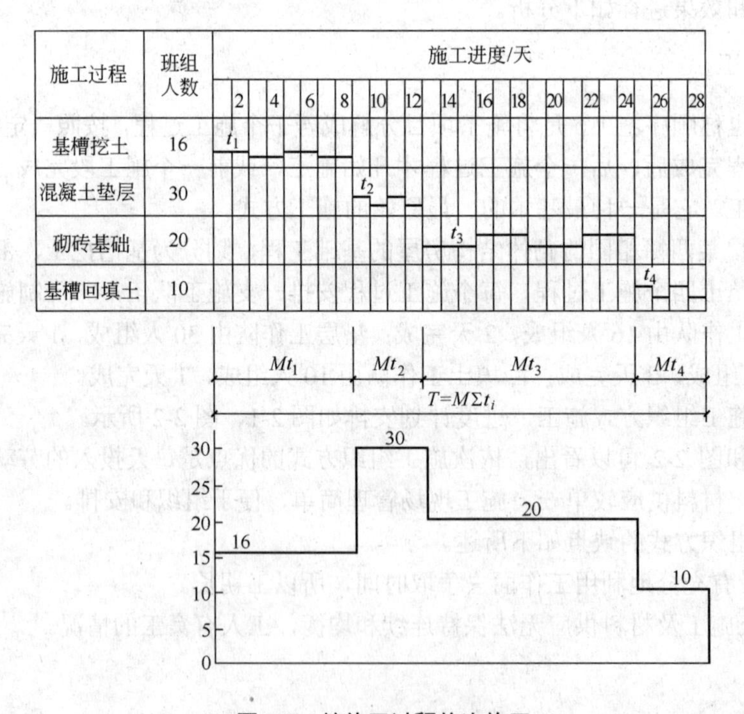

图 2-2　按施工过程依次施工

(3) 不利于改进工人的操作方法和提高施工机具的利用率，不利于提高工程质量和劳动生产率。

(4) 按施工过程依次施工时，各施工队组虽能连续施工，但不能充分利用工作面，工期长，且不能及时为上部结构提供工作面。由此可见，采用依次施工不但工期拖得较长，而且在组织安排上也不尽合理。这是其最大的缺点。

依次施工适用于工程规模比较小、施工工作面又有限时，这种情况下，依次施工是适宜的，也是常见的。

2. 平行施工

平行施工组织方式是全部工程任务的各施工段同时开工、同时完成的一种施工组织方式。

在例 2-1 中，如果采用平行施工组织方式，其施工进度计划如图 2-3 所示。

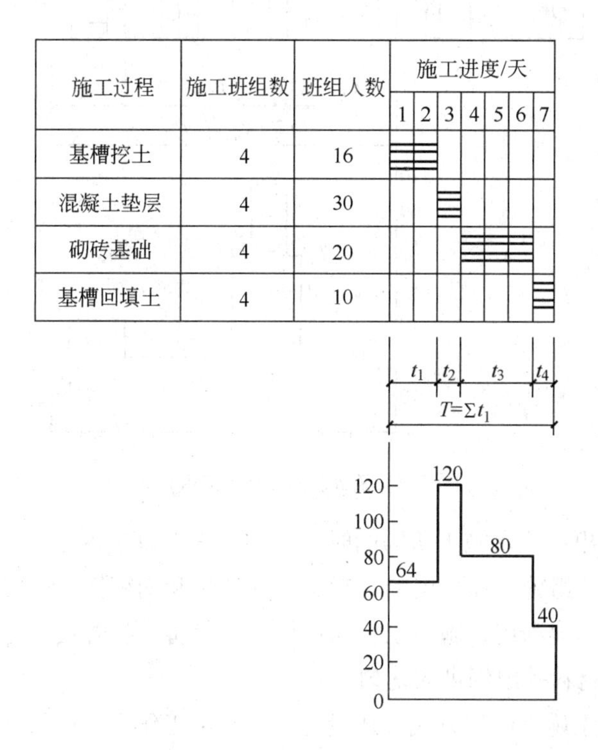

施工过程	施工班组数	班组人数	施工进度/天						
			1	2	3	4	5	6	7
基槽挖土	4	16							
混凝土垫层	4	30							
砌砖基础	4	20							
基槽回填土	4	10							

图 2-3　平行施工

由图 2-3 可以看出，平行施工组织方式的特点是充分利用了工作面，完成工程任务的时间最短；施工队组数成倍增加，机具设备也相应增加，材料供应集中；临时设施、仓库和堆场面积也要增加，从而造成组织安排和施工管理困难，增加了施工管理费用。

平行施工一般适用于工期要求紧、规模大的建筑群及分批、分期组织施工的工程任务。该方式只有在各方面的资源供应有保障的前提下，才是合理的。

3. 流水施工

流水施工组织方式就是指所有的施工过程按一定的时间间隔依次投入施工，各个施工过程陆续开工、陆续竣工，使同一施工过程的施工队伍保持连续、均衡施工，不同的施工过程尽可能平行搭接施工的组织方式。

在例 2-1 中，如果采用流水施工组织方式，其施工进度计划如图 2-4 所示。

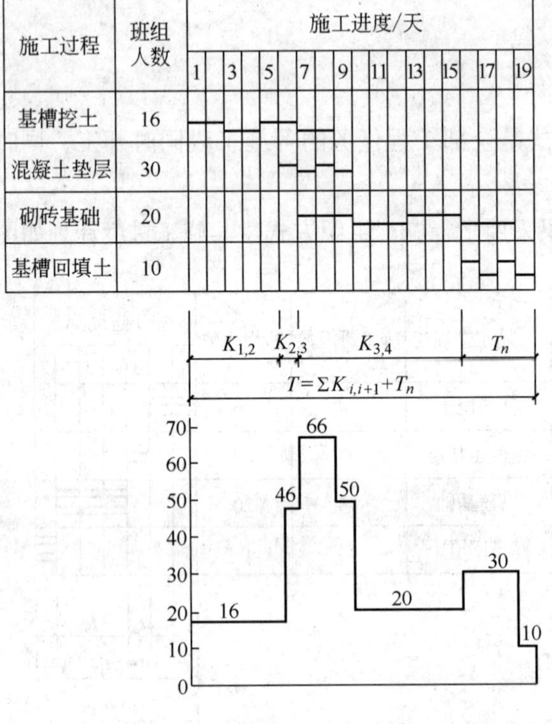

图 2-4　流水施工(全部连续)

由图 2-4 可以看出：流水施工所需的时间比依次施工短，各施工过程投入的劳动力比平行施工少；各施工队组施工和物资的消耗具有连续性和均衡性，前后施工过程尽可能平行搭接施工，比较充分地利用了施工工作面；机具、设备、临时设施等比平行施工少，可节约施工费用支出；材料等组织供应均匀。

图 2-4 所示的流水施工组织方式，还没有充分利用工作面，例如，第一个施工段基槽挖土，直到第三施工段挖土后，才开始垫层施工，浪费了前两段挖土完成后的工作面等。

为了充分利用工作面，可按图 2-5 所示组织方式进行施工，工期比图 2-4 所示流水施工减少了 3 天。其中，垫层施工队组虽然做间断安排，但在一个分部工程若干个施工过程的流水施工组织中，只要安排好主要的施工过程，即工程量大、作业持续时间较长者(本例为基槽挖土、砖砌基础)，组织它们连续、均衡地流水施工；而非主要的施工过程，在有利于缩短工期的情况下，可安排其间断施工，这种组织方式仍认为是流水施工的组织方式。

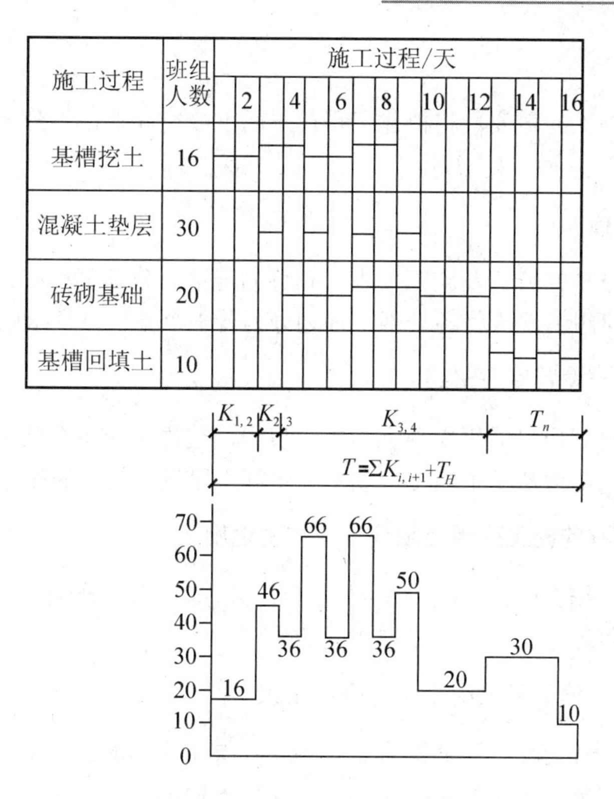

图 2-5 流水施工(部分间断)

2.1.2 流水施工的技术经济效果

流水施工是在依次施工和平行施工的基础上产生的，它既克服了依次施工和平行施工的缺点，又具有它们两者的优点。它的特点是施工的连续性和均衡性，使各种物资资源可以均衡地使用，使施工企业的生产能力可以充分地发挥，劳动力得到了合理的安排和使用，从而带来了较好的技术经济效果。具体可归纳为以下几点。

(1) 按专业工种建立劳动组织，实行生产专业化，有利于劳动生产率的不断提高。

(2) 科学地安排施工进度，使各施工过程在保证连续施工的条件下，最大限度地实现搭接施工，从而减少了因组织不善而造成的停工、窝工损失，合理地利用了施工的时间和空间，有效地缩短了施工工期。

(3) 由于施工的连续性、均衡性，使劳动消耗、物资供应、机械设备利用等处于相对平稳状态，可充分发挥管理水平，降低工程成本。

2.1.3 组织流水施工的条件

流水施工的实质是分工协作与成批生产。在社会化大生产的条件下，分工已经形成，由于建筑产品体形庞大，通过划分施工段就可将单件产品变成假想的多件产品。组织流水施工的条件主要有以下几点。

1. 划分施工段

根据组织流水施工的需要，将拟建工程在平面上或空间上，划分为劳动量大致相等的若干个施工段。

2. 划分施工过程

首先根据工程结构的特点及施工要求，划分为若干个分部工程；其次按照工艺要求、工程量大小和施工班组情况，将各分部工程划分为若干个施工过程(即分项工程)。

3. 按照施工过程设置专业班组

根据每个施工过程尽可能组织独立的施工班组，这样可使每个施工班组按施工顺序，依次地、连续地、均衡地从一个施工段到另一个施工段进行相同的施工。

4. 主要施工过程的施工班组必须连续、均衡地施工

对工程量较大、施工时间较长的主要施工过程，必须组织连续、均衡施工；对于其他次要的施工过程，可连续施工，也可安排间断施工。

5. 不同的施工过程尽可能组织平行搭接施工

根据施工先后顺序要求，不同的施工过程，在有工作面的条件下，除必要的技术和组织间歇时间外，尽可能组织平行搭接施工，以缩短工期。

2.1.4 建筑流水施工的表达形式

建筑流水施工的表达形式，主要有横道图和网络图两种。

1. 横道图

流水施工的横道图表达形式如图 2-6 所示，其左边列出各施工过程的名称，右边用水平线段在时间坐标下画出施工进度。

施工段	施工进度/天																		
	1	2	3	4	5	6	7	8	9	10	11	12	13	14	15	16	17	18	19
A																			
B																			
C																			
D																			

图 2-6 流水施工的横道图

2. 网络图

有关流水施工网络图的表达形式，详见本书第 3 章。

2.2　流水施工的基本参数

在组织拟建工程项目流水施工时，用来表达流水施工在工艺流程、空间布置和时间安排等方面开展状态的参数，称为流水参数。流水参数主要包括工艺参数、空间参数和时间参数 3 种。

2.2.1　工艺参数

工艺参数是指参与流水施工的施工过程数目，一般用 N 表示。

施工过程划分的数目多少、粗细程度一般与下列因素有关。

1. 施工计划的性质和作用

对于长期计划、建筑群体、规模大、结构复杂和工期长的工程施工控制性进度计划，其施工过程划分可粗些，综合性大些。对于中小型单位工程及工期不长的工程施工实施性计划，其施工过程划分可细些、具体些，一般划分至分项工程。对于月度作业性计划，有些施工过程还可分解工序，如安装模板、绑扎钢筋等。

2. 施工方案及工程结构

厂房的柱基础与设备基础挖土，如同时施工，可合并为一个施工过程；如先后施工，可分为两个施工过程。承重墙与非承重墙的砌筑也是如此。砖混结构、大墙板结构、装配式框架与现浇钢筋混凝土框架等不同的结构体系，其施工过程划分及其内容也各不相同。

3. 劳动组织及劳动量大小

施工过程的划分与施工班组及施工习惯有关。如安装玻璃、油漆施工可合也可分，因为有混合班组，有单一工种的班组。施工过程的划分还与劳动量大小有关。劳动量小的施工内容，当组织流水施工有困难时，可与其他施工过程合并。如垫层劳动量较小时可与挖土合并为一个施工过程，这样可以使各个施工过程的劳动量大致相等，便于组织流水施工。

4. 劳动内容和范围

施工过程的划分与其劳动内容和范围有关。如直接在施工现场与工程对象上进行的劳动内容，可以划入流水施工过程，而场外劳动内容(如预制加工、运输等)可以不划入流水施工过程。

施工过程是对某项工作由开始到结束的整个过程的泛称，其内容有繁有简，应以结构特点、施工计划的性质、施工方案的确定、劳动组织和劳动内容为依据，以能指导施工为原则。

2.2.2 空间参数

在组织流水施工时，用来表达流水施工在空间布置上所处状态的参数，称为空间参数。主要包括：施工段、施工层两种。

1. 施工段(流水段)

划分施工段是为了组织流水施工，给施工班组提供施工空间，人为地把拟建工程项目在平面上划分为若干个劳动量大致相等的施工区段，以便不同班组在不同的施工段上流水施工，互不干扰。施工段的数目一般用 M 表示。

划分施工段的基本要求如下所述。

(1) 专业班组在各施工段的劳动量要大致相等(相差不宜超过 15%)。

(2) 施工段分界线要保证拟建工程项目结构的整体完整性，应尽可能与结构的自然界线相一致；同时满足施工技术的要求，例如，结构上不允许留施工缝的部位不能作为划分施工段的界线。

(3) 为了充分发挥主导机械和工人的效率，每个施工段要有足够的工作面，使其容纳的劳动力人数或机械台数能满足合理劳动组织的要求。

(4) 当组织楼层结构的流水施工时，为使各施工班组能连续施工，上一层的施工必须在下一层对应部位完成后才能开始。因此，每一层的施工段数必须大于或等于其施工过程数 N，即为

$$M_0 \geqslant N$$

【例 2-2】某三层砖混结构房屋的主体工程，在组织流水施工时将主体工程划分为两个施工过程，即砌筑砖墙和安装楼板，其中安装楼板包括现浇钢筋混凝土圈梁、楼板灌缝、弹线等。设每个施工过程在各个施工段上施工所需时间均为 3 天，现分析如下。

① 当 $M_0=N$，即每层分两个施工段组织流水施工时，其流水示意图及进度安排如图 2-7、图 2-8 所示。

	第一施工段	第二施工段
	(20–24)	(24–28)
第三层	17–20 (13–16)	20–24 (17–20)
第二层	9–12 (5–8)	13–16 (9–12)
第一层	1–4	5–8

图 2-7 主体结构流水示意图

从图 2-8 可以看出，各施工班组均能保持连续施工，每一施工段有施工班组，工作面能充分利用，无停歇现象，也不会产生工人窝工现象，这是比较理想的。

② 当 $M_0>N$，即每层分三个施工段组织流水施工时，其进度安排如图 2-9 所示。

施工过程	施工进度/天						
	3	6	9	12	15	18	21
砌筑砖墙	Ⅰ-1	Ⅰ-2	Ⅱ-1	Ⅱ-2	Ⅲ-1	Ⅲ-2	
安装楼板		Ⅰ-1	Ⅰ-2	Ⅱ-1	Ⅱ-2	Ⅲ-1	Ⅲ-2

图 2-8　$M_0=N$ 的进度安排(图中Ⅰ、Ⅱ、Ⅲ表示楼层，1、2 表示施工段)

施工过程	施工进度/天									
	3	6	9	12	15	18	21	24	27	30
砌筑砖墙	Ⅰ-1	Ⅰ-2	Ⅰ-3	Ⅱ-1	Ⅱ-2	Ⅱ-3	Ⅲ-1	Ⅲ-2	Ⅲ-3	
安装楼板		Ⅰ-1	Ⅰ-2	Ⅰ-3	Ⅱ-1	Ⅱ-2	Ⅱ-3	Ⅲ-1	Ⅲ-2	Ⅲ-3

图 2-9　$M_0>N$ 的进度安排(图中Ⅰ、Ⅱ、Ⅲ表示楼层，1、2、3 表示施工段)

从图 2-9 可以看出：施工班组的施工仍是连续的，但安装楼板后不能立即投入上一层的砌筑砖墙，显然工作面未被充分利用，有轮流停歇的现象。这时，工作面的停歇并不一定有害，有时还是必要的，如可以利用停歇的时间做养护、备料、弹线等工作。但当施工段数目过多，必然使工作面减小，从而减少施工班组的人数，势必延长工期。

③ 当 $M_0<N$ 时，即每层为一个施工段，其进度安排如图 2-10 所示。

施工过程	施工进度/天					
	3	6	9	12	15	18
砌筑砖墙	Ⅰ		Ⅱ		Ⅲ	
安装楼板		Ⅰ		Ⅱ		Ⅲ

图 2-10　$M_0<N$ 的进度安排(图中Ⅰ、Ⅱ、Ⅲ表示楼层)

从图 2-10 可以看出：第一层砌筑砖墙完成后不能马上进行第二层的砌筑，砌墙的施工班组产生窝工，同样安装楼板也是如此。两个施工班组均无法保持连续施工，轮流出现窝工现象。这对一个建筑物组织流水施工是不适宜的。但有若干幢同类型建筑物时，以一个建筑物为一个施工段，可组织按幢号大小进行流水施工。

施工段划分的一般部位要有利于结构的整体性，应考虑到施工工程对象的轮廓形状、平面组成及结构构造上的特点。在满足施工段划分基本要求的前提下，可按下述几种情况划分施工段的部位。

(1) 设置有伸缩缝、沉降缝的建筑工程，可按此缝为界划分施工段。

(2) 单元式的住宅工程，可按单元为界分段，必要时以半个单元处为界分段。

(3) 道路、管线等按长度方向延伸的工程，可按一定长度作为一个施工段。

(4) 多幢同类型建筑，可以一幢房屋作为一个施工段。

2. 施工层

施工层是指为满足竖向流水施工的需要，在建筑物垂直方向上划分的施工区段。施工层的划分视工程对象的具体情况而定，一般以建筑物的结构层作为施工层。例如，一个 18 层的全现浇框架剪力墙结构的房屋，其结构层数就是施工层数。如果该房屋每层划分为三个施工段，那么其总的施工段数为 M=18 层×3 段/层=54 段。

2.2.3 时间参数

在组织流水施工时，用以表达流水施工在时间安排上所处状态的参数，称为时间参数，一般有流水节拍、流水步距和工期等。

1. 流水节拍

流水节拍是指在组织流水施工时，各个专业班组在每个施工段上完成施工任务所需要的工作持续时间。一般用 t_i 表示。

1) 流水节拍的确定

流水节拍数值的大小与项目施工时所采取的施工方案、每个施工段上发生的工程量和各个施工段投入的劳动人数或施工机械的数量及工作班数有关，它决定着施工的速度和施工的节奏。因此，合理确定流水节拍，具有重要意义。流水节拍的确定方法一般有定额计算法、经验估算法和工期计算法。

一般流水节拍可按下式确定：

$$t_i=\frac{Q_i}{S_iR_ib_i}=\frac{P_i}{R_ib_i}$$

或

$$t_i=\frac{Q_iH_i}{R_ib_i}=\frac{P_i}{R_ib_i}$$

式中：t_i——某专业班组在第 i 施工段上的流水节拍；

P_i——某专业班组在第 i 施工段上需要的劳动量或机械台班数量；

R_i——某专业班组的人数或机械台数；

b_i——某专业班组的工作班数；

Q_i——某专业班组在第 i 施工段上需要完成的工程量；

S_i——某专业班组的计划产量定额(如 m^3/工日)；

H_i——某专业班组的计划时间定额(如工日/m^3)。

2) 确定流水节拍的要点

(1) 施工班组人数主要符合该施工过程最少劳动组合人数的要求。例如，现浇钢筋混凝土施工过程，包括上料、搅拌、运输、浇捣等施工操作环节，如果人数太少，是无法组织施工的。

(2) 要考虑工作面的大小或某种条件的限制，施工班组人数也不能太多，每个工人的工作面要符合最小工作面的要求；否则，就不能发挥正常的施工效率或不利于安全生产。主要工种的最小工作面可参考表 2-1 的有关数据。

表 2-1 主要工种工作面参考数据表

工作项目	每个技工的工作面	说 明
砖基础	7.6 米/人	以 1.5 砖计，2 砖乘以 0.8，3 砖乘以 0.55
砌砖墙	8.5 米/人	以 1 砖计，1.5 砖乘以 0.7，2 砖乘以 0.57
毛石墙基	3 米/人	以 60cm 计
毛石墙	3.3 米/人	以 40cm 计
混凝土柱、墙基础	8 立方米/人	机拌、机捣
混凝土设备基础	7 立方米/人	机拌、机捣
现浇钢筋混凝土柱	2.45 立方米/人	机拌、机捣
现浇钢筋混凝土梁	3.20 立方米/人	机拌、机捣
现浇钢筋混凝土墙	5 立方米/人	机拌、机捣
现浇钢筋混凝土楼板	5.3 立方米/人	机拌、机捣
预制钢筋混凝土柱	3.6 立方米/人	机拌、机捣
预制钢筋混凝土梁	3.6 立方米/人	机拌、机捣
预制钢筋混凝土屋架	2.7 立方米/人	机拌、机捣
预制钢筋混凝土平板、空心板	1.91 立方米/人	机拌、机捣
预制钢筋混凝土大型屋面板	2.62 立方米/人	机拌、机捣
混凝土地坪及面层	40 平方米/人	机拌、机捣
外墙抹灰	16 平方米/人	
内墙抹灰	18.5 平方米/人	
卷材屋面	18.5 平方米/人	
防水水泥砂浆屋面	16 平方米/人	
门窗安装	11 平方米/人	

(3) 要考虑各种机械台班的效率(吊装次数)或机械台班产量的大小。

(4) 要考虑各种材料、构件等的施工现场堆放量、供应能力及其他有关条件的制约。

(5) 要考虑施工及技术条件的要求。例如，不能留施工缝必须连续浇筑的钢筋混凝土

工程，有时要按三班制工作的条件决定流水节拍，以确保工程质量。

(6) 确定一个分部工程各施工过程的流水节拍时，首先应考虑主要的工程量大的施工过程节拍(它的节拍值最大，对工程起主要作用)；其次确定其他施工过程的节拍值。

(7) 流水节拍的数值一般取整数，必要时可取半天。

2. 流水步距

在组织流水施工时，相邻的两个施工专业班组先后进入同一施工段开始施工的间隔时间，称为流水步距。通常以 $K_{i,i+1}$ 表示(i 表示前一个施工过程，i+1 表示后一个施工过程)。

流水步距的大小，对工期有着较大的影响。在施工段不变的条件下，流水步距越大，工期越长；流水步距越小，则工期越短。流水步距还与前后两个相邻施工过程流水节拍的大小、施工工艺技术要求、是否有技术和组织间歇时间、施工段数目、流水施工的组织方式等有关。流水步距的表示如图 2-7 所示。

在流水施工中，如果同一施工过程在各施工段上的流水节拍相等，则各相邻施工过程之间的流水步距可按下式计算：

$$K_{i,i+1}=\begin{cases} t_i+(t_{\mathrm{j}}-t_{\mathrm{d}}) & t_i\leqslant t_{i+1} \\ Mt_i-(M-1)\,t_{i+1}+(t_{\mathrm{j}}-t_{\mathrm{d}}) & t_i>t_{i+1} \end{cases}$$

式中：t_i ——第 i 个施工过程的流水节拍；

t_{i+1} ——第 i+1 个施工过程的流水节拍；

t_{j} ——第 i 个施工过程与第 i+1 个施工过程之间的间歇时间；

t_{d} ——第 i+1 个施工过程与第 i 个施工过程之间的搭接时间。

3. 工期

工期是指完成一项工程任务或一个流水施工所需的时间，一般可采用下式计算：

$$T=\sum K_{i,i+1}+T_N$$

式中：$\sum K_{i,i+1}$——流水施工中各流水步距之和；

T_N——流水施工中最后一个施工过程的持续时间。

【例 2-3】 某工程划分为 A、B、C、D 四个施工过程，分四个施工段组织流水施工，各施工过程的流水节拍分别为 t_{A}=2 天，t_{B}=4 天，t_{C}=5 天，t_{D}=3 天；施工过程 B 完成后需有两天的技术和组织间歇时间。试求各施工过程之间的流水步距及该工程的工期。

解 根据上述条件，各流水步距计算如下：

因为 $t_{\mathrm{A}}<t_{\mathrm{B}}$，$t_{\mathrm{j}}=0$　$t_{\mathrm{D}}=0$，所以 $K_{\mathrm{A,B}}=t_{\mathrm{A}}+(t_{\mathrm{j}}-t_{\mathrm{D}})=2+0=2$(天)

因为 $t_{\mathrm{B}}<t_{\mathrm{C}}$，$t_{\mathrm{j}}=2$　$t_{\mathrm{D}}=0$，所以 $K_{\mathrm{B,C}}=t_{\mathrm{B}}+(t_{\mathrm{j}}-t_{\mathrm{D}})=4+(2-0)=6$(天)

因为 $t_{\mathrm{C}}<t_{\mathrm{D}}$，$t_{\mathrm{j}}=0$　$t_{\mathrm{D}}=0$，所以 $K_{\mathrm{C,D}}=Mt-(M-1)\times t_{\mathrm{D}}+(t_{\mathrm{j}}-t_{\mathrm{D}})=4\times5-(4-1)\times3+(0-0)=11$(天)

该工程的工期按式 $T=\sum K_{i,i+1}+T_N$ 计算如下：

$$\begin{aligned} T&=\sum K_{i,i+1}+T_N \\ &=K_{\mathrm{A,B}}+K_{\mathrm{B,C}}+K_{\mathrm{C,D}}+Mt_{\mathrm{D}} \\ &=(3+6+11)+(4\times3) \\ &=32(\text{天}) \end{aligned}$$

该工程的流水施工进度安排如图 2-11 所示。

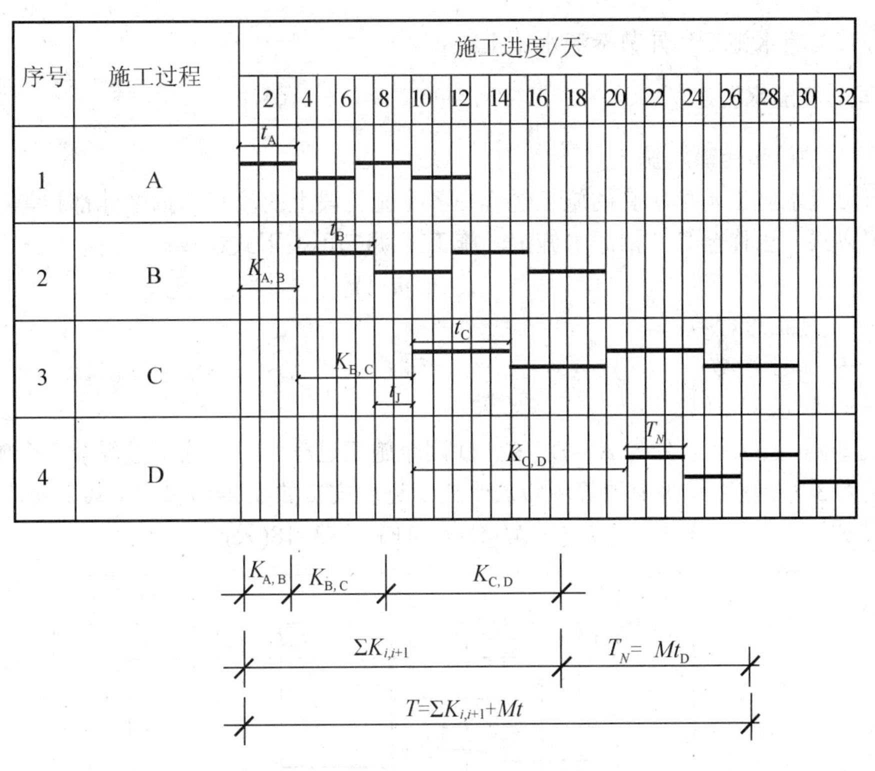

图 2-11　某工程流水施工进度

2.3　流水施工的基本方式

根据流水节拍特征的不同，流水施工可分为有节奏流水和无节奏流水两大类，如图 2-12 所示。

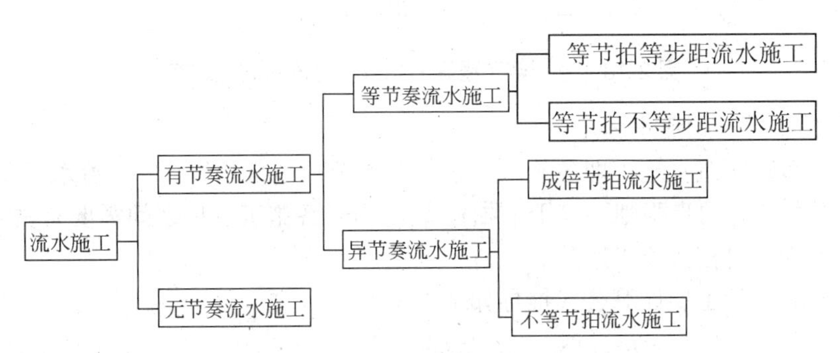

图 2-12　流水施工分类

2.3.1　有节奏流水施工

有节奏流水施工是指在组织流水施工时，同一施工过程在各施工段上的流水节拍都相等的一种流水施工方式。根据不同施工过程之间的流水节拍是否相等，有节奏流水施工又

可分为等节奏流水施工和异节奏流水施工。

1. 等节奏流水施工

1) 等节拍等步距流水施工

等节奏流水施工是指所有的施工过程在各个施工段上的流水节拍彼此都相等的流水施工的组织方式，也称全等节拍流水施工。施工工期(T)可按下式计算：

$$T=(n+m-1)t_i$$

式中：n——施工过程数；

m——施工段数；

t_i——流水节拍值。

【例 2-4】 某工程划分为 A、B、C、D 四个施工过程，每个施工过程分 3 个施工段，流水节拍为 3 天。该工程等节拍等步距流水施工进度安排如图 2-13 所示，其工期计算如下：

$$T=(N+M-1)\times t=(4+3-1)\times 3=18(\text{天})$$

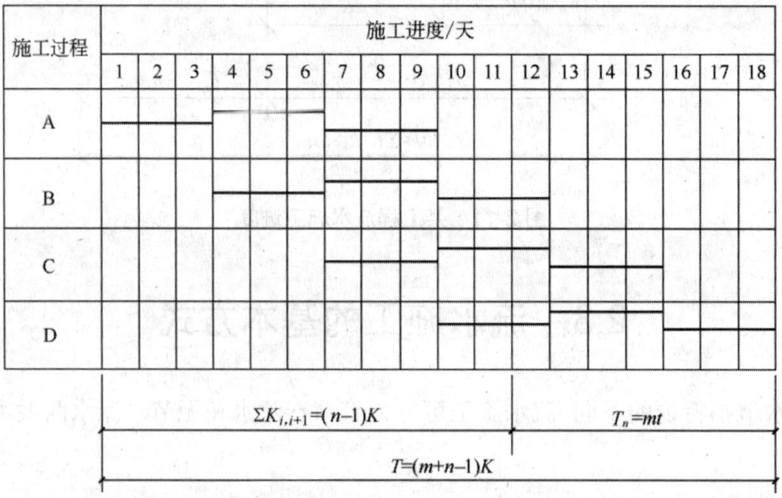

施工过程	施工进度/天																	
	1	2	3	4	5	6	7	8	9	10	11	12	13	14	15	16	17	18
A																		
B																		
C																		
D																		

$\Sigma K_{i,i+1}=(n-1)K$　　$T_n=mt$

$T=(m+n-1)K$

图 2-13　某分部工程等节拍等步距流水施工进度

2) 等节拍不等步距流水施工

等节拍不等步距流水施工即各施工过程的流水节拍全部相等，但各流水步距不相等(有的步距等于节拍，有的步距则不等于节拍)。这是由于各施工过程之间需要有技术与组织间歇时间，有的为安排搭接施工所致。

这种流水施工的工期计算公式推导如下。

因为　$t_i=t$，$K_{i,i+1}=t+t_j-t_d$

所以　$\sum K_{i,i+1}=(N-1)+\sum t_j-\sum t_d$

$$T=\sum K_{i,i+1}+T_N=(N-1)t+\sum t_j-\sum t_d+Mt$$

即　$T=(N+M-1)t+\sum t_j-\sum t_d$

式中：$\sum t_j$——所有间歇时间总和；

$\sum t_d$——所有搭接时间总和。

【例 2-5】 某工程划分为 A、B、C、D 四个施工过程，每个施工过程分 3 个施工段，各施工过程的流水节拍均为 3 天，其中，施工过程 A 与 B 之间有 2 天的间歇时间，施工过程 D 与 C 搭接 1 天。该工程等节拍不等步距流水施工进度如图 2-14 所示，其工期计算如下。

$$T=(N+M-1)t+\sum t_j-\sum t_d=(4+3-1)\times 3+2-1=19(天)$$

全等节拍流水施工一般适用于工程规模较小、建筑结构比较简单、施工过程不多的房屋或某些构筑物，常用于组织一个分部工程的流水施工。

施工过程	施工进度/天																		
	1	2	3	4	5	6	7	8	9	10	11	12	13	14	15	16	17	18	19
A																			
B				$t_{j(A.B)}$															
C																			
D										t_d									

图 2-14　某工程等节拍不等步距流水施工进度

全等节拍流水施工的组织方法是：首先划分施工过程，应将劳动量小的施工过程合并到相邻施工过程中去，以使各流水节拍相等；其次确定主要施工过程的施工班组人数，计算其流水节拍；最后根据已定的流水节拍，确定其他施工过程的施工班组人数及其组成。

在组织全等节拍流水施工时，如工期已规定，则主要施工过程的流水节拍可按下式确定：

$$t=\frac{T-\sum t_j+\sum t_d}{N+M-1}$$

【例 2-6】某四层三单元住宅主体工程规定工期为 70 天，施工过程可划分为砌筑砖墙、浇筑圈梁、吊装楼板。如以每一单元为一个施工段，组织等节拍步距流水施工，试确定主要施工过程的流水节拍。

解　因为等节拍步距流水施工的 $t_j=0$，$t_d=0$，所以 $\sum t_j=0$，$\sum t_d=0$。

由工期公式得其主要施工过程的流水节拍为

$$t=\frac{T}{N+M-1}=\frac{70}{3+4\times 3-1}=5(天)$$

2. 异节奏流水施工

异节奏流水施工是指同一施工过程在各施工段上的流水节拍都相等，但不同施工过程之间的流水节拍不完全相等的一种流水施工方式。异节奏流水施工又可分为成倍节拍流水施工和不等节拍流水施工。

1) 成倍节拍流水施工

成倍节拍流水施工是指同一施工过程在各个施工段的流水节拍相等，不同施工过程之间的流水节拍不完全相等，但各施工过程的流水节拍均为其中最小流水节拍的整数倍的流

水施工方式。

成倍节拍流水施工的组织方式是：首先根据工程对象和施工要求，划分若干个施工过程；其次根据各施工过程的内容、要求及其工程量，计算每个施工过程在每个施工段所需的劳动量；再次根据施工班组人数及组成，确定劳动量最少的施工过程的流水节拍；最后确定其他劳动量较大的施工过程的流水节拍，用调整施工班组人数或其他技术组织措施的方法，使它们的节拍值分别等于最小节拍的整数倍。

为充分利用工作面，加快施工进度，流水节拍大的施工过程应相应增加班组数。每个施工过程所需施工班组数可由下式确定：

$$b_i=\frac{t_i}{t_{\min}}$$

式中：b_i——某施工过程所需施工班组数；

t_i——某施工过程的流水节拍；

$t_{\min}$——所有流水节拍中的最小流水节拍。

对于成倍节拍流水施工，任何两个相邻施工班组间的流水步距，均等于所有流水节拍中的最小流水节拍，即

$$K=t_{\min}$$

成倍节拍流水的工期，可按下式计算：

$$T=(M+N'-1)t_{\min}$$

式中：M——施工班组总数目；

N'——$\sum b_i$。

【例 2-7】 已知某工程划分为 6 个施工段和 3 个施工过程(N=3)，各施工过程的流水节拍分别为 t_1=1 天，t_2=3 天，t_3=2 天，试组织成倍节拍流水施工。

因为 $t_{\min}$=1(天)

则 $b_1=\frac{t_1}{t_{\min}}=\frac{1}{1}=1$(个)

$b_2=\frac{t_2}{t_{\min}}=\frac{3}{1}=3$(个)

$b_3=\frac{t_3}{t_{\min}}=\frac{2}{1}=2$(个)

施工班组总数为 $N'=\sum b_i=b_1+b_2+b_3=1+3+2=6$(个)

该工程流水步距为 $K=t_{\min}=1$(天)

该工程的工期为 $T=(M+N'-1)\ t_{\min}$

$=(6+6-1)\times 1=11$(天)

根据所确定的流水参数绘制施工进度表，即成倍节拍流水施工进度表，如图 2-15 所示。成倍节拍流水实质上是一种不等节拍等步距的流水施工，这种方式适用于一般房屋建筑工程的施工，也适用于线性工程(如管路、管道等)的施工。

2) 不等节拍流水施工

有时由于各施工过程之间的工程量相差很大，各施工班组的施工人数又有所不同，使得不同施工过程在各施工段上的流水节拍无规律性。这时，若组织全等节拍或成倍节拍流

水均有困难，则可组织不等节拍流水。

施工过程	施工队	施工进度/天										
		1	2	3	4	5	6	7	8	9	10	11
Ⅰ	Ⅰ	①	②	③	④	⑤	⑥					
Ⅱ	$Ⅱ_a$			①			④					
	$Ⅱ_b$				②			⑤				
	$Ⅱ_c$					③			⑥			
Ⅲ	$Ⅲ_a$					①		③		⑤		
	$Ⅲ_b$						②		④		⑥	

$(N'-1)K$　　$T_N=M_tK$

$T=(M+N'-1)K=(M+N'-1)_{min}$

图 2-15　成倍节拍流水施工进度表

不等节拍流水施工是指同一施工过程在各个施工段的流水节拍相等，不同施工过程之间的流水节拍既不相等也不成倍的流水施工方式。组织不等节拍流水的基本要求是：各施工班组尽可能依次在各施工段上连续施工，允许有些施工段出现空闲，但不允许多个施工班组在同一施工段交叉作业，更不允许发生工艺顺序颠倒的现象。

不等节拍流水施工实质上是一种不等节拍不等步距的流水施工，这种方式适用于施工段大小相等的工程施工组织。

2.3.2　无节奏流水施工

无节奏流水是指同一施工过程在各施工段上的流水节拍不完全相等的一种流水施工方式。

在实际工作中，有节奏流水，尤其是全等节拍和成倍节拍流水往往是难以组织的，而无节奏流水则是常见的。组织无节奏流水的基本要求与不等节拍流水相同，即保证各施工过程的工艺顺序合理和各施工班组尽可能依次在各施工段上连续施工。

【例 2-8】根据表 2-2 所示的数据，计算各流水步距和工期并绘制流水施工进度表。

表 2-2　施工工期表

施工过程 \ 施工段	1	2	3	4	5	6
A	2	1	3	4	4	5
B	2	2	4	3	4	4
C	3	2	4	3	4	4
D	4	3	3	2	5	4

1. 流水步距计算

因每一施工过程的流水节拍不相等，故采用“累加斜减取大差法”计算。第一步是将每个施工过程的流水节拍逐段累加；第二步是错位相减；第三步是取差数值大者作为流水步距。现计算如下：

(1) 求 $K_{A,B}$

```
   2  3  6 10 15 20
0  2  4  8 11 15 19
2  1  2  2  4  5
```

取 $K_{A,B}$=5 天。

(2) 求 $K_{B,C}$

```
   2  4  8 11 15 19
0  3  5  9 12 16 20
2  1  3  2  3  3
```

取 $K_{B,C}$=3 天。

(3) 求 $K_{C,D}$

```
   3  5  9 12 16 20
0  4  7 10 12 17 21
3  1  2  2  4  3
```

取 $K_{C,D}$=4 天。

2. 工期计算

$T=\sum K_{i,\ i+1}+T_N=5+3+4+4+3+3+2+5+4=33$(天)

该工程的施工进度安排如图 2-16 所示。

施工过程	施工进度/天																
	2	4	6	8	10	12	14	16	18	20	22	24	26	28	30	32	33
A																	
B																	
C																	
D																	

图 2-16 施工进度安排

无节奏流水施工不像有节奏流水施工那样有一定的时间约束，在进度安排上比较灵活、自由，适用于各种不同结构性质和规模的工程施工组织，其实际应用比较广泛。

在上述各种流水施工的基本方式中，全等节拍和成倍节拍流水通常在一个分部或分项工程中，组织流水施工比较容易做到，即比较适用于组织专业流水或细部流水。但对一个单位工程，特别是一个大型的建筑群来说，要求所划分的各分部、分项工程都采用相同的流水参数(如施工过程数、施工段数、流水节拍和流水步距等)组织流水施工，往往十分困难，也不容易达到。因此，到底采用哪一种流水施工的组织形式，除了分析流水节拍的特点外，还要考虑工期要求和项目经理部自身的具体施工条件。

任何一种流水施工的组织形式，仅仅是一种组织管理手段，其最终目的是要实现企业目标，即工程质量好、工期短、效益高和安全施工。

2.4　流水施工案例

流水施工是一种科学组织施工的方法，编制施工进度计划时应尽量采用流水施工方法，以保证施工有较为鲜明的节奏性、均衡性和连续性。下面用两个工程施工实例来阐述流水施工的具体应用。

2.4.1　砖混结构房屋的流水施工

图 2-17 为某五层三单元砖混结构房屋的平、剖面示意图，建筑面积为 3075m^2。钢筋混凝土条形基础，上砌基础(内含防潮层)。主体工程为砖墙、预制空心楼板、预制楼梯。为增加结构的整体性，每层设有现浇钢筋混凝土圈梁、钢窗、木门(阳台门为钢门)，门上设预制钢筋混凝土过梁。屋面工程为屋面板上做细石混凝土屋面防水层和贴一毡二油分仓缝。楼地面工程为空心楼板及地坪三合土上细石混凝土地面。外墙用水泥混合砂浆。内墙用石灰砂浆抹灰。其工程量一览表见表 2-3。

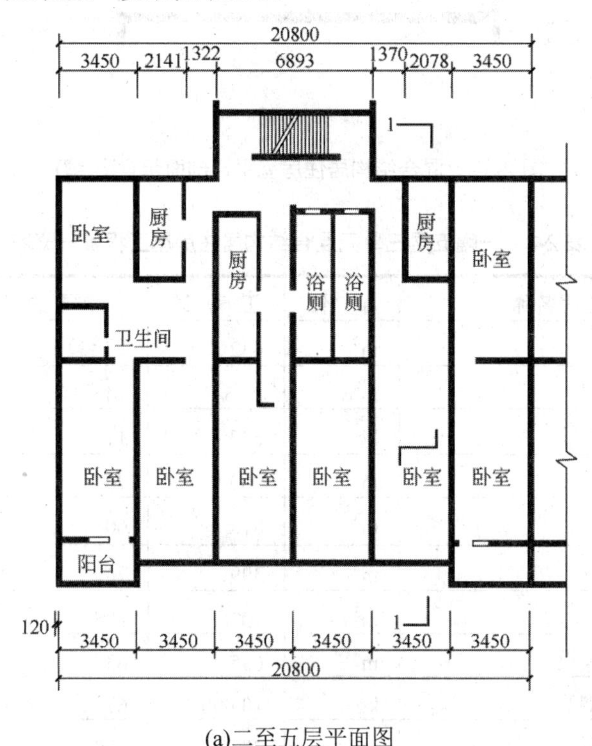

(a)二至五层平面图

图 2-17　混合结构居住房屋平、剖面示意图

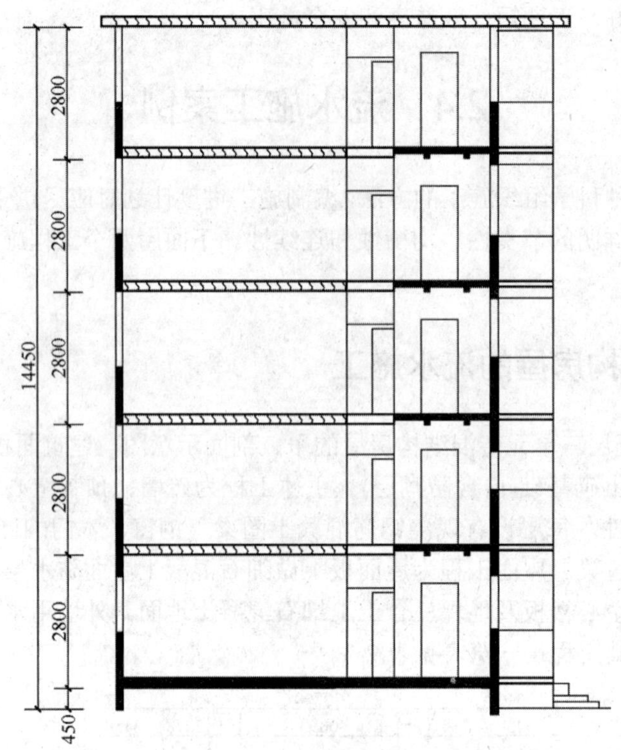

(b)1—1剖面图

图 2-17　混合结构居住房屋平、剖面示意图(续)

表 2-3　一幢五层三单元混合结构居住房屋工程量一览表

序　号	工程名称	单　位	工 程 量	需要的劳动量/工日(或台班)
1	基础挖土	m^3	432	12 台班，12×3=36 工日
2	混凝土垫层	m^3	22.5	14
3	基础绑扎钢筋	kg	5475	11
4	基础混凝土	m^3	109.5	70
5	砌砖基墙	m^3	81.6	60
6	回填土	m^3	399	76
7	砌砖墙	m^3	1026	985
8	圈梁安装模板	m^3	635	63
9	圈梁绑扎钢筋	kg	10 000	67
10	圈梁浇混凝土	m^3	78	100
11	安装楼板	块	1320	140.9 台班
12	安装楼梯	座	3	14.9×14≈209 工日
13	楼板灌缝	m	4200	49
14	屋面第二次灌缝	m	840	10

续表

序　号	工程名称	单　位	工 程 量	需要的劳动量/工日(或台班)
15	细石混凝土面层	m^2	639	32
16	贴分仓缝	m	160.5	16
17	安装吊篮架子	根	54	54
18	拆除吊篮架子	根	54	32
19	安装钢门窗	m^2	318	127
20	外墙抹灰	m^2	1782	213
21	楼地面和楼梯抹灰	m^2	2500，120	128，50
22	室内地坪三合土	m^3	408	60
23	天棚抹灰	m^2	2658	325
24	内墙抹灰	m^2	3051	268
25	安装木门	扇	210	21
26	安装玻璃	m^2	318	23
27	油漆门窗	m^2	738	78
28	其他			15%(劳动量)
29	卫生设备安装工程			
30	电气安装工程			

对于砖混结构多层房屋的流水施工组织，一般先考虑分部工程的流水施工，然后再考虑各分部工程之间的相互搭接施工。该例中组织施工的方法如下。

1. 基础工程

基础工程包括基槽挖土、浇筑混凝土垫层、绑扎钢筋、浇筑混凝土、砌筑基础墙和回填土六个施工过程。当这个分部工程全部采用手工操作时，其主要施工过程是浇筑混凝土。若土方工程由专门的施工队采用机械开挖时，通常将机械挖土与其他手工操作的施工过程分开考虑。

若工程基槽挖土采用斗容量为 $0.2m^3$ 的蟹斗式挖土机进行施工，则共需 432/36=12 台班和 36 个工日。如果用一台机械两班制施工，则基槽挖土 6 天就可完成。

浇筑混凝土垫层工程量不大，用一个 10 人的施工班组 1.5 天即可完成。为了不影响其他施工过程流水施工，可以将其紧接在挖土过程完成之后安排，工作一天后，再进行其他施工过程。

基础工程中其余四个施工过程(N_1=4)组织全等节拍流水。根据划分施工段的原则和其结构特点，以房屋的一个单元作为一个施工段，即在房屋平面上划分成三个施工段(M_1=3)。主导施工过程的是浇筑基础混凝土，共需 70 工日，采用一个 12 人的施工班组一班制施工，则每一施工段浇筑混凝土这一施工过程持续时间为 $70/(3\times1\times12)\approx2$ 天。为使各施工过程能相互紧凑搭接，其他施工过程在每个段的施工持续时间也采用 2 天(T_1=2)。则基础工程的施工持续时间计算如下：

$$T_1=6+1+(M_1+N_1-1)t_1=6+1+(3+4-1)\times 2=19(\text{天})$$

2. 主体工程

主体工程包括砌筑砖墙、现浇钢筋混凝土圈梁(包括支模、扎筋、浇筑混凝土)、安装楼板和楼梯、楼板灌缝五个施工过程。其中主导施工过程为砌筑砖墙。为组织主导施工过程进行流水施工，在平面上也划分为三个施工段。每个楼层划分为两个施工层，每一施工段上每一施工层的砌筑砖墙时间为 1 天，则每一施工段砌筑砖墙的持续时间为 2 天(T_2=2)。由于现浇钢筋混凝土圈梁工程量较小，故组织混合施工班组进行施工，安装模板、绑扎钢筋、浇筑混凝土共 1 天，第二天为圈梁养护。这样，现浇圈梁在每一施工段上的持续时间仍为 2 天(T_2=2)。安装一个施工段的楼板和楼梯所需时间为一个台班(即 1 天)，第二天进行灌缝，这样两者合并为一个施工过程，它在每一施工段上的持续时间仍为 2 天(T_2=2)。因此主体工程的施工持续时间可计算如下：

$$T_2=(M_2+N_2-1)T_2=(5\times 3+3-1)\times 2=34(\text{天})$$

3. 屋面工程

屋面工程包括屋面板第二次灌缝、细石混凝土屋面防水层、贴分仓缝 3 个施工过程。由于屋面工程通常耗费劳动量较少，且其顺序与装修工程相互制约，因此在考虑工艺要求的前提下，与装修工程平行施工即可。

4. 装修工程

装修工程包括安装门窗、室内外抹灰、门窗油漆、楼地面抹灰等 11 个施工过程。其中抹灰是主导施工过程。由于安装木门和安装玻璃可以同时进行，安装和拆除吊篮架子、地坪三合土三个施工过程可与其他施工过程平行施工，不占绝对工期，因此，在计算装修工程的施工持续时间时，可将其计为与其他施工过程平行施工，不占绝对工期。施工过程数：

$$N_4=11-1-3=7(\text{个})$$

装修工程采用自上而下的施工顺序，结合装修的特点，把房屋的每层作为一个施工段(M_4=5)。考虑到内部抹灰工艺的要求，在每个施工段上的持续时间最少需 3～5 天，本例中，取 T_4=3。考虑装修工程的内部各工程搭配所需的间歇时间为 9 天，则装修工程的施工队持续时间为

$$T_4=(M_4+N_4-1)T_4+\sum T_j=(5+7-1)\times 3+9=42(\text{天})$$

本例中，主体砌筑砖墙是在基础工程的回填土为其创造了足够的工作面后才开始，即在第一施工段上土方回填后开始砌筑砖墙。因此基础工程与主体工程两个分部工程相互搭接 4 天。同样，装修工程与主体工程两个分部工程考虑 2 天搭接时间。屋面工程与装修工程平行施工，不占工期。因此，总工期可用下式计算：

$$T=T_1+T_2+T_4-\sum T_d=19+34+42-(4+2)=89(\text{天})$$

2.4.2 框架结构房屋的流水施工

某四层公寓，底层为商业用房，上部为宿舍，建筑面积为 4916.94m^2。基础为钢筋混凝土独立基础，主体工程为全现浇框架结构。装修工程为铝合金窗、胶合板门；外墙贴面砖；

内墙为中级抹灰，普通涂料刷白；底层顶棚吊顶，楼地面贴地板砖；屋面 200mm 厚加气混凝土块做保温层，上做 SBS 改性沥青防水层。其劳动量一览表见表 2-4。

表 2-4　某幢四层框架结构公寓楼劳动量一览表

序　号	分项工程名称	劳动量/工日(或台班)
基础工程		
1	基槽挖土	9 台班
2	混凝土垫层	45
3	绑扎基础钢筋	89
4	基础模板	110
5	基础混凝土	131
6	回填土	225
主体工程		
7	脚手架	470
8	柱筋	203
9	柱、梁、板模板(含楼梯)	3395
10	柱混凝土	306
11	梁、板筋(含楼梯)	1202
12	梁、板混凝土(含楼梯)	1409
13	拆模	597
14	砌空心砖墙(含门窗框)	1643
屋面工程		
15	加气混凝土保温隔热层(含找坡)	354
16	屋面找平层	78
17	屋面防水层	74
装饰工程		
18	顶棚墙面中级抹灰	2472
19	外墙面砖	1436
20	楼地面及楼梯地砖	1394
21	顶棚龙骨吊顶	222
22	铝合金窗扇安装	102
23	胶合板门安装	122
24	顶棚墙面涂料	570
25	油漆	104
26	室外	
27	水、电	

由于本工程各分部的劳动量差异较大，因此先分别组织各分部工程的流水施工，然后再考虑各分部之间的相互搭接施工。具体组织方法如下所述。

1. 基础工程

基础工程包括基槽挖土、混凝土垫层、绑扎基础钢筋、支设基础模板、浇筑基础混凝土、回填土等施工过程。其中基槽挖土采用机械开挖，考虑到工作面及土方运输的需要，将机械挖土与其他手工操作的施工过程分开考虑，不纳入流水施工。混凝土垫层劳动量较小，为了不影响其他施工过程的流水施工，将其安排在挖土施工过程完成之后，也不纳入流水。

基础工程平面上划分两个施工段组织流水施工(m=2)，在 6 个施工过程中，参与流水的施工过程有 4 个，即 n=4，组织全等节拍流水施工如下。

绑扎基础钢筋劳动量为 89 个工日，施工班组人数为 15 人，采用一班制施工，其流水节拍为

$$t_{筋}=\frac{89}{2\times15\times1}\approx3(天)$$

其他施工过程的流水节拍均取 3 天，其中支设基础模板为 110 个工日，施工班组数为

$$R_{木}=\frac{110}{2\times3}\approx19\,(人)$$

浇筑基础混凝土劳动量为 87 个工日，施工班组人数为

$$R_{混凝土}=\frac{87}{2\times3}\approx15(人)$$

回填土劳动量为 225 个工日，施工班组人数为

$$R_{回填}=\frac{225}{2\times3}\approx38(人)$$

流水工期计算如下：

$$T=(m+n-1)K=(2+4-1)\times3=15(天)$$

土方机械开挖 6 个台班，用一台机械两班制施工，则作业持续时间为

$$t_{挖土}=\frac{6}{1\times2}=3(天)$$

混凝土垫层为 45 个工日，22 人一班制施工，其作业持续时间为

$$t_{混凝土}=\frac{45}{22\times1}\approx2(天)$$

则基础工程的工期为

$$T_1=3+2+15=20(天)$$

2. 主体工程

主体工程包括立柱子钢筋，安装柱、梁、板模板，浇捣柱子混凝土，梁、板、楼梯钢筋绑扎，浇捣梁、板、楼梯混凝土，搭脚手架，拆模板，砌空心砖墙等施工过程，其中后三个施工过程属平行穿插施工过程，只根据施工工艺要求，尽量搭接施工即可，不纳入流水施工。主体工程由于有层间关系，要保证施工过程流水施工，必须使 m=n，否则，施工班组会出现窝工现象。本工程中平面上划分为两个施工段，主导施工过程是柱、梁、板模板安装，要组织主体工程流水施工，就要保证主导施工过程连续作业，为此，将其他次要施工过程综合为一个施工过程来考虑其流水节拍，且其流水节拍值不得小于主导施工过程

的流水节拍，以保证主导施工过程的连续性，因此，则主体工程参与流水的施工过程数 n=2 个，满足 m=n 的要求。具体组织如下所述。

柱子钢筋劳动量为 203 个工日，施工班组人数为 26 人，一班制施工，则其流水节拍为

$$t_{柱筋}=\frac{203}{4\times2\times26\times1}\approx1(天)$$

主导施工过程的柱、梁、板模板劳动量为 3395 个工日，施工班组人数为 38 人，两班制施工，则流水节拍为

$$t_{模}=\frac{3395}{4\times2\times38\times2}\approx5.58(天)\quad(取6天)$$

柱子混凝土，梁、板钢筋，梁、板混凝土及柱子钢筋统一按一个施工过程来考虑其流水节拍，它不得大于 6 天。其中，柱子混凝土劳动量为 306 个工日；施工班组人数为 21 人，两班制施工，其流水节拍为

$$t_{柱混凝土}=\frac{306}{4\times2\times21\times2}\approx0.9(天)\quad(取1天)$$

梁、板钢筋劳动量为 1202 个工日，施工班组人数为 25 人，两班制施工，其流水节拍为

$$t_{梁、板筋}=\frac{1202}{4\times2\times25\times2}\approx3(天)$$

梁、板混凝土劳动量为 1409 个工日，施工班组人数为 30 人，三班制施工，其流水节拍为

$$t_{混凝土}=\frac{1409}{4\times2\times30\times3}\approx2(天)$$

因此，综合施工过程的流水节拍仍为(1+3+2+1)=7(天)，可与主导施工过程一起组织全等节拍流水施工。其流水工期为

$$T=(M+N-1)\times t=(2\times4+2-1)\times6=54(天)$$

拆模施工过程计划在梁、板混凝土浇捣 12 天进行，其劳动量为 597 个工日，施工班组人数为 38 人，一班制施工，其流水节拍为

$$t_{拆模}=\frac{597}{4\times2\times38\times1}\approx2(天)$$

砌空心砖墙(含门窗框)劳动量为 1095 个工日，施工班组人数为 45 人，一班制施工，其流水节拍为

$$t_{砌墙}=\frac{1095}{4\times2\times45\times1}\approx3(天)$$

则主体工程的工期为

$$T_2=54+2\times6+2+3=71(天)$$

3．屋面工程

屋面工程包括保温隔热层、找平层和防水层三个施工过程。考虑屋面防水要求高，所以不分段施工，即采用依次施工的方式。屋面保温隔热层劳动量为 354 个工日，施工班组人数为 60 人，一班制施工，其施工持续时间为

$$t_{保温}=\frac{354}{60\times1}\approx6(天)$$

屋面找平层劳动量为78个工日，27人一班制施工，其施工持续时间为

$$t_{找平}=\frac{78}{27\times1}\approx3(天)$$

屋面找平层完成后，安排7天的养护和干燥时间，方可进行屋面防水层的施工。SBS改性沥青防水层劳动量为74个工日，安排15人一班制施工，其施工持续时间为

$$t_{防水}=\frac{74}{15\times1}=4.9(天)\quad(取5天)$$

4. 装饰工程

装饰工程包括顶棚墙面中级抹灰、外墙面砖、楼地面及楼梯地砖、一层顶棚龙骨吊顶、铝合金窗扇安装、胶合板门安装、顶棚墙面涂料和油漆等施工过程。其中一层顶棚龙骨吊顶属穿插施工过程，不参与流水作业，因此参与流水的施工过程为n=7。

装饰工程采用自上而下的施工起点流向。结合装修工程的特点，把每层房屋视为一个施工段，共4个施工段(m=4)，其中抹灰工程是主导施工过程，组织有节奏流水施工如下。

顶棚墙面抹灰劳动量为2472个工日，施工班组人数为90人，一班制施工，其流水节拍为

$$t_{抹灰}=\frac{2472}{4\times90\times1}\approx6.9(天)\quad(取7天)$$

外墙面砖劳动量为1436个工日，施工班组人数为51人，一班制施工，则其流水节拍为

$$t_{外墙}=\frac{1436}{4\times51\times1}\approx7(天)$$

楼地面及楼梯地砖劳动量为1394个工日，施工班组人数为50人，一班制施工，其流水节拍为

$$t_{地面}=\frac{1394}{4\times50\times1}\approx7(天)$$

铝合金窗扇安装为102个工日，施工班组人数为9人，一班制施工，则流水节拍为

$$t_{窗}=\frac{102}{4\times9\times1}\approx2.83(天)\quad(取3天)$$

其余胶合板门、内墙涂料和油漆安排一班制施工，流水节拍均取3天。其中，胶合板门劳动量为122个工日，施工班组人数为11人；内墙涂料劳动量为570个工日，施工班组人数为48人；油漆劳动量为104个工日，施工班组人数为6人。

顶棚龙骨吊顶属穿插施工过程，不占总工期，其劳动量为222个工日，施工班组人数为23人，一班制施工，则施工持续时间为

$$t_{顶棚}=\frac{222}{23\times1}\approx10(天)$$

装饰分部流水施工工期计算如下：

$$K_{抹灰、外墙}=2(天)$$

$$K_{外墙、地面}=7(天)$$

$$K_{\text{地面、窗}} = 4\times7-(4-1)\times3=28-9=19(\text{天})$$

$$K_{\text{窗、门}} = 3(\text{天})$$

$$K_{\text{门、涂料}} = 3(\text{天})$$

$$K_{\text{涂料、油漆}} = 3(\text{天})$$

$$T_3 = \sum K_{i,i+1} + mt_n$$

$$=(7+7+19+3+3+3)+4\times3=54(\text{天})$$

本工程流水施工进度计划安排如图 2-18 所示。

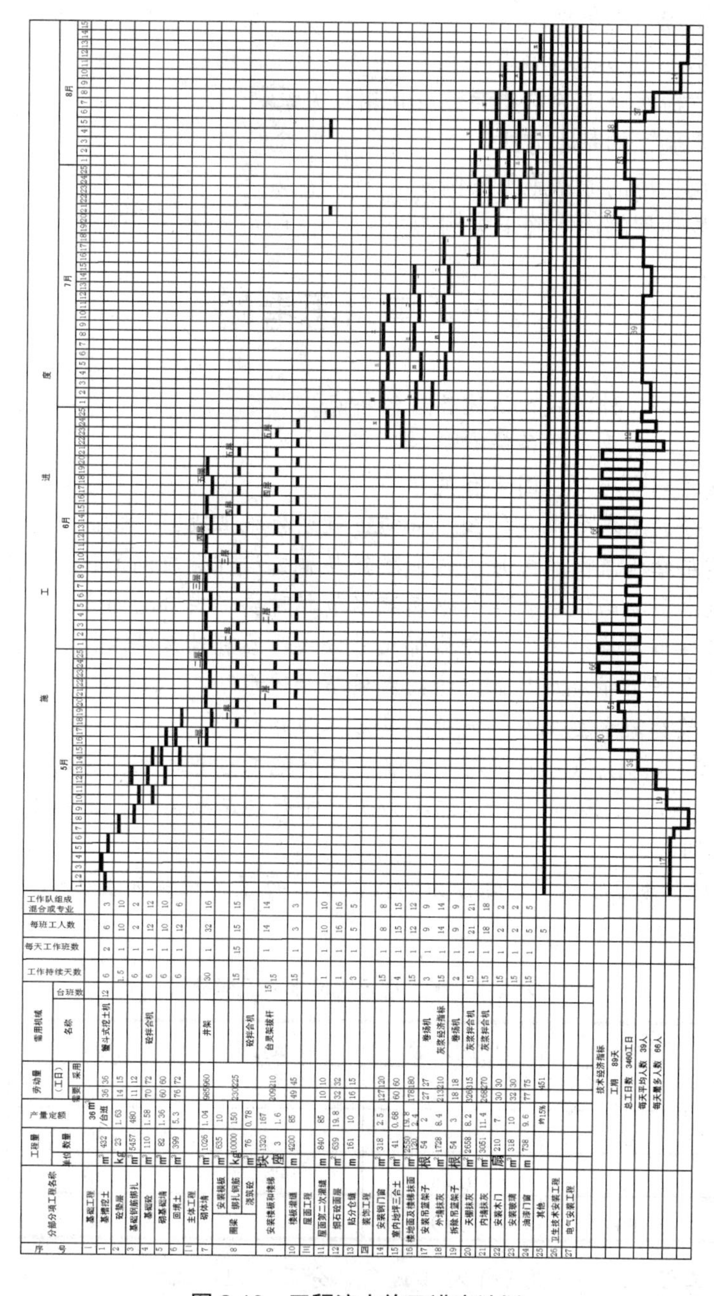

图 2.18　工程流水施工进度计划

2.5 本 章 小 结

本章叙述了流水施工的基本概念，流水施工的主要参数，流水施工的基本方式和流水施工的具体应用。

本章主要知识点：

- 建筑施工的组织方式及特点。
- 组织流水施工的条件。
- 建筑流水施工的表达形式。
- 建筑工程流水施工的主要参数及其相互关系。
- 组织流水施工的基本方式。
- 砖混结构房屋的流水施工案例。
- 框架结构房屋的流水施工案例。

2.6 复习思考题

1. 组织施工有哪几种方式？试述各自的特点。
2. 组织流水施工的要点和条件有哪些？
3. 施工过程的划分与哪些因素有关？
4. 施工段划分的基本要求是什么？如何正确划分施工段？
5. 当组织楼层结构流水施工时，施工段数与施工过程数应满足什么条件？为什么？
6. 什么叫流水节拍与流水步距？确定流水节拍时要考虑哪些因素？
7. 流水施工按节奏特征不同可分为哪几种方式？各有什么特点？
8. 如何组织全等节拍流水？如何组织成倍节拍流水？
9. 什么是无节奏流水施工？如何确定其流水步距？

10. 某工程有 A、B、C 三个施工过程，每个施工过程均划分为四个施工段。设 t_A=2 天，t_B=4 天，t_C=3 天。试分别计算依次施工、平行施工及流水施工的工期，并绘制出各自的施工进度计划。

11. 已知条件如表 2-5 所示，划分为四段流水，每段工程量如表 2-5 所示，绘制出横道图计划。

表 2-5　某工程每段流水的工程量

工　序	工程量/m^3	时间定额	劳 动 量	天/人	施工天数
A	130	0.24		16	
B	38	0.82		30	
C	75	0.78		20	
D	60	0.19		10	

12. 已知某工程任务划分为五个施工过程，分五段组织流水施工，流水节拍均为 3 天。

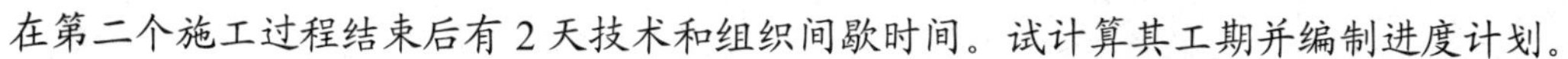

在第二个施工过程结束后有2天技术和组织间歇时间。试计算其工期并编制进度计划。

13. 某工地建造六幢同类型的大板结构住宅，每幢房屋的主要施工过程及所需施工时间分别为基础工程5天，结构安装15天，粉刷装修10天，室外和清理工程10天。对这六幢住宅组织群体工程流水，试计算：

(1) 成倍节拍流水施工的工期并绘制进度表；

(2) 不等节拍流水施工的流水步距及工期并绘制进度表。

14. 某工程的流水节拍如表2-6所示，试计算流水步距和工期，并编制流水施工进度表。

表2-6　某工程的流水节拍值　　单位：天

施工过程＼施工段	Ⅰ	Ⅱ	Ⅲ	Ⅳ
A	3	4	2	2
B	3	2	3	2
C	4	1	3	2

第 3 章　网络计划技术

网络计划技术在建筑工程中的应用越来越广泛，它是施工组织设计的重要组成部分，也是建筑工程中投标标书的重要组成部分，同时还是工程竣工验收中的必备文件。网络计划技术尤为突出的优点是可以进行电算化，即机画、机算、机编、机调，可实现计划工作的自动化。所以，目前在我国也值得进一步推广该技术。

3.1　基本概念

组织建筑工程施工，首先要认识建筑工程施工的客观规律性，然后在此基础上去从事建筑工程对象的具体施工。对于一些小型的工程对象，按常规方法施工时，通常只要凭经验加以组织就能达到目的。但是，当建筑工程对象规模大、标准高，采用新工艺、新技术和新材料等施工过程错综复杂时，或者涉及浩大的人力、物力、机具和器材，而且要求有较高的经济效益时，这类工程施工只凭经验无法达到预期目的，必须用一套科学的组织管理方法去组织协调其中各项工作间的配合，否则，必然造成大量的窝工和频繁的返工，使工程蒙受巨大的损失。

为了适应上述建筑生产管理的发展和科技进步的要求，自 20 世纪 50 年代中期，美国杜邦化学公司研究创立了最初的网络模型法：关键线路法——CPM(Critical Path Method)，并试用于一个化学工程上，使该工程提前 2 个月完成。60 年代初期网络计划方法在美国得到了推广应用，新建工程全面采用了这种计划管理新方法，70 年代使用者达 80%。美国建筑业普遍认为“没有一种管理技术像网络计划技术那样能对建筑业产生那样大的影响”。在这一时期内，该方法开始引入日本、苏联及西欧国家。20 世纪 80 年代以来，随着微型计算机在我国建筑业的推广和应用，网络计划及其电子计算技术得到了进一步的发展。目前，网络计划已发展成为现代施工组织与管理的重要手段。特别是在美国，基本实现了机画、机算、机编、机调，实现了计划工作的自动化。

网络计划技术也称为网络计划方法，20 世纪 60 年代中期我国也开始应用。在华罗庚教授的倡导下，开始在国民经济各个部门试点应用网络计划技术。当时为结合我国国情，并根据“统筹兼顾，全面安排”的指导思想，将这种方法命名为“统筹法”。

我国于 1991 年颁布了《工程网络计划技术规程》(JGJ/T 1001—1991)，1999 年又由中国建筑学会建筑统筹管理分会主编《工程网络计划技术规程》(JGJ/T 121—1999)，并经审查后批准为推荐性行业标准，自 2000 年 2 月 1 日起执行。该规程的颁布，使工程网络计划技术在计划编制与控制管理的实践应用中有一个可以遵循的、统一的技术标准。原行业标准《工程网络计划技术规程》(JGJ/T 1001—1991)同时废止。

网络图表达的计划管理方法是一种比较特殊的新方法，如关键线路法(CPM)、计划评审技术(PERT)等。由于这些方法都是建立在网络图的基础上，因此统称为网络计划方法。最近提出的“时标网络计划方法”和“流水网络计划方法”，结合了横道计划和网络计划的优点，有针对性地解决了流水施工的特点及其在应用网络技术方面存在的问题，而且在实际工程中进行应用也取得了较好的效果。

网络计划方法的基本原理是：首先绘制工程施工网络图，以此表达此项计划中各施工过程(施工过程在工程中也叫工作，这两个概念在本章通用)先后顺序的逻辑关系；然后分析各施工过程(工作)在网络图中的地位，通过计算找出关键的线路及关键施工过程(关键工作)；接着按选定目标不断改善计划安排，选择优化方案，并付诸实施；最后在执行过程中进行有效的控制和监督。

在建筑施工中，网络计划方法主要用来编制建筑企业的生产计划和工程施工的进度计划，并对计划进行优化、调整和控制，以达到缩短工期、提高工效、降低成本和增加经济效益的目的。

3.1.1 横道计划与网络计划的特点分析

【例 3-1】 某一分部工程现浇钢筋混凝土柱有绑扎钢筋(A)、支模板(B)、浇筑混凝土(C)三个施工过程(工作)，每个施工过程(工作)划分三个施工段，其流水节拍分别为 t_A=3 天，t_B=2 天，t_C=1 天。该工程用横道图表示的进度计划(横道计划)如图 3-1 所示；用网络图表示的网络计划如图 3-2 所示。

施工过程	施工进度/天											
	1	2	3	4	5	6	7	8	9	10	11	12
绑扎钢筋												
支模板												
浇混凝土												

(a) 各施工过程(工作)连续施工

施工过程	施工进度/天											
	1	2	3	4	5	6	7	8	9	10	11	12
绑扎钢筋												
支模板												
浇混凝土												

(b) 部分施工过程 (工作) 间断施工

图 3-1 横道计划

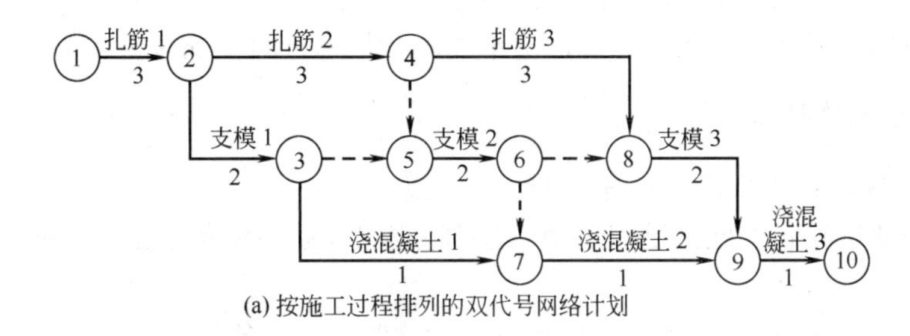

(a) 按施工过程排列的双代号网络计划

图 3-2 网络计划

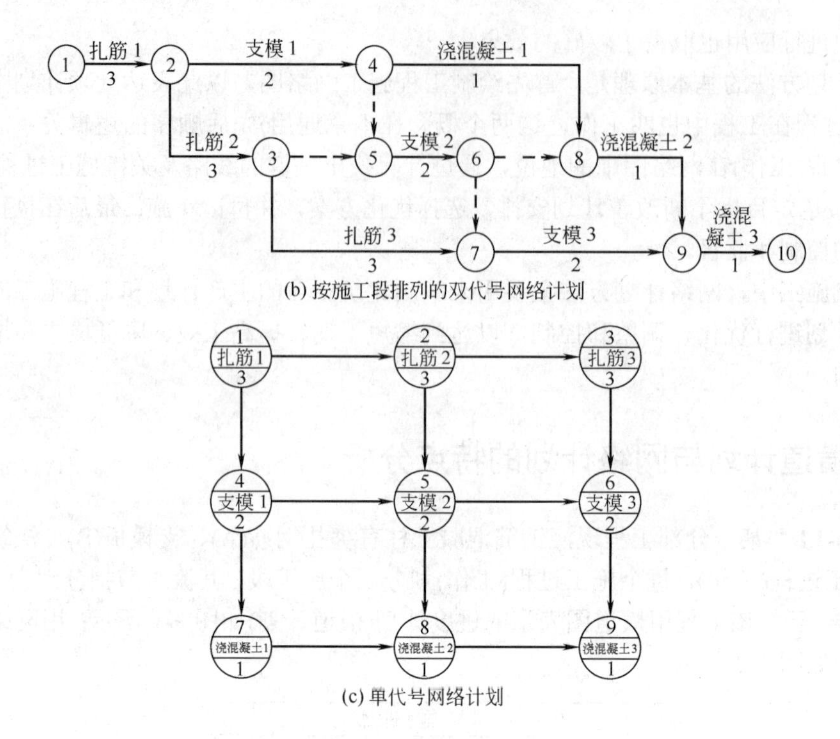

(b) 按施工段排列的双代号网络计划

(c) 单代号网络计划

图 3-2　网络计划(续)

从图 3-1 和图 3-2 中可以看出，横道计划是结合时间坐标线，用一系列水平线段分别表示各施工过程(工作)的施工起止时间及其先后顺序；而网络计划是由一系列箭线和节点组成的网状图形来表示各施工过程(工作)先后顺序的逻辑关系。

1. 横道计划的优缺点

图 3-1 所示及第 2 章所述的横道计划具有编制比较容易，绘图比较简便，排列整齐有序，表达形象直观，便于统计劳动力、材料及机具的需求量等优点。这种方法已经被建筑企业的施工管理人员所熟悉和掌握，目前仍被广泛采用。但它还存在如下的缺点。

(1) 不能反映各施工过程(工作)之间的相互制约、相互联系和相互依赖的逻辑关系。

(2) 不能明确指出哪些施工过程(工作)是关键的，哪些不是关键的，即不能明确表明某个施工过程(工作)的推迟或提前完成对整个工程任务完成的影响程度。

(3) 不能计算每个施工过程(工作)的各项时间指标，既不能指出在总的施工期限不变的情况下某些施工过程存在的机动时间，也不能指出计划安排的潜力有多大。

(4) 不能应用电子计算机进行计算，更不能对计划进行科学的调整与优化。

2. 网络计划的优缺点

网络计划与横道计划相比，具有以下一些优点。

(1) 能明确地反映各个施工过程(工作)之间的逻辑关系，使各个施工过程(工作)组成一个有机的整体。

(2) 由于施工过程(工作)之间的逻辑关系明确，便于进行各种时间参数计算，有助于进行定量分析。

(3) 能在错综复杂的计划中找出影响整个工程进度的关键施工过程(关键工作)，便于管理人员集中精力抓施工中的主要矛盾，确保按期竣工，避免盲目性抢工。

(4) 可以利用计算机计算出某些施工过程(工作)的机动时间(时差)，更好地利用和调配人力、物力，达到降低成本的目的。

(5) 可以用计算机对复杂的计划进行计算、调整与优化，实现计划管理的科学化。

网络计划虽然具有以上的优点，但还存在以下缺点。例如，表达计划不够直观，不容易看懂，不能反映出流水施工的特点，不易显示资源平衡情况等。采用时标网络计划，有助于克服这些缺点，也有助于网络计划的推广应用。

3.1.2　网络计划的分类

在建筑施工中，网络计划是表现施工进度计划的一种较好形式，它能明确反映各施工过程(工作)之间的逻辑关系，可以编制各种建筑物或建筑群的施工进度计划。为了适应施工进度计划的不同用途，网络计划有以下几种分类方法。

1. 按网络计划的工程对象划分

根据计划的工程对象不同和使用范围的大小，网络计划可分为局部网络计划、单位工程网络计划和总体网络计划。

1) 局部网络计划

局部网络计划是以建筑物的某一分部或某一施工阶段为对象编制的分部工程网络计划。例如，某幢楼房可以按基础、主体、屋顶、装修等不同施工阶段分别编制，也可以按土建施工、设备安装、材料供应等不同专业分别编制。

2) 单位工程网络计划

单位工程网络计划是以一个单位工程为对象编制的网络计划。如一幢教学楼、办公楼或住宅楼的施工网络计划。

3) 总体网络计划

总体网络计划是以整个建设项目为对象编制的网络计划。如一个建筑群体、一座新建工厂、一间医院、一所学校等大型项目的施工网络计划。

2. 按网络计划的性质和作用划分

根据计划的性质和作用不同，网络计划可分为实施性网络计划和控制性网络计划。

1) 实施性网络计划

实施性网络计划的编制对象为分部、分项工程，以局部网络计划的形式编制，其中施工过程划分较细，计划工期较短。它是管理人员在现场具体指导施工的计划，是编制控制性进度计划的基础。较简单的单位工程也可编制实施性网络计划。

2) 控制性网络计划

控制性网络计划以单位工程计划和总体网络计划的形式编制，它是上级管理机构指导工作、检查和控制进度计划的依据，也是编制实施性网络计划的基础。

3. 按网络计划的时间表达划分

根据网络计划时间性的表达方法不同，网络计划可分为无时标网络计划和时标网络计划。

1) 无时标网络计划

无时标网络计划各施工过程的持续时间，用数字写在箭线的下面，箭线的长短与时间长短无关。

2) 时标网络计划

时标网络计划是以横坐标为时间坐标，箭线的长度受时标的限制，箭线在时间坐标上的投影长度可直接反映施工过程的持续时间。

4. 按网络计划图形的表达方法不同划分

网络计划可分为双代号网络计划、单代号网络计划和时标网络计划等。

3.2 双代号网络计划

3.2.1 双代号网络图的组成

用一条箭线表示一个施工过程(一项工作)，施工过程的(工作)名称写在箭线上面，持续时间写在箭线下面，箭尾表示施工过程开始，箭头表示施工过程结束。在箭线的两端分别画一个圆圈作为节点，并在节点内进行编号，用箭尾节点号码 i 和箭头节点号码 j 作为这个施工过程的代号，如图 3-3 所示。由于各施工过程均用两个代号表示，所以叫做双代号表示方法。用这种表示方法把一项计划中的所有施工过程按先后顺序及其相互之间的逻辑关系，从左至右绘制成的网状图形，就叫做双代号网络图，如图 3-2(a)所示。用这种网络图表示的计划叫做双代号网络计划。

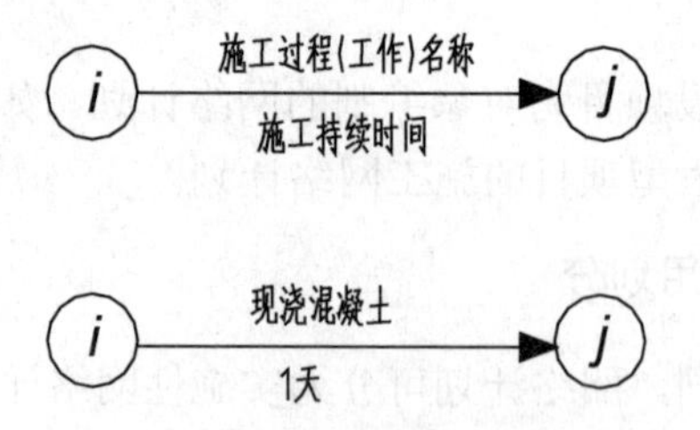

图 3-3 双代号表示方法

双代号网络图是由箭线、节点和线路三个要素所组成的，现将其含义和特性叙述如下。

1. 箭线

1) 一条箭线表示一个施工过程(或一项工作)

箭线表示的施工过程可大可小，在总体(或控制性)网络计划中，箭线可表示一个单位工程或一个工程项目；在单位工程网络计划中，一条箭线可表示一个分部工程(如基础工程、主体工程、屋顶工程、装修工程等)；在实施性网络计划中，一条箭线可表示一个分项工程(如砖混结构的素混凝土基础：挖土、垫层、浇混凝土等；又如框架结构的人工挖孔桩基础：定桩位、挖土、做护壁、扩孔、浇混凝土、放钢筋笼、再浇混凝土等)。

2) 实箭线

每个施工过程(工作)的完成都要消耗一定的时间及资源。而且消耗时间不消耗资源的混凝土养护、砂浆找平层干燥等技术间歇，如单独考虑时，也应作为一个施工过程来对待。各施工过程均用实箭线来表示。

3) 虚箭线

在双代号网络计划图中，为了正确表达施工过程的逻辑关系，有时必须使用一种虚箭线(一端带箭头的虚线)来表示，如图 3-2(a)中所示的④-→⑤。虚箭线是既不消耗时间，也不消耗资源的一个虚拟的施工过程(称虚工作)，一般不标注名称，持续时间为零。它在双代号网络图中起施工过程之间逻辑连接或逻辑断路的作用。

4) 箭线的长短和方向

箭线的长短一般不表示持续时间的长短(时标网络除外)。箭线的方向表示施工过程的进行方向，应保持自左向右的总方向。为使图形整齐，表示施工过程的箭线宜画成水平箭线或由水平线段和竖直线段组成的折线箭线。虚工作可画成水平的或竖直的虚箭线，也可画成折线形虚箭线。

5) 紧前施工过程(紧前工作)、紧后施工过程(紧后工作)和平行施工过程(平行工作)的关系

在网络图中，相对于某工作而言，紧排在该工作之前的施工过程(工作)叫做该过程的“紧前过程”(或紧前工作)，在双代号网络图中，施工过程(工作)与其紧前施工过程(工作)之间可能有虚箭线的存在。如图 3-2(a)所示，施工过程(工作)扎筋 1 为施工过程(工作)支模 1 和扎筋 2 的紧前过程(紧前工作)，支模 1 与支模 2 之间虽然存在虚箭线，但支模 1 仍然是支模 2 的紧前施工过程(紧前工作)。

在网络图中，相对某施工过程(工作)而言，紧排在该施工过程之后的施工过程(工作)叫做该施工过程(工作)的“紧后过程”(或紧后工作)。如图 3-2(a)所示，施工过程支模 1 和扎筋 2 为施工过程扎筋 1 的紧后过程(紧后工作)。

在网络图中，相对于某施工过程(工作)而言，可以与该施工过程(工作)同时进行的施工过程(工作)即为该施工过程(工作)的平行施工过程(平行工作)。如图 3-2(a)所示，扎筋 2 和支模 1 互为平行施工过程(平行工作)。

紧前施工过程(紧前工作)、紧后施工过程(紧后工作)及平行施工过程(平行工作)之间的关系是正确绘制网络图的前提条件。

6) 先行施工过程(先行工作)和后续施工过程(后续工作)的关系

相对于某施工过程(工作)而言，从网络图的第一个节点(起点节点)开始，顺着箭头的方向经过一系列箭线与节点到达该施工过程(工作)为止的各条通路上的所有施工过程(工作)，都称为该施工过程(工作)的先行施工过程(先行工作)。如图 3-2(a)所示，扎筋 1、扎筋 2 和支模 1 是支模 2 的先行施工过程(先行工作)。

相对于某施工过程(工作)而言，从该施工过程之后开始，顺着箭头的方向经过一系列箭线与节点到网络图最后一个节点(终点节点)的各条通路上的所有工作，都称为该施工过

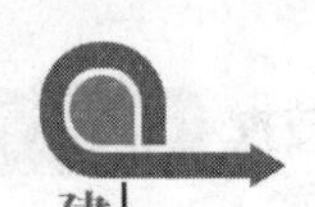

程的后续施工过程(后续工作)。如图 3-2(a)所示，支模 2 的后续施工过程(后续工作)有支模 3、浇混凝土 2 和浇混凝土 3。

在建设工程进度控制中，后续施工过程(后续工作)是一个非常重要的概念。因为在工程网络计划的实施过程中，如果发现某项施工过程(工作)进度出现拖延，则受到影响的施工过程(工作)必然是该施工过程(工作)的后续施工过程(后续工作)。

2. 节点

在双代号网络图中，用圆圈表示的各箭线之间的连接点，称为节点。节点表示前面施工过程(工作)结束和后面施工过程(工作)开始的瞬间。节点不需消耗时间和资源。

1) 节点的分类

网络图的节点有起点节点、终点节点和中间节点。网络图的第一个节点称为起点节点，它表示一项计划的开始，其在网络图中的特点是只和箭尾相连。网络图的最后一个节点称为终点节点，它表示一项计划的结束，其在网络图中的特点是只和箭头相连。其余节点都称为中间节点，其在网络图中的特点是既和箭头也和箭尾相连。任何一个中间节点既是其紧前各施工过程(工作)的结束节点，又是其紧后各施工过程的开始节点。

如图 3-4 所示，其中节点①是工作 A 的开始节点；节点②既是工作 A 的结束节点，又是工作 B 的开始节点；同理节点③既是工作 B 的结束节点，又是工作 C 的开始节点；节点④是工作 C 的结束节点。

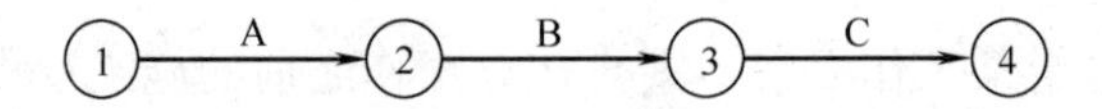

图 3-4　施工过程(工作)的开始节点与结束节点

2) 节点的编号

网络图中的每一个节点都要编号。编号的顺序是：从起点节点起，依次向终点节点进行。编号的原则是：每一根箭线的箭尾节点代号 i 必须小于箭头节点代号 j(即 $i<j$)；所有节点的代号不能重复出现，如图 3-4 所示。

3. 线路、关键线路

从网络图的起点节点到终点节点，沿着箭线方向的顺序通过一系列箭线与节点的通路，称为“线路”。网络图中的线路可依次用该线路上的节点代号来记述。网络图可有多条线路，每条不同的线路所需的时间之和往往各不相等，其中时间之和最大值者被称为关键线路，其余的线路被称为非关键线路。位于关键线路上的施工过程(或称工作)被称为关键施工过程(关键工作)。关键施工过程(关键工作)的持续时间长短直接影响整个计划完成的时间。关键施工过程(关键工作)在网络图中通常用双箭线、粗箭线或彩色箭线表示。有时，在一个网络图中也可能出现几条关键线路，即这几条关键线路的施工持续时间相等且为最大值。

关键线路不是一成不变的，在一定条件下，关键线路和非关键线路可以互相转换。例如，当关键线路上的关键施工过程(关键工作)缩短或非关键线路上的非关键施工过程(非关键工作)的时间延长时，就有可能使关键线路转换为非关键线路，而非关键线路则可能转换为关键线路，如图 3-5 所示。

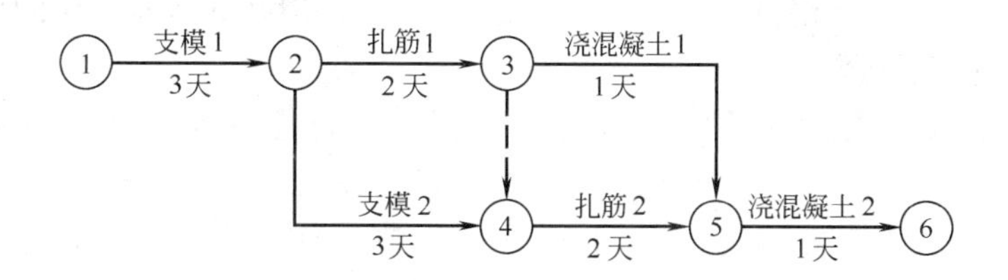

图 3-5 某现浇楼盖双代号网络计划

在图 3-5 中，其线路数目和线路的持续时间计算如下。

第一条线路，①→②→③→⑤→⑥：T=3+2+1+1=7(天)。

第二条线路，①→②→③→④→⑤→⑥：T=3+2+2+1=8(天)。

第三条线路，①→②→④→⑤→⑥：T=3+3+2+1=9(天)。

由上述分析可知，第三条线路的持续时间最长，故为关键线路。它决定着该项工程的工期，如果该线路的完成时间提前或延误，则整个工程的完成时间将发生变化。上述第三条线路的持续时间为 9 天，而其余两条线路的持续时间均小于 9 天，都是非关键线路。其中第二条线路的持续时间为 8 天，称为次关键线路。非关键线路都有若干天的机动时间。例如，第二条线路的持续时间为 8 天，在不影响计划工期的前提下，第二条线路可有 9−8=1 天的机动时间，又如第一条线路的持续时间为 7 天，在不影响计划工期的前提下，第二条线路可有 9−7=2 天的机动时间，这就是时差(3.2.3 小节详细讲述)。非关键线路上的非关键施工过程(非关键工作)可以在时差允许范围内放慢施工进度，将部分人力、物力转移到关键施工过程(关键工作)中去，以加快关键施工过程的进行，或者在时差允许的范围内改变施工过程(工作)的开始时间和结束时间，以达到均衡施工的目的。

3.2.2 双代号网络图的绘制

网络图的绘制是网络计划方法应用的关键。要正确绘制网络图，必须正确反映逻辑关系，遵守绘图的基本规则。

1. 网络图的逻辑关系及其正确表示

1) 逻辑关系

逻辑关系是指网络计划中所表示的各个施工过程(工作)之间的先后顺序关系。工艺逻辑和组织逻辑是逻辑关系的组成部分。

(1) 工艺逻辑。工艺逻辑是由施工工艺所决定的各个施工过程(工作)之间客观上存在的先后顺序关系。生产性施工过程(工作)之间由工艺程序决定的，非生产性施工过程之间(工作)由施工程序决定的先后顺序称为工艺逻辑。对于一个具体的分部工程来说，当确定了施工方法以后，则该分部工程的各个施工过程(工作)的先后顺序一般是固定的，有的是绝对不能颠倒的。如图 3-2(a)所示，扎筋 1→支模 1→浇混凝土 1 为工艺逻辑关系。

(2) 组织逻辑。组织逻辑是在施工组织安排中，由于考虑劳动力、机具、材料和工期等调配需要而规定的先后顺序关系。可在各施工过程(工作)之间主观上安排的先后顺序关系。这种关系不受施工工艺的限制，不是工程本身性质决定的，而是在保证施工质量、安

全和工期等前提下，可以人为安排的顺序关系。如图 3-2(a)所示，扎筋 1→扎筋 2→扎筋 3；支模 1→支模 2→支模 3；浇混凝土 1→浇混凝土 2→浇混凝土 3 等都为组织逻辑关系。

2) 逻辑关系的正确表示

在网络图中，紧前施工过程(紧前工作)、紧后施工过程(紧后工作)、平行施工过程(平行工作)是工作之间逻辑关系的具体表现，只要能根据施工过程之间的工艺关系和组织关系明确其紧前或紧后关系，即可据此绘出网络图。它是正确绘制网络图的前提条件。所以在绘制网络图时，必须反映各施工过程之间的逻辑关系。

【例 3-2】 部分局部逻辑(还不是一个完整的双代号网络图)的表示方法。

(1) 施工过程(工作)B、C、D 在 A 完成后才能开始。即施工过程 A 的结束节点为施工过程 B、C、D 的开始节点。施工过程(工作)B、C、D 互为平行施工过程(平行工作)。其逻辑关系如图 3-6 所示。

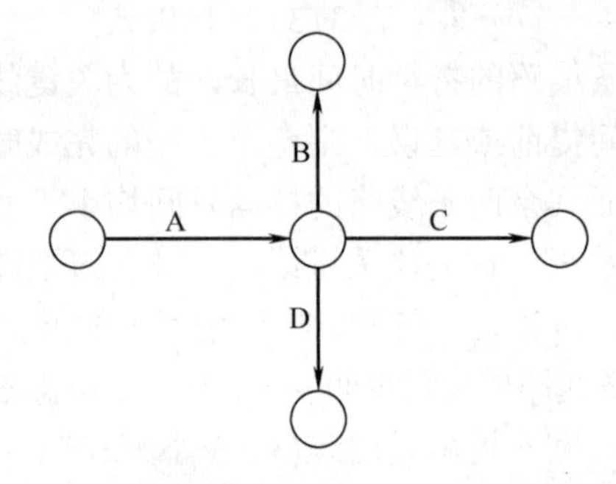

图 3-6　A 完成后 B、C、D 才能开始

(2) 施工过程(工作)A、B、C、D 依次完成。即施工过程(工作)A 的紧后施工过程(紧后工作)为 B；施工过程(工作)B 的紧前施工过程(工作)为 A，其紧后施工过程(工作)为 C；施工过程(工作)C 的紧前施工过程(紧前工作)为 B，其紧后施工过程(紧后工作)为 D。其逻辑关系如图 3-7 所示。

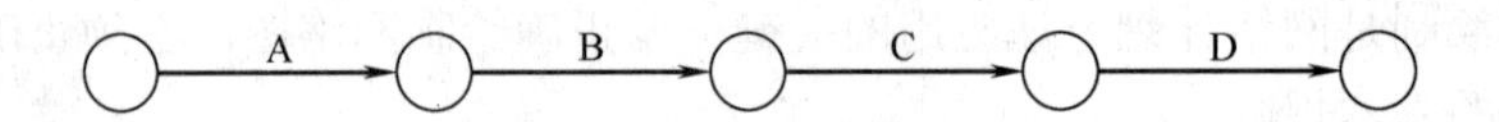

图 3-7　A、B、C、D 依次施工

(3) 施工过程(工作)C、D 在 A、B 完成后即开始。即施工过程(工作)A、B 的结束节点为 C、D 的开始节点。其逻辑关系如图 3-8 所示。

(4) 施工过程(工作)C 在 A、B 完成后才能开始，而施工过程(工作)D 则在 B 完成后就可开始。即 C 受 A、B 的控制，而 D 只受 B 的控制且与 A 无关。此时必须引进虚箭线，使 B、C 两个施工过程连接起来，把 A 与 D 切断。这里，虚箭线起到了逻辑连接作用。如图 3-9 所示。

(5) 施工过程 C 随 A 后，E 随 B 后，而施工过程 A、B 完成后 D 才能开始，即 D 受 A、B 控制，而 C 与 B 无关，E 与 A 无关。此时应分别引入虚箭线连接 A、D 和 B、D，切断 C 与 B，E 与 A，才能正确反映它们之间的逻辑关系，如图 3-10 所示。

(6) 用网络图表示流水施工时，在两个没有关系的施工过程(工作)之间，有时会产生有联系的错误。此时必须用虚箭线切断不合理的联系，消除逻辑上的错误。

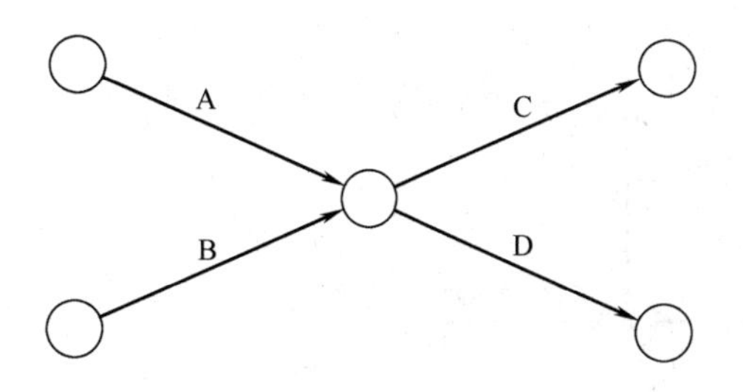

图 3-8　A、B 完成后，C、D 才能开始

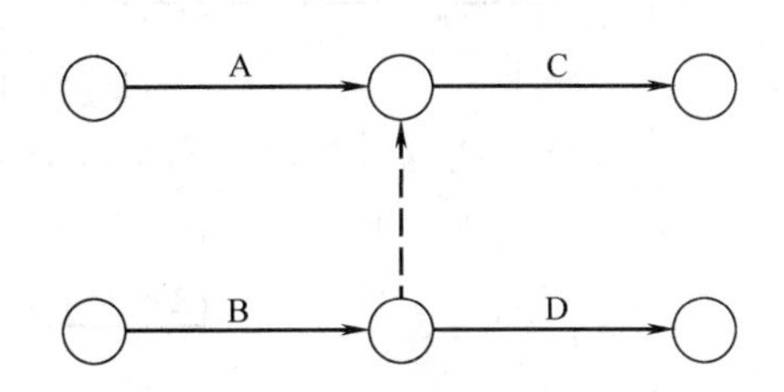

图 3-9　C 在 A、B 完成后才能开始，D 在 B 完成后就可开始

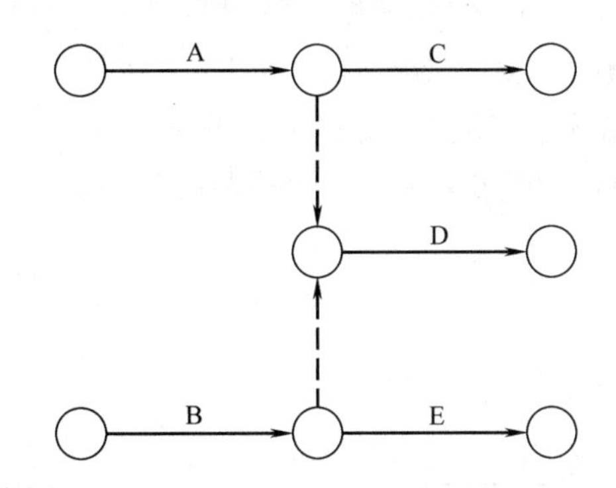

图 3-10　C 随 A 后，E 随 B 后，A、B 完成后 D 才能开始(虚箭线的逻辑连接作用)

例如，某低层砖混结构房屋的基础，有基槽挖土(以下简称挖土)、混凝土垫层(以下简称垫层)、混凝土基础、回填土 4 个施工过程(工作)，分两个施工段组织流水施工。如图 3-11 所示的网络图是错误的。因为混凝土基础 1 与挖土 2；回填土 1 与垫层 2 之间本来没有逻辑关系，而该图却表明有联系。

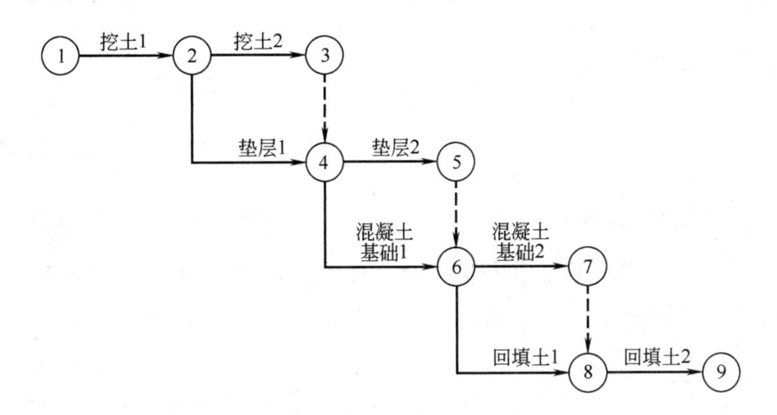

图 3-11　逻辑关系错误的画法

为了消除这种错误的方法，需要用虚箭线切断错误的联系，其正确的表示方法如网络图 3-12 所示。这里增加了③→④和⑤→⑥两个虚箭线，起到了逻辑间断的作用。

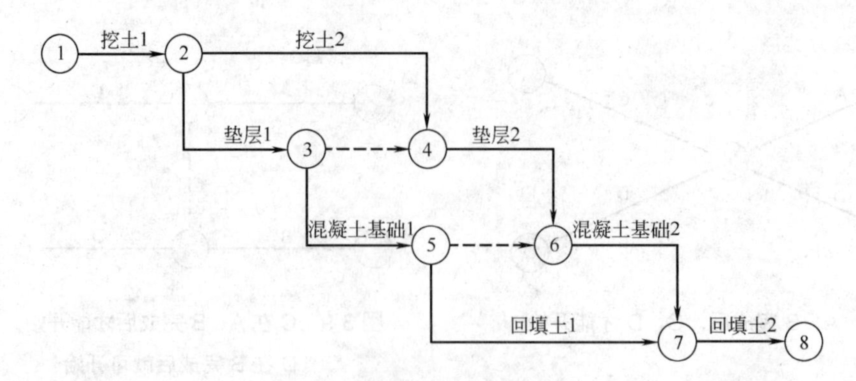

图 3-12　逻辑关系正确的画法

【例 3-3】常见的逻辑关系表达示例。

(1) A、B 两项工作，依次进行施工，如图 3-13 所示。

(2) A、B、C 三项工作，同时开始施工，如图 3-14 所示。

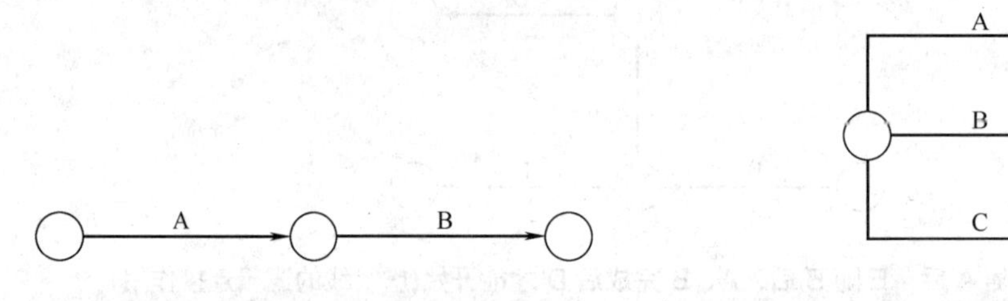

图 3-13　两项工作的逻辑关系　　图 3-14　三项工作的逻辑关系之一

(3) A、B、C 三项工作，同时结束施工，如图 3-15 所示。

(4) A、B、C 三项工作，只有 A 完成之后，B、C 才能开始，如图 3-16 所示。

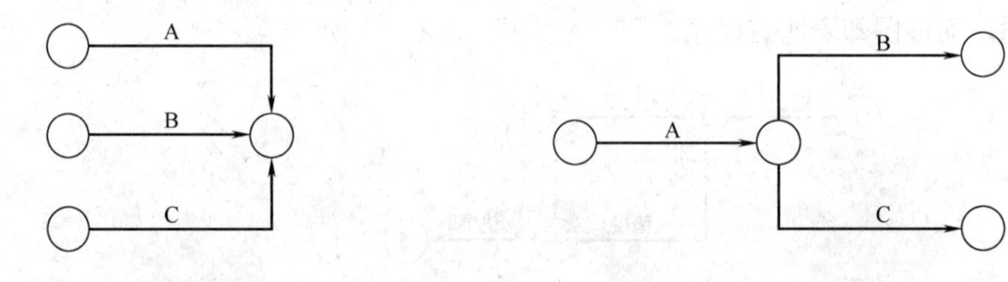

图 3-15　三项工作的逻辑关系之二　　图 3-16　三项工作的逻辑关系之三

(5) A、B、C 三项工作，C 工作只能在 A、B 完成之后开始，如图 3-17 所示。

(6) A、B、C、D 四项工作，当 A、B 完成之后，C、D 才能开始，如图 3-18 所示。

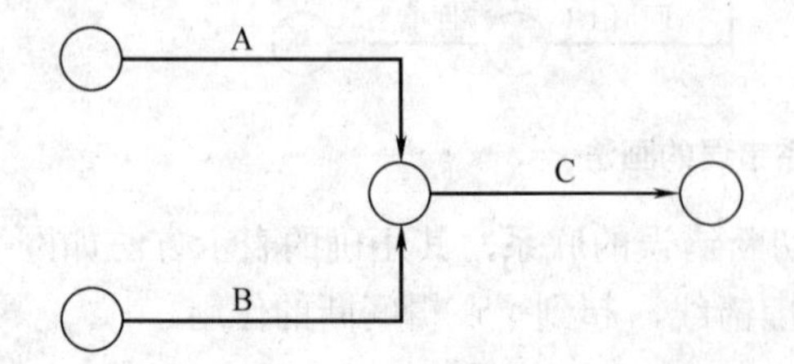

图 3-17　三项工作的逻辑关系之四

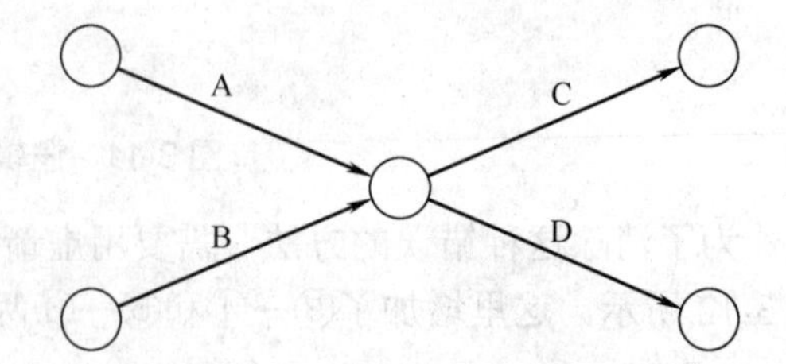

图 3-18　四项工作的逻辑关系之一

(7) A、B、C、D 四项工作，A 完成后，C 才能开始；A、B 完成后，D 才能开始，如图 3-19 所示。

(8) A、B、C、D、E 五项工作，A、B 完成后，D 才能开始；B、C 完成后，E 才能开始，如图 3-20 所示。

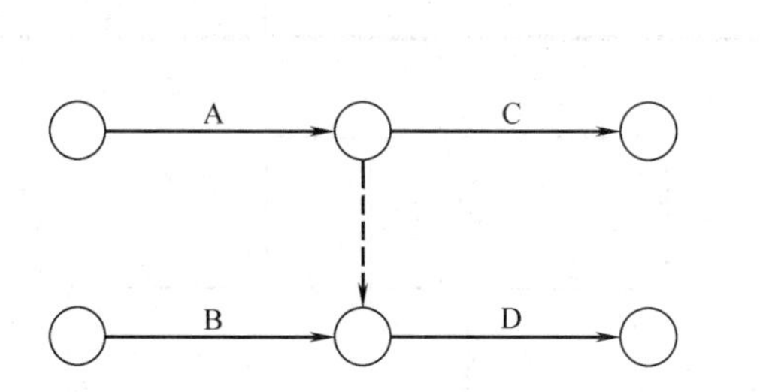

图 3-19　四项工作的逻辑关系之二

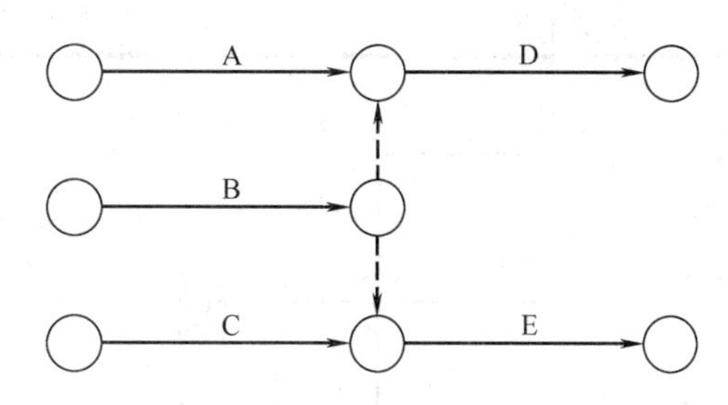

图 3-20　五项工作的逻辑关系之一

(9) A、B、C、D、E 五项工作，A、B、C 完成后，D 才能开始；B、C 完成后，E 才能开始，如图 3-21 所示。

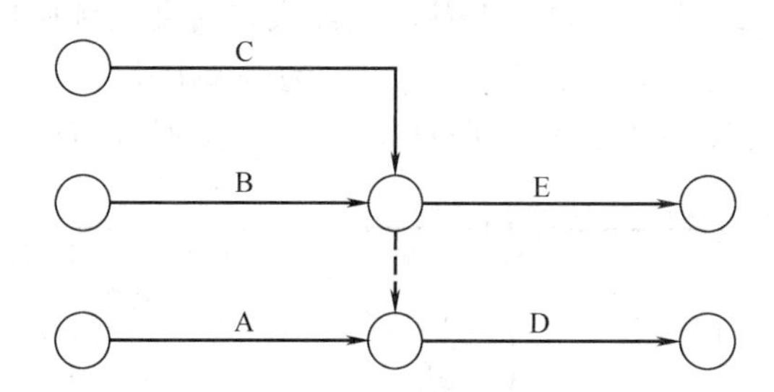

图 3-21　五项工作的逻辑关系之二

(10) A、B 两项工作，按三个施工段进行流水施工，如图 3-22 所示。

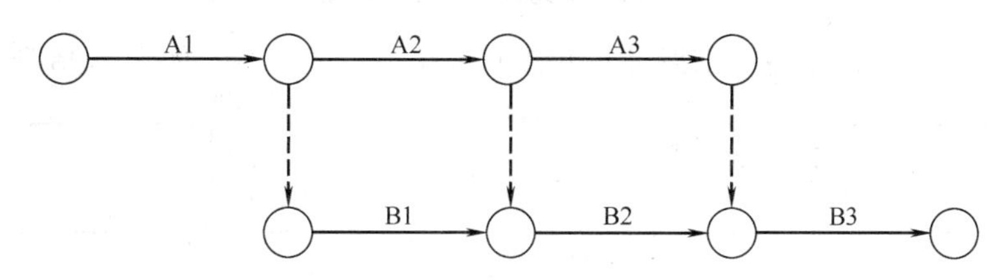

图 3-22　两项工作分段流水作业

2. 网络绘制的基本规则及其要求

1) 绘图规则

(1) 节点的编号只能顺着箭线的指向由小到大编写。即

$$ⓘ < ⓙ$$

(2) 网络图必须按照已定的逻辑关系绘制。由于网络图是有向、有序的网状图形，所以其必须严格按照工作间的逻辑关系绘制，这同时也是为保证工程质量和资源优化配置及合理使用所必需的。例如，已知工作间的逻辑关系如表 3-1 所示，若绘出网络图如图 3-23 所示是错误的，因为工作 A 不是工作 D 的紧前工作。此时，可用虚箭线将工作 A 和工作 D

的联系断开，如图3-24所示。

表3-1　逻辑关系

工　作	A	B	C	D
紧前工作			A、B	B

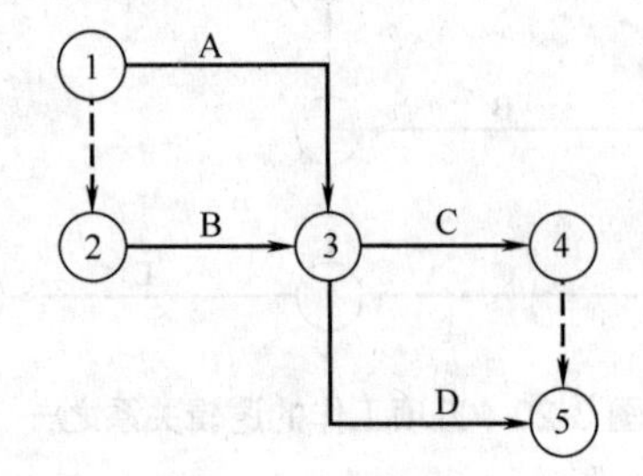

图3-23　错误画法

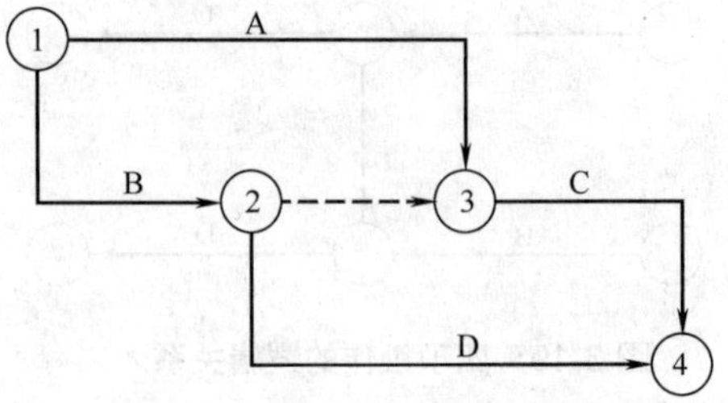

图3-24　正确画法

(3) 网络图中严禁出现从一个节点出发，顺箭头方向又回到原出发点的循环回路。如果出现循环回路，会造成逻辑关系混乱，使工作无法按顺序进行。如图3-25所示，网络图中存在不允许出现的循环回路②→③→④→②。当然，此时节点的编号也发生了错误。

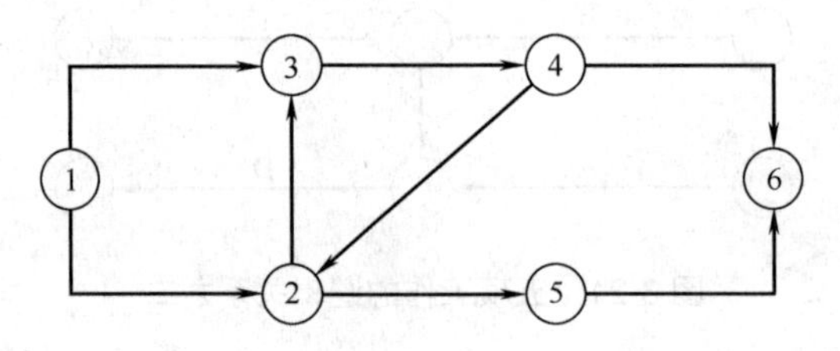

图3-25　不允许出现循环回路

(4) 网络图中严禁出现没有箭尾节点和没有箭头节点的箭线，如图3-26所示。

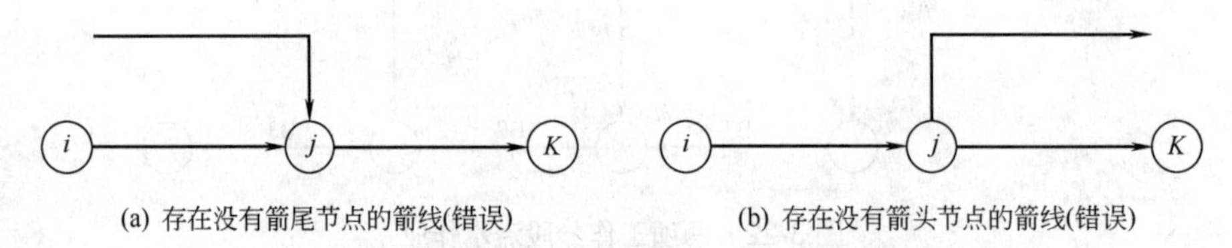

(a) 存在没有箭尾节点的箭线(错误)　　(b) 存在没有箭头节点的箭线(错误)

图3-26　不允许出现没有箭尾节点和没有箭头节点的箭线

(5) 网络图中严禁出现双向箭头和无箭头的连线，如图3-27所示。

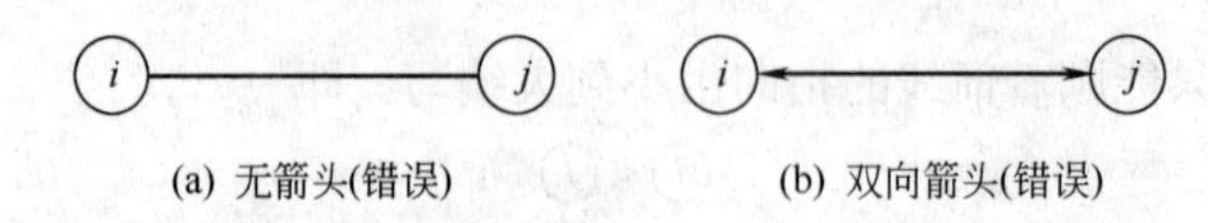

(a) 无箭头(错误)　　(b) 双向箭头(错误)

图3-27　不允许出现无箭头和双向箭头的连线

(6) 严禁在箭线上引出或引入箭线，如图3-28所示。

但当网络图的起点节点有多条箭线引出(外向箭线)或终点节点有多条箭线引入(内向箭线)时，为使图形简洁，可用母线法绘图。即将多条箭线经一条共用的垂直线段从起点节点

引出，或将多条箭线经一条共用的垂直线段引入终点节点，如图 3-29 所示。对于特殊线形的箭线，如粗箭线、双箭线、虚箭线、彩色箭线等，可从母线上引出的支线上标出。

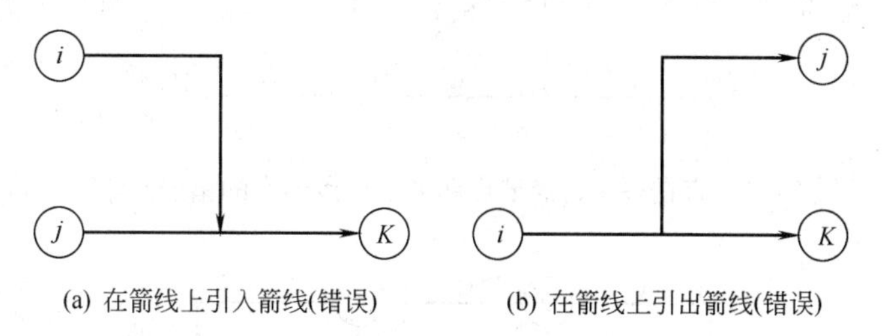

(a) 在箭线上引入箭线(错误)　(b) 在箭线上引出箭线(错误)

图 3-28　不允许在箭线上引入箭线或引出箭线

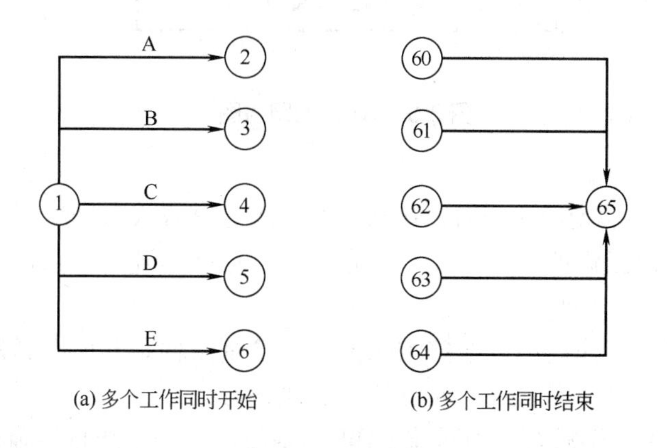

(a) 多个工作同时开始　(b) 多个工作同时结束

图 3-29　母线法

(7) 尽量避免网络图中施工过程箭线交叉。当交叉不可避免时，可以用过桥法或指向法处理，如图 3-30 所示。

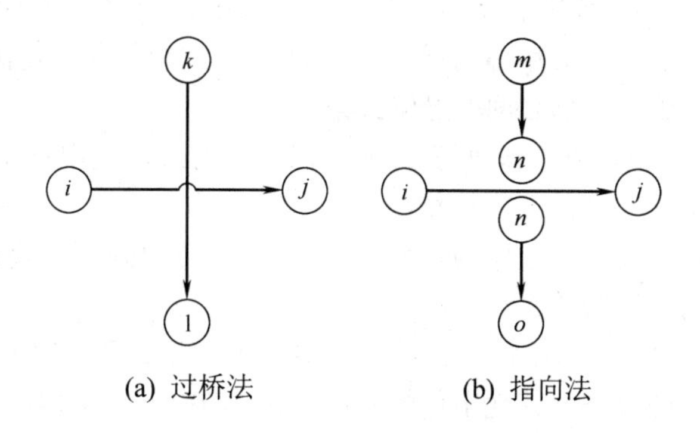

(a) 过桥法　(b) 指向法

图 3-30　箭线交叉的表示方法

(8) 网络图中应当只有一个起点节点和一个终点节点(任务中部分工作需要分期完成的网络计划除外)。除网络图的起点节点和终点节点外，不允许出现没有外向箭线的节点和没有内向箭线的节点。图 3-31 所示网络图中有两个起点节点①、②，两个终点节点⑦、⑧。该网络图的正确画法如图 3-32 所示。即要将节点①、②合并为一个节点，将节点⑦、⑧合并为一个节点。

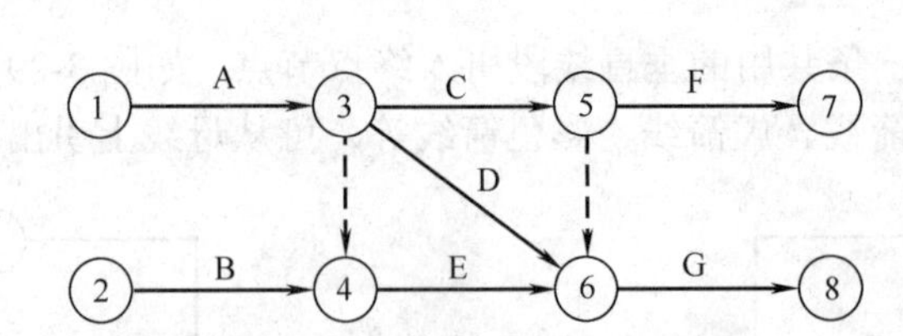

图 3-31　存在多个起点节点和多个终点节点的错误网络图

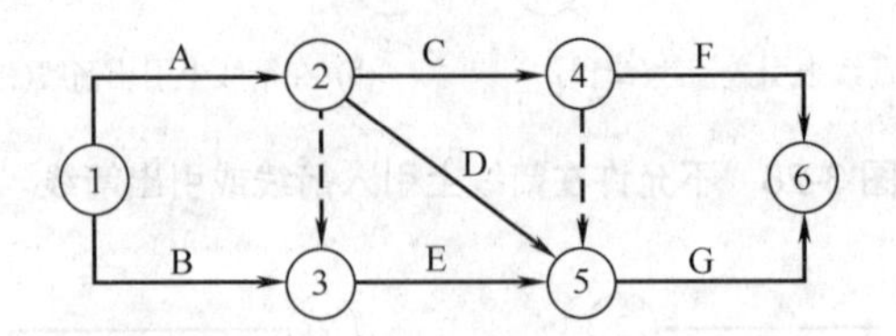

图 3-32　正确的网络图

2) 绘图方法

当已知每一项工作的紧前工作时，可按下述步骤绘制双代号网络图。

(1) 绘制没有紧前工作的工作箭线，使它们具有相同的开始节点，以保证网络图只有一个起点节点。

(2) 依次绘制其他工作箭线。这些工作箭线的绘制条件是其所有紧前工作箭线都已经绘制出来。在绘制这些工作箭线时，应按下列原则进行。

① 当所要绘制的工作只有一项紧前工作时，则将该工作箭线直接画在其紧前工作箭线之后即可。

② 当所要绘制的工作有多项紧前工作时，应按以下四种情况分别给予考虑。

a. 对于所要绘制的工作(本工作)而言，如果在其紧前工作之中存在一项只作为本工作紧前工作的工作(即在紧前工作栏目中，该紧前工作只出现一次)，则应将本工作箭线直接画在该紧前工作箭线之后，然后用虚箭线将其他紧前工作箭线的箭头节点与本工作箭线的箭尾节点分别相连，以表达它们之间的逻辑关系。

b. 对于所要绘制的工作(本工作)而言，如果在其紧前工作之中存在多项作为本工作紧前工作的工作，应先将这些紧前工作箭线的箭头节点合并，再从合并后的节点开始，画出本工作箭线，最后用虚箭线将其他紧前工作箭线的箭头节点与本工作箭线的箭尾节点分别相连，以表达它们之间的逻辑关系。

c. 对于所要绘制的工作(本工作)而言，如果不存在情况 a 和情况 b 时，应判断本工作的所有紧前工作是否都同时作为其他工作的紧前工作(即在紧前工作栏目中，这几项紧前工作是否均同时出现若干次)。如果上述条件成立，应先将这些紧前工作箭线的箭头节点合并后，再从合并后的节点开始画出本工作箭线。

d. 对于所要绘制的工作(本工作)而言，如果既不存在情况 a 和情况 b，也不存在情况 c 时，则应将本工作箭线单独画在其紧前工作箭线之后的中部，然后用虚箭线将其各紧前工作箭线的箭头节点与本工作箭线的箭尾节点分别相连，以表达它们之间的逻辑关系。

(3) 当各项工作箭线都绘制出来之后，应合并那些没有紧后工作的工作箭线的箭头节点，以保证网络图中只有一个终点节点(多目标网络计划除外)。

(4) 当确认所绘制的网络图正确后，即可进行节点编号。网络图的节点编号在满足前述要求的前提下，既可采用连续的编号方法，也可采用不连续的编号方法，如1，3，5，…或3，6，9，…等，以避免以后增加工作时而改动整个网络图的节点编号。

以上所述是已知每一项工作的紧前工作时的绘图方法，当已知每一项工作的紧后工作时，也可按类似的方法进行网络图的绘制，只是其绘图顺序由前述的从左向右改为从右向左。

3) 绘图要求

(1) 绘图步骤。

① 绘草图：绘出一张符合逻辑关系的网络图草图，其步骤为：首先画出从起点节点出发的所有箭线；接着从左至右依次绘出紧接其后的箭线，直至终点节点；最后检查网络图中各工作的逻辑关系。

② 整理网络图：使网络图条理清楚、层次分明。

(2) 绘图要求。

遵循网络图的绘图规则，是保证网络图绘制正确的前提。但为了使图面布置合理，层次分明，重点突出，在绘图时还应注意网络图的构图形式。

① 网络图的箭线应以水平线为主，竖线和斜线为辅，如图3-33所示。

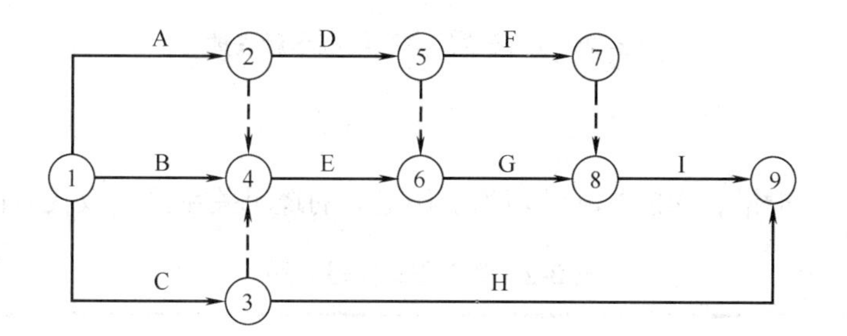

图3-33　绘图较好

而不应画成曲线，如图3-34所示较差较乱。

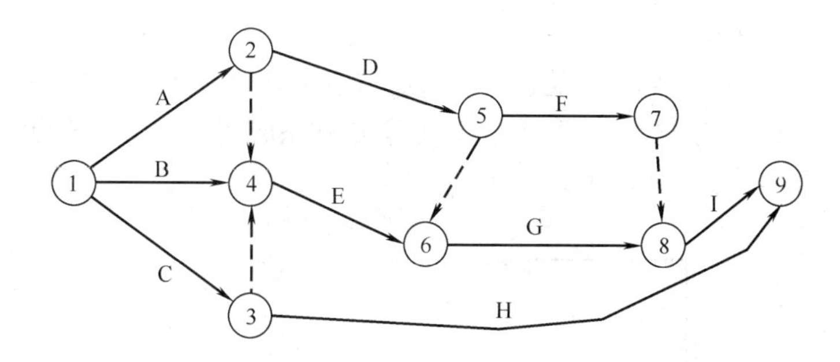

图3-34　绘图较乱

② 在网络图中，箭线应保持自左向右的方向，尽可能避免反向箭线。如图3-35(a)所示，出现了反向箭线，而正确的画法应如图3-35(b)所示。

③ 在网络图中尽可能减少不必要的虚箭线。如图3-36(a)中，虚箭线过多。去掉不必要的虚箭线，如图3-36(b)所示，减少4根虚箭线，同时也少了4个节点。

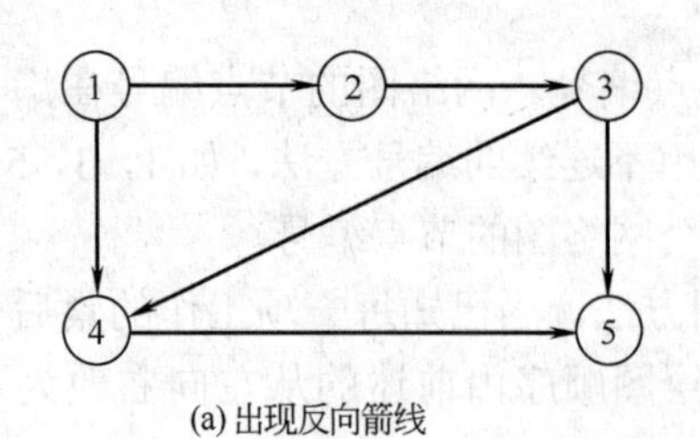

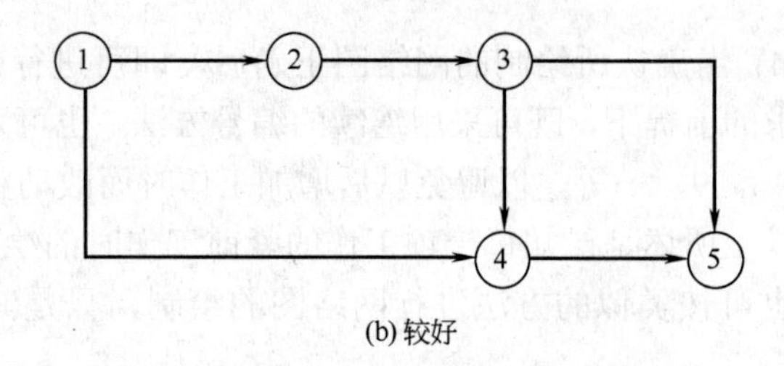

图 3-35　反向箭线应尽可能避免

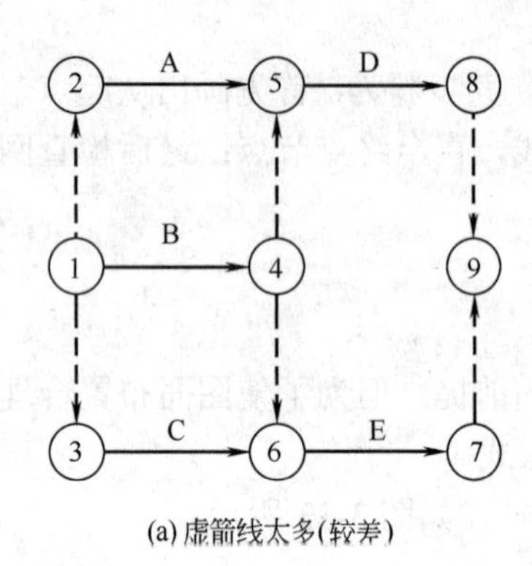

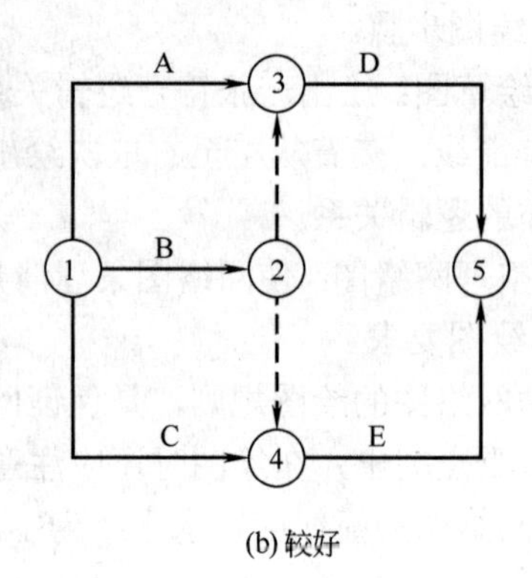

图 3-36　不必要的虚箭线应尽量去掉

3. 绘图示例

【例 3-4】　试根据表 3-2 中，已知各工作之间的逻辑关系绘制双代号网络图。

表 3-2　某工程的逻辑关系

工作	A	B	C	D	E	F
紧前工作				A、B	A、B、C	D、E
紧后工作	D、E	D、E	E	F	F	

解　该网络图的绘制步骤如下。

(1) 因为工作 A、B、C 同时开始，故从起始节点①开始，分别画 A、B、C 箭线；而 A 和 B 的紧后工作一样，用虚箭线把工作 A 和工作 B 联系成同一个结束节点③，然后做它们的紧后工作 D、E，如图 3-37 所示。

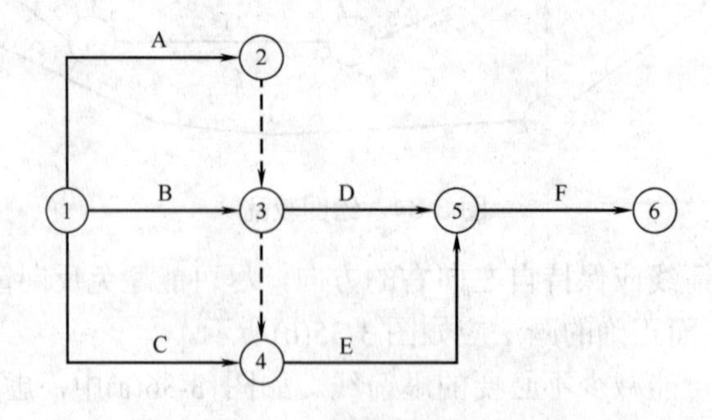

图 3-37　网络图的绘制例一

(2) 而B和C的紧后工作中只有一个紧后工作E相同，故用虚箭线把D和E分隔开来，如图3-37所示，只让工作C与E有联系，C与D无关。

(3) 而工作D和E的紧后工作相同，都是F，故把D和E的箭头合并成一个结束节点，如图3-37所示节点⑤。

(4) 做最后的工作F和终点节点⑥。

完成草图后，检查逻辑关系是否正确，是否有多余的虚箭线，如果有多余的虚箭线，则去掉。最后完成网络图如图3-37所示。

【例3-5】 试根据表3-3中各工作的逻辑关系，绘制双代号网络图。

表3-3 某工程各工作的逻辑关系

工作	A	B	C	D	E	F	G	H
紧前工作	—	—	A	A	B、C	B、C	D、E	D、E、F
紧后工作	C、D	E、F	E、F	G、H	G、H	H	—	—

解 该网络图的绘制步骤如下。

(1) 因为工作A、B同时开始，故从起始节点①开始，分别做A、B的箭线，然后分别绘出其紧后工作C、D和E、F。

(2) 因为B和C的紧后工作一模一样，都是E、F，故可以把B和C工作的箭头合并成为一个结束节点③，如图3-38所示；而D和E的紧后工作又是一模一样，都是G、H，故又可以把D和E的箭头合成一个结束节点④，如图3-38所示。

(3) 画D和E的紧后工作G、H，再画F的紧后工作H，而F的紧后工作只有H，和D、E的紧后工作中只有工作H相同，故要引入虚箭线把G和H分隔开，如图3-38所示中④→⑤。

(4) 因为G工作和H工作同时结束，所以在G和H后作一个共同结束节点⑥，也是网络图的结束节点。

根据以上步骤绘出草图，然后再检查每个工作之间的逻辑关系是否正确，去掉多余的虚箭线，最后绘制成网络图，如图3-38所示。

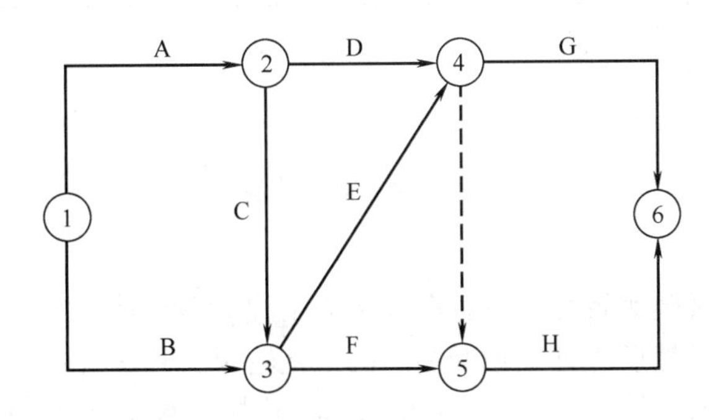

图3-38 网络图的绘制例二

4. 网络图的排列、合并、连接和详略表示方法

1) 网络图的排列

在网络计划的实际应用中，要求网络图条理清楚，层次分明，形象直观，按一定的次

序组织排列。有以下三种排列方法。

(1) 按施工过程的先后顺序排列。这种方法是根据施工顺序把各工作按垂直方向排列，施工段按水平方向排列，如图 3-2(a)所示。

(2) 按施工段排列。这种方法是把同一施工段上的有关工作按水平方向排列，施工段按垂直方向排列，如图 3-2(b)所示。

(3) 按楼层排列。这种方法是把楼层按垂直方向排列，例如，某一幢三层砖混结构主体工程分三个施工过程(砌砖、圈梁、楼板)按自下而上，沿着房屋的楼层按一定顺序施工时，其网络计划如图 3-39 所示。

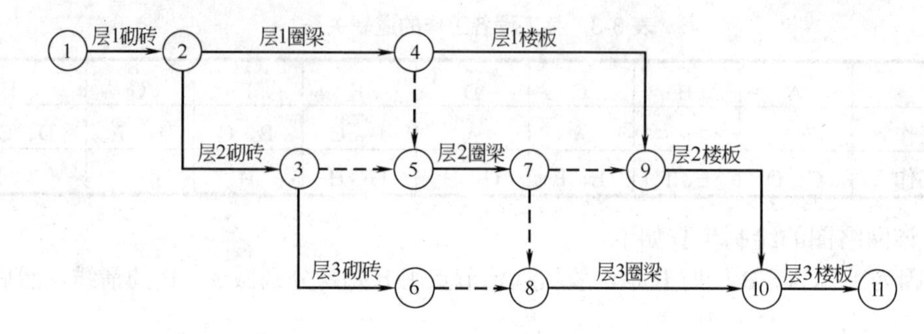

图 3-39 按楼层排列

2) 网络图的合并

为了简化网络，可以将某些相对独立的局部网络合并而减少部分箭线。如图 3-40(a)所示的图形，合并后如图 3-40(b)所示。合并以后箭线的持续时间以局部合并网络中最长的线路计算。

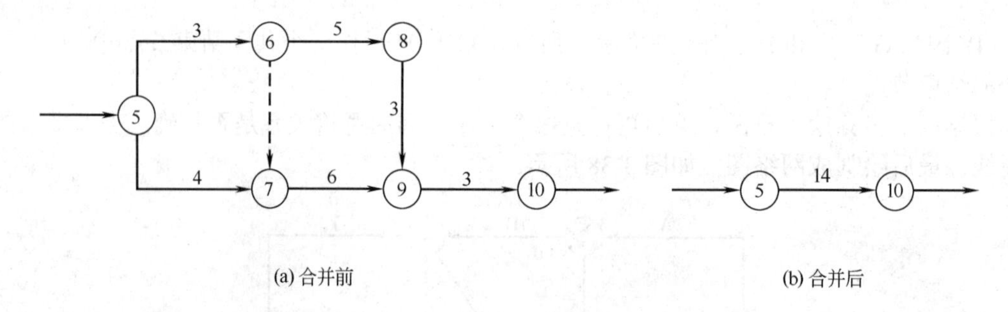

图 3-40 合并前后的网络图

3) 网络图的连接

在编制一个工程规模比较复杂或有多幢房屋工程的网络计划时，一般先按不同的分部工程编制局部网络图，然后根据其相互之间的工艺逻辑关系进行连接，将前局部网络的结束节点和后局部网络的起始节点合并，或用虚箭线连接，形成一个总体网络图，如图 3-41、图 3-42 所示。

4) 网络图的详略组合

在一个施工计划的网络图中，应以“局部详细，整体粗略”的方法来突出重点，清楚地说明网络计划图中的主要内容和问题；其他有相同的局部网络用粗略的方法来表示。这种方式在标准层施工中最为常用。

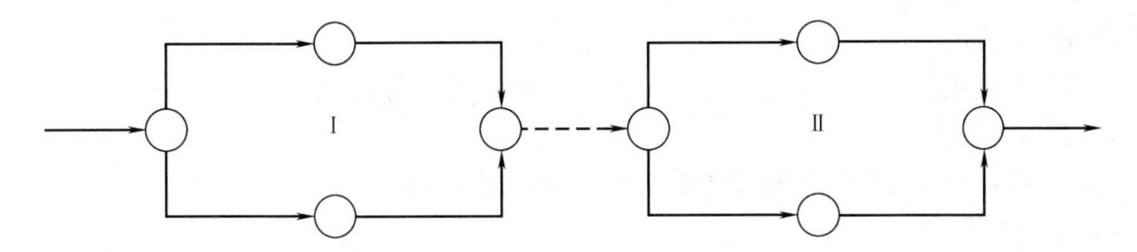

图 3-41　用虚节点连接

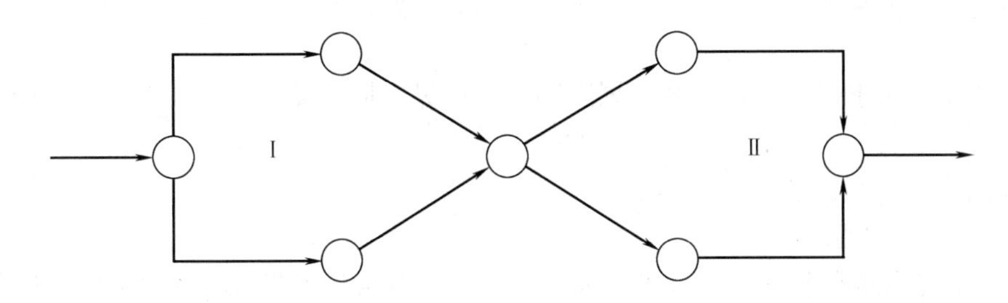

图 3-42　节点合并法

例如，多层或高层住宅中，二层至七层为标准层，其中标准层各层的设计标准相同，工程量大致相同。因此可以只画二层详细的网络图，其他相同内容的标准层简略绘制，如图 3-43 所示。

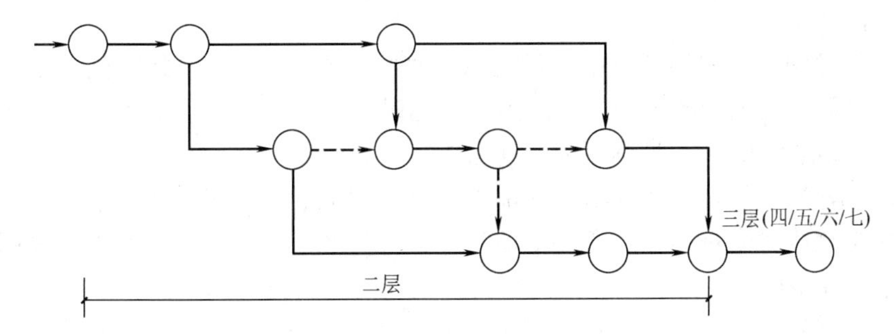

图 3-43　网络图的详略组合

3.2.3　双代号网络图时间参数的计算

网络计划参数的计算，是指在网络图上加注时间参数而编制的进度计划。网络计划时间参数的计算应在各项工作的持续时间确定之后进行。

1. 网络计划时间参数的概念

1) 工作持续时间和工期

(1) 工作持续时间。

工作持续时间是指一项工作从开始到完成的时间。在双代号网络计划中，工作 $i—j$ 的持续时间用 D_{i-j} 表示。

(2) 工期。

工期(T)泛指完成一项任务所需要的时间。在网络计划中，工期一般有以下三种。

① 计算工期。

计算工期是根据网络计划时间参数计算而得的工期，用 T_c 表示。

② 要求工期。

要求工期是任务委托人所提出的指令性工期，用 T_r 表示。

③ 计划工期。

计划工期是指根据要求工期和计算工期所确定的作为实施目标的工期，用 T_p 表示。

a. 当已规定了要求工期时，计划工期不应超过要求工期，即

$$T_p \leqslant T_r \tag{3-1}$$

b. 当未规定要求工期时，可令计划工期等于计算工期，即

$$T_p = T_c \tag{3-2}$$

2) 节点最早时间和最迟时间

(1) 节点最早时间。

节点最早时间是指在双代号网络计划中，以该节点为开始节点的各项工作的最早开始时间。节点 i 的最早时间用 ET_i 表示。

(2) 节点最迟时间。

节点最迟时间是指在双代号网络计划中，以该节点为完成节点的各项工作的最迟完成时间。节点 i 的最迟时间用 LT_i 表示。

3) 工作的六个时间参数

除工作持续时间外，网络计划中工作的六个时间参数是：最早开始时间、最早完成时间、最迟完成时间、最迟开始时间、总时差和自由时差。

(1) 最早开始时间 ES_{i-j} 和最早完成时间 EF_{i-j}。

工作的最早开始时间是指在其所有紧前工作全部完成后，本工作有可能开始的最早时刻。工作的最早完成时间是指在其所有紧前工作全部完成后，本工作有可能完成的最早时刻。工作的最早完成时间等于本工作的最早开始时间与其持续时间之和。

在双代号网络计划中，工作 $i—j$ 的最早开始时间和最早完成时间分别用 ES_{i-j} 和 EF_{i-j} 表示。

(2) 最迟完成时间 LF_{i-j} 和最迟开始时间 LS_{i-j}。

工作的最迟完成时间是指在不影响整个任务按期完成的前提下，本工作必须完成的最迟时刻。工作的最迟开始时间是指在不影响整个任务按期完成的前提下，本工作必须开始的最迟时刻。工作的最迟开始时间等于本工作的最迟完成时间与其持续时间之差。

在双代号网络计划中，工作 $i—j$ 的最迟完成时间和最迟开始时间分别用 LF_{i-j} 和 LS_{i-j} 表示。

(3) 总时差 TF_{i-j} 和自由时差 FF_{i-j}。

① *TF*：工作的总时差是指在不影响总工期的前提下，本工作可以利用的机动时间。但是在网络计划的执行过程中，如果利用某项工作的总时差，则有可能使该工作后续工作的总时差减小。在双代号网络计划中，工作 $i—j$ 的总时差用 TF_{i-j} 表示，如图 3-44 所示。

② *FF*：工作的自由时差是指在不影响其紧后工作最早开始时间的前提下，本工作可以利用的机动时间。在网络计划的执行过程中，工作的自由时差是该工作可以自由使用的时间。在双代号网络计划中，工作 $i—j$ 的自由时差用 FF_{i-j} 表示，如图 3-45 所示。

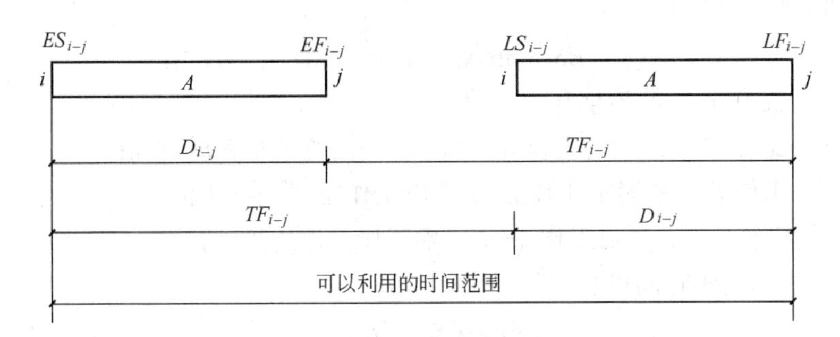

图 3-44　总时差的表示简图

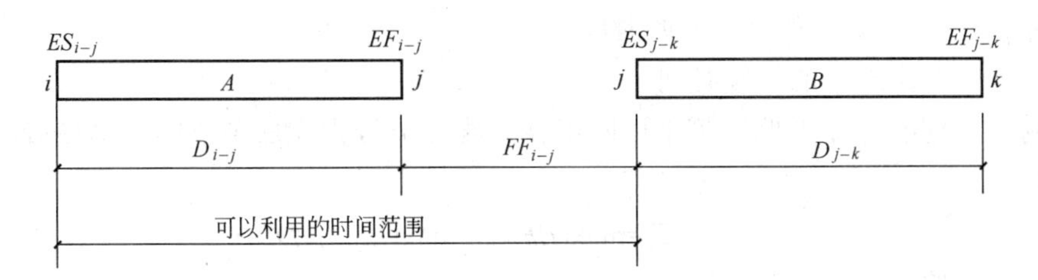

图 3-45　自由时差的表示简图

从总时差和自由时差的定义可知，对于同一项工作而言，自由时差不会超过总时差。当工作的总时差为零时，其自由时差必然为零。

4) 相邻两项工作之间的时间间隔

相邻两项工作之间的时间间隔是指本工作的最早完成时间与其紧后工作最早开始时间之间可能存在的差值。工作 i 与工作 j 之间的时间间隔用 $LAG_{i,j}$ 表示。

2. 双代号网络计划时间参数的计算

双代号网络计划的时间参数既可以按工作计算，也可按节点计算。

1) 按工作计算法

所谓按工作计算法，就是以网络计划中的工作为对象，直接计算各项工作的时间参数。这些时间参数包括：工作的最早开始时间和最早完成时间、工作的最迟开始时间和最迟完成时间、工作的总时差和自由时差。此外，还应计算网络计划的计算工期。

为了简化计算，网络计划时间参数中的开始时间和完成时间都应以时间单位的终了时刻为标准。例如，第 2 天开始即是指第 2 天终了(即下班)时刻开始，实际上是第 3 天上班时刻开始；第 4 天完成即是指第 4 天终了(即下班)时刻完成。

计算步骤及计算公式如下。

(1) 计算工作的最早开始时间 ES、最早完成时间 EF 和计算工期 T_c。

工作最早开始时间和最早完成时间的计算应从网络计划的起点节点开始，顺着箭线方向依次进行，其计算步骤如下。

① 以网络计划起点为开始节点的工作，当未规定其最早开始时间时，其最早开始时间为零，即

$$ES_{i-j}=0 \tag{3-3}$$

式中：ES_{i-j}——没有紧前工作的工作最早开始时间，即网络计划的最早开始时间。

② 其他工作的最早开始时间应等于其紧前工作最早完成时间的最大值，即

$$ES_{i-j}=\max(EF_{h-i})=\max(ES_{h-i}+D_{h-i}) \tag{3-4}$$

式中：ES_{i-j}——工作 i—j 的最早开始时间；

EF_{h-i}——工作 i—j 的紧前工作 h—i(非虚工作)的最早完成时间；

ES_{h-i}——工作 i—j 的紧前工作 h—i(非虚工作)的最早开始时间；

D_{h-i}——工作 i—j 的紧前工作 h—i(非虚工作)的持续时间。

③ 工作的最早完成时间可利用下式进行计算：

$$EF_{i-j}=ES_{i-j}+D_{i-j} \tag{3-5}$$

式中：EF_{i-j}——工作 i—j 的最早完成时间；

ES_{i-j}——工作 i—j 的最早开始时间；

D_{i-j}——工作 i—j 的持续时间。

④ 网络计划的计算工期应等于以网络计划终点节点为完成节点的最早完成时间的最大值，即

$$T_c=\max(EF_{i-n})=\max(ES_{i-n}+D_{i-n}) \tag{3-6}$$

式中：T_c——网络计划的计算工期；

EF_{i-n}——以网络计划终点节点 n 为完成节点的工作的最早完成时间；

ES_{i-n}——以网络计划终点节点 n 为完成节点的工作的最早开始时间；

D_{i-n}——以网络计划终点节点 n 为完成节点的工作的持续时间。

(2) 确定网络计划的计划工期 T_p。

网络计划的计划工期应按式(3-1)或式(3-2)确定。

(3) 计算工作的最迟完成时间 LF_{i-j} 和最迟开始时间 LS_{i-j}。

工作最迟完成时间和最迟开始时间的计算应从网络计划的终点节点开始，逆着箭线方向依次进行。其计算步骤如下。

① 以网络计划终点节点为完成节点的工作，其最迟完成时间等于网络计划的计划工期，即

$$LF_{i-n}=T_p \tag{3-7}$$

式中：LF_{i-n}——以网络计划终点节点 n 为完成节点的最迟完成时间；

T_p——网络计划的计划工期。

② 工作的最迟开始时间可利用下式进行计算：

$$LS_{i-j}=LF_{i-j}-D_{i-j} \tag{3-8}$$

式中：LS_{i-j}——工作 i—j 的最迟开始时间；

LF_{i-j}——工作 i—j 的最迟完成时间；

D_{i-j}——工作 i—j 的持续时间。

③ 其他工作的最迟完成时间应等于其紧后工作最迟开始时间的最小值，即

$$LF_{i-j}=\min(LS_{j-k})=\min(LF_{j-k}-D_{j-k}) \tag{3-9}$$

式中：LF_{i-j}——工作 i—j 的最迟完成时间；

LS_{j-k}——工作 i—j 的紧后工作 j—k(非虚工作)的最迟开始时间；

LF_{j-k}——工作 i—j 的紧后工作 j—k(非虚工作)的最迟完成时间；

D_{j-k}——工作 i—j 的紧后工作 j—k(非虚工作)的持续时间。

(4) 计算工作的总时差 TF_{i-j}。

工作的总时差等于该工作最迟完成时间与最早完成时间之差，或该工作最迟开始时间与最早开始时间之差，即

$$TF_{i-j}=LF_{i-j}-EF_{i-j}=LS_{i-j}-ES_{i-j} \tag{3-10}$$

式中：TF_{i-j}——工作 $i—j$ 的总时差；其余符号同前。

(5) 计算工作的自由时差 FF_{i-j}。

工作自由时差的计算应按以下两种情况分别考虑：

① 对于有紧后工作的工作，其自由时差等于本工作之紧后工作最早开始时间减去本工作最早完成时间所得之差的最小值，即

$$\begin{aligned}FF_{i-j}&=\min\{ES_{j-k}-EF_{i-j}\}\\&=\min\{ES_{j-k}-ES_{i-j}-D_{i-j}\}\end{aligned} \tag{3-11}$$

式中：FF_{i-j}——工作 $i—j$ 的自由时差；

ES_{j-k}——工作 $i—j$ 的紧后工作 $j—k$(非虚工作)的最早开始时间；

EF_{i-j}——工作 $i—j$ 的最早完成时间；

ES_{i-j}——工作 $i—j$ 的最早开始时间；

D_{i-j}——工作 $i—j$ 的持续时间。

② 对于无紧后工作的工作，也就是以网络计划终点节点为完成节点的工作，其自由时差等于计划工期与本工作最早完成时间之差，即

$$FF_{i-n}=T_p-EF_{i-n}=T_p-ES_{i-n}-D_{i-n} \tag{3-12}$$

式中：FF_{i-n}——以网络计划终点节点 n 为完成节点的工作 $i—n$ 的自由时差；

T_p——网络计划的计划工期；

EF_{i-n}——以网络计划终点节点 n 为完成节点的工作 $i—n$ 的最早完成时间；

ES_{i-n}——以网络计划终点节点 n 为完成节点的工作 $i—n$ 的最早开始时间；

D_{i-n}——以网络计划终点节点 n 为完成节点的工作 $i—n$ 的持续时间。

需要指出的是，对于网络计划中以终点节点为完成节点的工作，其自由时差与总时差相等。此外，由于工作的自由时差是其总时差的构成部分，所以，当工作的总时差为零时，其自由时差必然为零，可不必进行专门计算。

(6) 确定关键工作和关键线路。

在网络计划中，总时差最小的工作为关键工作。特别的，当网络计划的计划工期等于计算工期时，总时差为零的工作就是关键工作。

找出关键工作之后，将这些关键工作首尾相连，便至少构成一条从起点节点到终点节点的通路，通路上各项工作的持续时间总和最大的就是关键线路。在关键线路上可能有虚工作存在。

关键线路一般用粗箭线或双箭线标出，也可以用彩色箭线标出。关键线路上各项工作的持续时间总和等于网络计划的计算工期，这一特点也是判别关键线路是否正确的准则。

在上述计算过程中，是将每项工作的六个时间参数均标注在图中，故称为图上计算法。

【例 3-6】 试按工作计算法计算图 3-46 所示双代号网络计划的各项时间参数，并用双箭线标出关键线路。

解 (1) 计算 ES_{i-j}、EF_{i-j} 和计算工期 T_c

① 按式(3-3)得：网络最早开始的工作(无紧前工作的工作)ES_{1-i}=0，所以

$$ES_{1-2}=ES_{1-4}=ES_{1-3}=0$$

② 其他工作的最早开始时间 ES_{i-j} 按式(3-4)计算可得：

$$ES_{i-j}=\max\{EF_{h-i}\}=\max\{ES_{h-i}+D_{h-i}\}$$

所以

$$ES_{2-5}=\{EF_{1-2}\}=\{ES_{1-2}+D_{1-2}\}=0+6=6$$

$$ES_{3-5}=\{EF_{1-3}\}=\{ES_{1-3}+D_{1-3}\}=0+8=8$$

$$ES_{4-5}=\max\{EF_{1-2},EF_{1-4},EF_{1-3}\}=\max\{ES_{1-2}+D_{1-2},ES_{1-4}+D_{1-4},ES_{1-3}+D_{1-3}\}$$

$$=\max\{0+6,0+7,0+8\}=8$$

$$ES_{5-6}=\max\{EF_{2-5},EF_{4-5},EF_{3-5}\}=\max\{ES_{2-5}+D_{2-5},ES_{4-5}+D_{4-5},ES_{3-5}+D_{3-5}\}$$

$$=\max\{6+3,8+2,8+3\}=11$$

将各项工作的 ES 计算结果分别填写在网络图中，如图 3-46 所示。

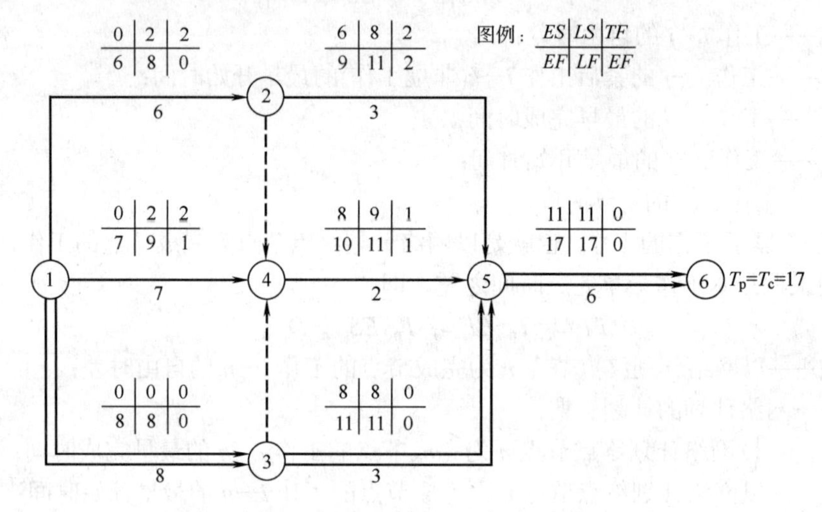

图 3-46 双代号网络计划(按工作计算法)

③ 工作最早完成时间 EF 按式(3-5)，得

$$EF_{i-j}=ES_{i-j}+D_{i-j}$$

所以

$$EF_{1-2}=ES_{1-2}+D_{1-2}=0+6=6$$

$$EF_{1-4}=ES_{1-4}+D_{1-4}=0+7=7$$

$$EF_{1-3}=ES_{1-3}+D_{1-3}=0+8=8$$

$$EF_{2-5}=ES_{2-5}+D_{2-5}=6+3=9$$

$$EF_{4-5}=ES_{4-5}+D_{4-5}=8+2=10$$

$$EF_{3-5}=ES_{3-5}+D_{3-5}=8+3=11$$

$$EF_{5-6}=ES_{5-6}+D_{5-6}=11+6=17$$

将各项工作的 EF 计算结果分别填写在网络图中，如图 3-46 所示。

④ 计算工期：按式(3-6)得

$$T_c=\max\{EF_{i-n}\}=\max\{ES_{i-n}+D_{i-n}\}$$

所以

$$T_c=\{EF_{5-6}\}=17$$

(2) 确定网络计划的计划工期 T_p。

按式(3-1)和式(3-2)确定。本例中，未规定要求工期，则：

$$T_p=T_c=17$$

将计划工期标注在网络图中终点节点旁边，如图3-46所示。

(3) 计算 LF_{i-j} 和 LS_{i-j}。

① 计算 LF。

a. 按式(3-7)得网络最后工作(即没有紧后工作的工作)的最迟完成时间：

$$LF_{i-n}=T_p$$

所以

$$LF_{5-6}=T_p=17$$

b. 其他工作的 LF 按式(3-9)，得

$$LF_{i-j}=\min\{LS_{j-k}\}=\min\{LF_{j-k}-D_{j-k}\}$$

所以

$$LF_{2-5}=\{LF_{5-6}-D_{5-6}\}=\{17-6\}=11$$

$$LF_{4-5}=\{LF_{5-6}-D_{5-6}\}=\{17-6\}=11$$

$$LF_{3-5}=\{LF_{5-6}-D_{5-6}\}=\{17-6\}=11$$

$$LF_{1-2}=\min\{LF_{2-5}-D_{2-5},LF_{4-5}-D_{4-5}\}=\min\{11-3,11-2\}=8$$

$$LF_{1-4}=\{LF_{4-5}-D_{4-5}\}=\{11-2\}=9$$

$$LF_{1-3}=\min\{LF_{4-5}-D_{4-5},LF_{3-5}-D_{3-5}\}=\min\{11-2,11-3\}=8$$

将各项工作的 LF 计算结果分别填写在网络图中，如图3-46所示。

② 计算 LS。

按式(3-8)，得

$$LS_{i-j}=LF_{i-j}-D_{i-j}$$

所以

$$LS_{1-2}=LF_{1-2}-D_{1-2}=8-6=2$$

$$LS_{1-4}=LF_{1-4}-D_{1-4}=9-7=2$$

$$LS_{1-3}=LF_{1-3}-D_{1-3}=8-8=0$$

$$LS_{2-5}=LF_{2-5}-D_{2-5}=11-3=8$$

$$LS_{4-5}=LF_{4-5}-D_{4-5}=11-2=9$$

$$LS_{3-5}=LF_{3-5}-D_{3-5}=11-3=8$$

$$LS_{5-6}=LF_{5-6}-D_{5-6}=17-6=11$$

将各项工作的 LS 计算结果分别填写在网络图中，如图3-46所示。

(4) 计算 TF_{i-j}。

按式(3-10)，得

$$TF_{i-j}=LF_{i-j}-EF_{i-j}=LS_{i-j}-ES_{i-j}$$

所以

$$TF_{1-2}=LS_{1-2}-ES_{1-2}=2-0=2$$

$$TF_{1-4}=LS_{1-4}-ES_{1-4}=2-0=2$$

$$TF_{1-3}=LS_{1-3}-ES_{1-3}=0-0=0$$

$$TF_{2-5}=LS_{2-5}-ES_{2-5}=8-6=2$$

$$TF_{4-5}=LS_{4-5}-ES_{4-5}=9-8=1$$

$$TF_{3-5}=LS_{3-5}-ES_{3-5}=8-8=0$$

$$TF_{5-6}=LS_{5-6}-ES_{5-6}=11-11=0$$

将各项工作的 TF 计算结果分别填写在网络图中，如图3-46所示。

(5) 计算 FF_{i-j}。

① 有紧后工作的工作，按式(3-11)，得

$$FF_{i-j}=\min\{ES_{j-k}-EF_{i-j}\}=\min\{ES_{j-k}-ES_{i-j}-D_{i-j}\}$$

所以

$$FF_{1-2}=\min\{ES_{2-5}-ES_{1-2}-D_{1-2},ES_{4-5}-ES_{1-2}-D_{1-2}\}=\min\{6-0-6,8-0-6\}=0$$

$$FF_{1-4}=\{ES_{4-5}-ES_{1-4}-D_{1-4}\}=\{8-0-7\}=1$$

$$FF_{1-3}=\min\{ES_{4-5}-ES_{1-3}-D_{1-3},ES_{3-5}-ES_{1-3}-D_{1-3}\}=\min\{8-0-8,8-0-8\}=0$$

$$FF_{2-5}=\{ES_{5-6}-ES_{2-5}-D_{2-5}\}=\{11-6-3\}=2$$

$$FF_{4-5}=\{ES_{5-6}-ES_{4-5}-D_{4-5}\}=\{11-8-2\}=1$$

$$FF_{3-5}=\{ES_{5-6}-ES_{3-5}-D_{3-5}\}=\{11-8-3\}=0$$

② 对无紧后工作的工作，即网络计划中的最后完成工作，按式(3-12)，得

$$FF_{i-n}=T_p-EF_{i-n}=T_p-ES_{i-n}-D_{i-n}$$

$$FF_{5-6}=17-11-6=0$$

将各项工作的 FF 计算结果分别填写在网络图中，如图 3-46 所示。

(6) 确定关键工作和关键线路。

TF 最小的工作为关键工作，本例题的 $T_p=T_c$，故 $TF=0$ 的工作为关键工作。

所以工作 1—3、3—5、5—6 为关键工作，将这些工作用双箭线连接起来形成关键线路，如图 3-46 所示。

2) 按节点计算法

所谓按节点计算法，就是先计算网络计划中各个节点的最早时间和最迟时间，然后再据此计算各项工作的时间参数和网络计划的计算工期。

(1) 计算节点的最早时间 ET_i 和最迟时间 LT_i。

① 计算节点的最早时间 ET_i。

节点最早时间的计算应从网络计划的起点节点开始，顺着箭线方向依次进行。其计算步骤如下。

a. 网络计划起点节点，如未规定最早时间时，其值等于零：

$$ET_i=0$$

b. 其他节点的最早时间应按下式进行计算：

$$ET_j=\max\{ET_i+D_{i-j}\} \tag{3-13}$$

式中：ET_j——工作 i—j 的完成节点 j 的最早时间；

ET_i——工作 i—j 的开始节点 i 的最早时间；

D_{i-j}——工作 i—j 的持续时间。

网络计划的计算工期等于网络计划终点节点的最早时间，即

$$T_c=ET_n \tag{3-14}$$

式中：T_c——网络计划的计算工期；

ET_n——网络计划终点节点 n 的最早时间。

② 确定网络计划的计划工期 T_p。

网络计划的计划工期应按式(3-1)或式(3-2)确定。假若未规定要求工期，则其计划工期就等于计算工期，即

$$T_p=T_c \tag{3-15}$$

③ 计算节点的最迟时间 LT_i。

节点最迟时间的计算应从网络计划的终点节点开始，逆着箭线方向依次进行。其计算步骤如下。

网络计划终点节点的最迟时间等于网络计划的计划工期，即

$$LT_n=T_p \tag{3-16}$$

式中：LT_n——网络计划终点节点 n 的最迟时间；

T_p——网络计划的计划工期。

其他节点的最迟时间应按下式进行计算：

$$LT_i=\min\{LT_j-D_{i-j}\} \tag{3-17}$$

式中：LT_i——工作 i—j 的开始节点 i 的最迟时间；

LT_j——工作 i—j 的完成节点 j 的最迟时间；

D_{i-j}——工作 i—j 的持续时间。

(2) 根据节点的最早时间和最迟时间判定工作的六个时间参数。

① 工作的最早开始时间等于该工作开始节点的最早时间，即

$$ES_{i-j}=ET_i \tag{3-18}$$

② 工作的最早完成时间等于该工作开始节点的最早时间与其持续时间之和，即

$$EF_{i-j}=ET_i+D_{i-j} \tag{3-19}$$

③ 工作的最迟完成时间等于该工作完成节点的最迟时间，即

$$LF_{i-j}=LT_j \tag{3-20}$$

④ 工作的最迟开始时间等于该工作完成节点的最迟时间与其持续时间之差，即

$$LS_{i-j}=LT_j-D_{i-j} \tag{3-21}$$

⑤ 工作的总时差可根据式(3-10)、式(3-20)和式(3-19)得到：

$$\begin{aligned}TF_{i-j}&=LF_{i-j}-EF_{i-j}=LS_{i-j}-ES_{i-j}\\&=LT_j-(ET_i+D_{i-j})=LT_j-ET_i-D_{i-j}\end{aligned} \tag{3-22}$$

由式(3-22)可知，工作的总时差等于该工作完成节点的最迟时间减去该工作开始节点的最早时间所得差值再减其持续时间。

⑥ 工作的自由时差可根据式(3-11)和式(3-18)得到：

$$FF_{i-j}=\min\{ES_{j-k}-ES_{i-j}-D_{i-j}\}=\min\{ES_{j-k}\}-ES_{i-j}-D_{i-j}=\min\{ET_j\}-ET_i-D_{i-j} \tag{3-23}$$

由式(3-23)可知，工作的自由时差等于该工作完成节点的最早时间减去该工作开始节点的最早时间所得差值再减其持续时间的最小值。

特别需要注意的是，如果本工作与其各紧后工作之间存在虚工作时，其中的 ET_j 应为本工作紧后工作开始节点的最早时间，而不是本工作完成节点的最早时间。

(3) 确定关键线路和关键工作。

方法一：同按工作计算法，即 TF 为最小值(当 $T_p=T_c$ 时，$TF=0$)的工作为关键工作，把关键工作从开始节点到结束节点连接起来形成关键线路。

方法二：在双代号网络计划中，关键线路上的节点称为关键节点。关键工作两端的节点必为关键节点，但两端为关键节点的工作不一定是关键工作。关键节点的最迟时间与最早时间的差值最小。特别地，当网络计划的计划工期等于计算工期时，关键节点的最早时间与最迟时间必然相等。关键节点必然处在关键线路上，但由关键节点组成的线路不一定

是关键线路。

当利用方法二即关键节点判别线路和关键工作时，还要满足下列判别式：

$$ET_i+D_{i-j}=ET_j \tag{3-24}$$

或

$$LT_i+D_{i-j}=LT_j \tag{3-25}$$

式中：ET_i——工作 i—j 的开始节点(关键节点)i 的最早时间；

D_{i-j}——工作 i—j 的持续时间；

ET_j——工作 i—j 的完成节点(关键节点)j 的最早时间；

LT_i——工作 i—j 的开始节点(关键节点)i 的最迟时间；

LT_j——工作 i—j 的完成节点(关键节点)j 的最迟时间。

如果两个关键节点的工作符合上述判别式，则该工作必然为关键工作，它应该在关键线路上；否则，该工作就不是关键工作，关键线路也就不会从此处通过。

【例 3-7】试用节点计算法计算网络计划如图 3-47 所示各项时间参数，并标出关键线路。

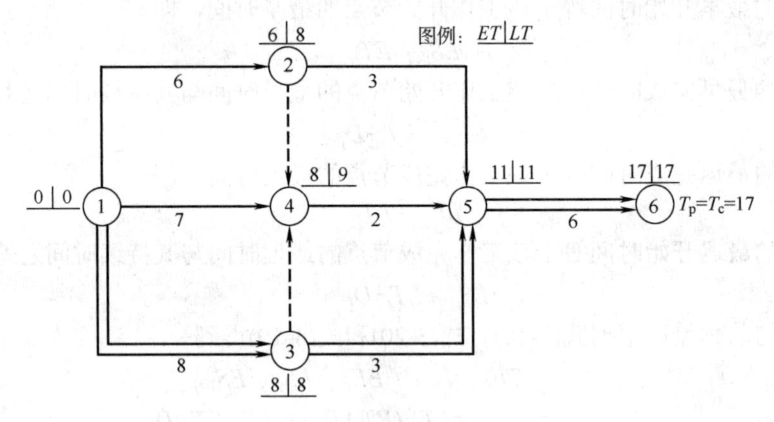

图 3-47　双代号网络计划(按节点计算法)

解　(1)　计算 ET_i、T_p 和 LT_i。

① 计算 ET_i。按式(3-13)得

$$ET_1=0 \quad (\text{起点节点})$$

其他节点：

$$ET_j=\max\{ET_i+D_{i-j}\}$$

所以

$$ET_2=\{ET_1+D_{1-2}\}=\{0+6\}=6$$

$$ET_3=\{ET_1+D_{1-3}\}=\{0+8\}=8$$

$$ET_4=\max\{ET_1+D_{1-2},ET_1+D_{1-4},ET_1+D_{1-3}\}=\max\{0+6,0+7,0+8\}=8$$

$$ET_5=\max\{ET_2+D_{2-5},ET_4+D_{4-5},ET_3+D_{3-5}\}=\max\{6+3,8+2,8+3\}=11$$

$$ET_6=\{ET_5+D_{5-6}\}=\{11+6\}=17$$

② 确定 T_p(计划工期)

因为

$$T_c=ET_n=ET_6=17$$

按式(3-1)或式(3-2)确定，本例中未规定要求工期，则其计划工期就等于计算工期，即

$$T_p=T_c=17$$

③ 计算 LT。

a. 终点节点。按式(3-16)，得

$$LT_n=T_p$$

即

$$LT_6=T_p=17$$

b. 其他节点。按式(3-17)，得

$$LT_i=\min\{LT_j-D_{i-j}\}$$

所以

$$LT_5=\{LT_6-D_{5-6}\}=\{17-6\}=11$$

$$LT_4=\{LT_5-D_{4-5}\}=\{11-2\}=9$$

$$LT_3=\min\{LT_4-D_{3-4},LT_5-D_{3-5}\}=\min\{9-0,11-3\}=8$$

$$LT_2=\min\{LT_5-D_{2-5},LT_4-D_{2-4}\}=\min\{11-3,9-0\}=8$$

$$LT_1=\min\{LT_2-D_{1-2},LT_4-D_{1-4},LT_3-D_{1-3}\}=\min\{8-6,9-7,8-8\}=0$$

将各节点的 ET、LT 和 T_p 分别填写在网络图中，如图 3-47 所示。

(2) 根据 ET_i 和 LT_i 判定工作的六个时间参数。

① 计算 ES。按式(3-18)$ES_{i-j}=ET_i$，可得

$$ES_{1-2}=ET_1=0$$

$$ES_{1-4}=ET_1=0$$

$$ES_{1-3}=ET_1=0$$

$$ES_{2-5}=ET_2=6$$

$$ES_{4-5}=ET_4=8$$

$$ES_{3-5}=ET_3=8$$

$$ES_{5-6}=ET_5=11$$

② 计算 EF。按式(3-19)，可得

$$EF_{1-2}=ET_1+D_{1-2}=0+6=6$$

$$EF_{1-4}=ET_1+D_{1-4}=0+7=7$$

$$EF_{1-3}=ET_1+D_{1-3}=0+8=8$$

$$EF_{2-5}=ET_2+D_{2-5}=6+3=9$$

$$EF_{4-5}=ET_4+D_{4-5}=8+2=10$$

$$EF_{3-5}=ET_3+D_{3-5}=8+3=11$$

$$EF_{5-6}=ET_5+D_{5-6}=11+6=17$$

③ 计算 LF。按式(3-20)，可得

$$LF_{1-2}=LT_2=8$$

$$LF_{1-4}=LT_4=9$$

$$LF_{1-3}=LT_3=8$$

$$LF_{2-5}=LT_5=11$$

$$LF_{4-5}=LT_5=11$$

$$LF_{3-5}=LT_5=11$$

$$LF_{5-6}=LT_6=17$$

④ 计算 LS。按式(3-21)或 $LS_{i-j}=LF_{i-j}-D_{i-j}$ 得

$$LS_{1-2}=LT_2-D_{1-2}=8-6=2$$
$$LS_{1-4}=LT_4-D_{1-4}=9-7=2$$
$$LS_{1-3}=LT_3-D_{1-3}=8-8=0$$
$$LS_{2-5}=LT_5-D_{2-5}=11-3=8$$
$$LS_{4-5}=LT_5-D_{4-5}=11-2=9$$
$$LS_{3-5}=LT_5-D_{3-5}=11-3=8$$
$$LS_{5-6}=LT_6-D_{5-6}=17-6=11$$

⑤ 计算 TF。按式(3-22)或同按工作计算方法

方法一：按工作计算方法　　$TF=LF-EF=LS-ES$

方法二：　　$TF_{i-j}=LT_j-ET_i-D_{i-j}$

所以

$$TF_{1-2}=LT_2-ET_1-D_{1-2}=8-0-6=2$$
$$TF_{1-4}=LT_4-ET_1-D_{1-4}=9-0-7=2$$
$$TF_{1-3}=LT_3-ET_1-D_{1-3}=8-0-8=0$$
$$TF_{2-5}=LT_5-ET_2-D_{2-5}=11-6-3=2$$
$$TF_{4-5}=LT_5-ET_4-D_{4-5}=11-8-2=1$$
$$TF_{3-5}=LT_5-ET_3-D_{3-5}=11-8-3=0$$
$$TF_{5-6}=LT_6-ET_5-D_{5-6}=17-11-6=0$$

⑥ 计算 FF，按式(3-23)或同按工作计算方法得

方法一：(同按工作计算方法)

$$FF_{i-j}=\min\{ES_{j-k}-EF_{i-j}\}=\min\{ES_{j-k}-ES_{i-j}-D_{i-j}\}$$

方法二：　　$FF_{i-j}=\min\{ET_j\}-ET_i-D_{i-j}$

$$FF_{1-2}=\min\{ET_2,ET_4\}-ET_1-D_1-_2=\min\{6,8\}-0-6=0$$
$$FF_{1-4}=ET_4-ET_1-D_{1-4}=8-0-7=1$$
$$FF_{1-3}=\min\{ET_4,ET_3\}-ET_{1-D}1-3=\{8,8\}-0-8=0$$
$$FF_{2-5}=ET_5-ET_2-D_{2-5}=11-6-3=2$$
$$FF_{4-5}=ET_5-ET_4-D_{4-5}=11-8-2=1$$
$$FF_{3-5}=ET_5-ET_3-D_{3-5}=11-8-3=0$$
$$FF_{5-6}=ET_6-ET_5-D_{5-6}=17-11-6=0$$

(3) 确定关键线路和关键工作。

方法一：同按工作计算法。

TF 为最小值的工作为关键工作，本例题 $T_p=T_c$，所以 $TF=0$ 的工作为关键工作，把 $TF=0$ 的工作用双箭线从起始节点至终点节点连接起来，成为关键线路。

方法二：找关键节点，LT_i-ET_i 差值最小的节点为关键节点。

本例题中，因为 $T_p=T_c$，所以 $LT_i-ET_i=0$ 即 $LT_i= ET_i$ 的节点为关键节点，即①、③、⑤、⑥为关键节点。而且这些节点均满足 $ET_i+D_{i-j}=ET_j$，即

$$ET_1+D_{1-3}=0=+8=ET_3=8$$
$$ET_3+D_{3-5}=8+3=ET_5=11$$
$$ET_5+D_{5-6}=11+6=ET_6=17$$

所以线路①→③→⑤→⑥为关键线路，用双箭线在图中标出，如图 3-47 所示。

(4) 标号法。标号法是一种快速寻求网络计划计算工期和关键线路的方法。它利用按节点计算法的基本原理，对网络计划中的每一个节点进行标号，然后利用标号值确定网络计划的计算工期和关键线路。

① 网络计划起点节点的标号值为零。即

$$B_1=0$$

② 其他节点的标号值应根据下式按节点编号从小到大的顺序逐个进行计算：

$$b_j=\max\{b_i+D_{i-j}\} \tag{3-26}$$

式中：b_j——工作 i—j 的完成节点 j 的标号值；

b_i——工作 i—j 的开始节点 i 的标号值；

D_{i-j}——工作 i—j 的持续时间。

当计算出节点的标号值后，应该用其标号值及其源节点对该节点进行双标号。所谓源节点，就是用来确定本节点标号值的节点。如果源节点有多个，应将所有源节点标出。

③ 网络计划的计算工期就是网络计划终点节点的标号值：$T_c=b_n$。

④ 关键线路应从网络计划的终点节点开始，逆着箭线方向按源节点确定。

【例 3-8】用标号法计算网络计划，如图 3-48 所示(题目仍和例 3-6 相同)，找出关键线路。

解　(1) 起点节点的标号：$b_1=0$

(2) 其他节点的标号按式(3-26)，得

$$b_2=b_1+D_{1-2}=0+6=6$$

$$b_3=b_1+D_{1-3}=0+8=8$$

$$b_4=\max\{b_2+D_{2-4},b_1+D_{1-4},b_3+D_{3-4}\}=\max\{6+0,0+7,8+0\}=8$$

$$b_5=\max\{b_2+D_{2-5},b_4+D_{4-5},b_3+D_{3-5}\}=\max\{6+3,8+2,8+3\}=11$$

$$b_6=b_5+D_{5-6}=11+6=17$$

在网络图上，对各节点进行标号值 b 和其源节点进行双标号，如图 3-48 所示。

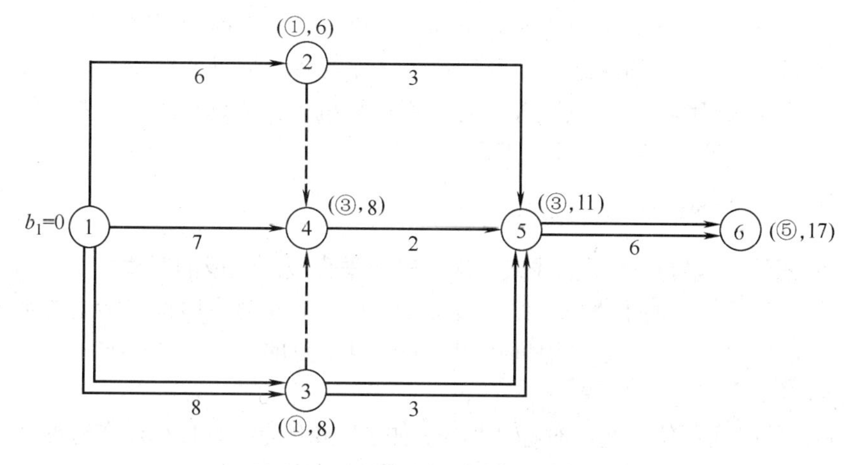

图 3-48　双代号网络计划(标号法)

3.2.4 双代号时标网络计划

1. 时标网络计划的概念和特点

1) 时标网络计划的概念

双代号时标网络计划是网络计划的另一种表示形式，简称时标网络计划。它是以水平时间坐标为尺度表示工作持续时间的网络计划，它的时间单位是根据网络计划的需要确定的，可以是时、天、周、月、旬、季等。其箭线的长短和所在位置表示工作的时间进程。

时标网络计划应以实箭线表示工作，实箭线的水平投影长度表示该工作的持续时间；以虚箭线表示虚工作，以波形线表示工作的自由时差。时标网络计划中所有符号在时间坐标上的水平投影位置，都必须与其时间参数相对应；节点中心必须对准相应的时标位置，由于虚工作的持续时间为零，故虚工作只能以垂直方向的虚箭线表示；以波形线表示工作与其紧后工作之间的时间间隔。以终点节点为完成节点的工作除外，当计划工期等于计算工期时，这些工作箭线中波形线的水平投影长度表示其自由时差。

2) 时标网络计划的特点

时标网络计划是目前普遍受欢迎的计划表示形式，其主要特点如下。

(1) 是网络计划与横道图计划相结合的形式，形象地表明计划的时间进程。

(2) 时间直观，计算量小，图上显示各项工作的开始和完成时间、时差和关键线路。

(3) 在图中计算资源用量，调整时差，进行网络计划的工期、费用和资源优化。

(4) 时标网络计划调整比较麻烦，这是由于时标网络计划的箭线长短表示了每个工作的持续时间。若改变持续时间，就需要改变箭线的长度和位置，这样，往往会引起整个网络计划图的变化。

3) 时标网络计划的用途

实践证明，时标网络计划对以下两种情况比较适用。

(1) 编制工作项目较少并且工艺过程较简单的建筑施工计划。它能迅速地边绘、边算、边调整。对于工作项目较多，并且工艺复杂的工程仍以采用常用的网络计划为宜。

(2) 将已编制并计算好的网络计划再复制成时标网络计划以便在图上直接表示各项工作的进程。目前我国已编出相应的程序，可应用计算机来完成这项工作，并已经用于生产实际。

2. 时标网络计划的绘制

时标网络图的箭线宜用水平箭线或由水平段和垂直段所组成的箭线，不宜用斜箭线，虚工作也如此，但虚工作的水平段应绘成波形线。而所有符号在时间坐标上的水平位置及其水平投影，都必须与其所代表的时间值相对应，且节点的中心必须对准时标的刻度线。

1) 时标网络计划的绘制步骤

(1) 按确定的时间单位绘制出时标计划表，如表 3-4 所示。时标标注在时标计划表的顶部或底部，时间的长度必须注明单位，必要时加注日历的对应时间。

表 3-4　时标计划表

日　历	1	2	3	4	5	6	7	8	9	10	11	12	13	14	15	16	17
时间单位																	
网络计划																	
时间单位																	

(2) 时标网络计划宜按最早时间绘制，可为时差应用带来灵活性，并具有实用价值。

(3) 编制时标网络计划应先绘制无时标网络计划草图，然后再进行绘制。

2) 时标网络计划的绘制方法

(1) 间接绘制法。

间接绘制法是先计算网络计划的时间参数，再根据时间参数按无时标网络图在时间坐标上进行绘制的方法。其按最早时间绘制的步骤如下。

① 绘制无时标网络计划图，计算时间参数(节点的最早时间)，确定关键工作及关键线路，如图 3-49 所示。

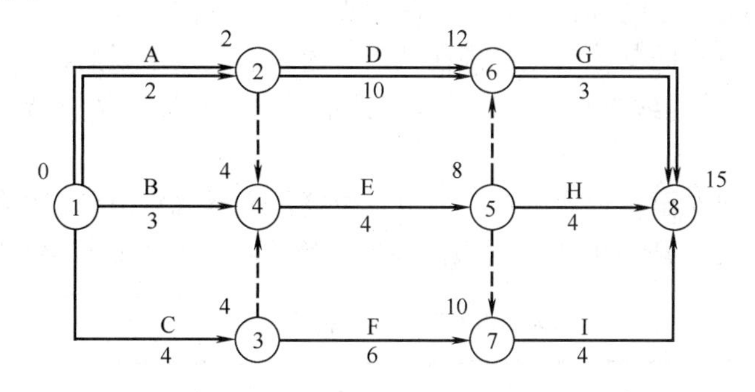

图 3-49　双代号网络图及最早时间

② 根据需要确定时间单位并绘制时间坐标轴。时标可标注在时标网络图的顶部或底部，时标的长度单位必须注明，如图 3-50 所示。

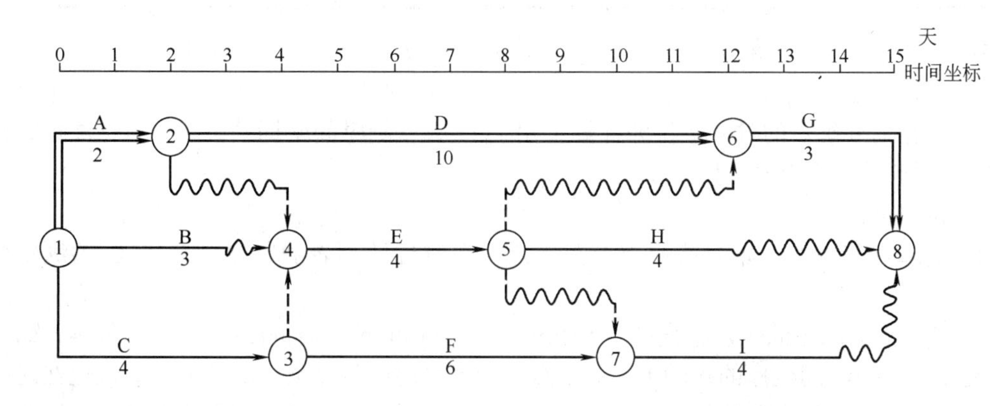

图 3-50　时标网络计划

③ 根据网络图中各节点的最早时间(或各工作的最早开始时间)，从起点节点开始将各

节点(或各工作的开始节点)逐个定位在时间坐标的纵轴上。

④ 依次在各节点后面绘出箭线长度及自由时差。绘制时宜先画关键线路、关键工作，再画非关键工作。箭线最好画成水平箭线或由水平线段和竖直线组成的折线箭线，以直接表示其持续时间。如箭线画成斜线，则以其水平投影长度为其持续时间。如箭线长度不够与该工作的结束节点直接相连，则用波形线从箭线端部画至结束节点处。波形线的水平投影长度，即为该工作的自由时差。

⑤ 用虚箭线连接各有关节点，将各有关的施工过程连接起来。在时标网络计划中，有时会出现虚箭线的投影长度不等于零的情况，其水平投影长度为该虚工作的自由时差或相邻两项工作之间的时间间隔。

⑥ 把时差为零的箭线从起点节点到终点节点连接起来，并用粗箭线、双箭线或彩色箭线表示，即形成时标网络计划的关键线路。其时标网络图如图 3-50 所示。

(2) 直接绘制法。

此法不经过计算网络计划的时间参数，按无时标网络图在时标计划表上绘制应按下列方法逐步进行。

① 将起点节点定位在时标计划表的起始刻度线上。

② 按工作持续时间在时标计划表上绘制起点节点的外向箭线。

③ 除起点节点以外的其他节点必须在其所有内向箭线绘出以后，定位在这些内向箭线中最早完成时间最迟的箭线末端。其他内向箭线的长度不足以到达该节点时，用波形线补足。

④ 用上述方法自左至右依次确定其他节点位置，直至终点节点定位绘完。

【例 3-9】 按表 3-5 所示的逻辑关系，根据间接绘制法的步骤，绘制时标网络计划图。

表 3-5 工作间逻辑关系表

工　作	A	B	C	D	E	F	G	H
紧前工作	—	—	—	A	A	B	C	E、F、G
紧后工作	D、E	F	G	—	H	H	H	—
持续时间	2	3	4	5	3	4	2	2

解 (1) 计算各节点最早的时间参数(或各工作的最早开始时间)，确定关键工作及关键线路。如图 3-51(a)所示。

(2) 根据需要确定的时间单位即计算工期 T_c=9 天绘制时间坐标轴。时标可标注在时标网络图的顶部，单位为天。如图 3-51(b)所示。

(3) 定节点位置。

① 从起点节点①开始，将起点节点①定位在时标计划表的起始刻度线 0 的纵轴位置上。

② 按节点的编号顺序，根据图 3-51(a)所示各节点的最早时间(或各工作的最早开始时间)，逐个定位在时间坐标的纵轴上。如节点②的最早时间为 2 天，故把节点②定位在时间坐标 2 天所对应的纵轴位置上；节点③的最早时间为 3 天，把节点③定位在时间坐标 3 天所对应的纵轴位置上；节点④的最早时间为 4 天，把节点④定位在时间坐标 4 天所对应的纵轴位置上；节点⑤的最早时间为 7 天，把节点⑤定位在时间坐标 7 天所对应的纵轴位置

上；结束节点⑥定位在工期坐标轴 9 天所对应的纵轴位置上。

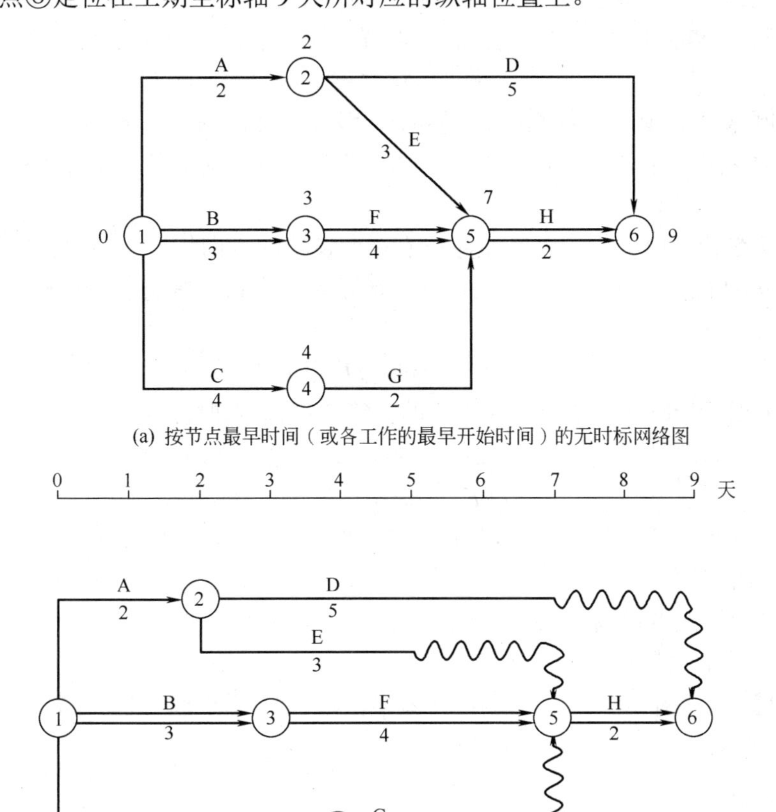

图 3-51　绘制时标网络计划图

(4) 根据各工作的持续时间，依次在各节点后面绘出各工作的箭线长度及自由时差。

① 先绘关键线路①→③→⑤→⑥，因为关键线路上的关键工作没有自由时差(或者说关键线路上的关键工作的自由时差为 0)，直接用双箭线连接节点①、③、⑤、⑥，则形成关键线路，在关键箭线的上方标注各关键工作名称：B、F、H，在关键箭线下方相对应处标注各关键工作的持续时间。

② 再绘非关键工作。在节点①和节点②之间做工作 A，工作 A 的持续时间为 2 天，节点①、②之间的时间坐标间距也是 2 天，故直接用实箭线表示工作 A；同理在节点①、④之间作非关键工作 C；在节点②、⑤之间作非关键工作 E，工作 E 的持续时间为 3 天，用实箭线表示，长度达不到节点⑤的后面部分用波浪线补足。波浪线的水平投影长度为该工作的自由时差。同理，可作非关键工作 D 和工作 G。最后完成完整的时标网络图如图 3-51(b)所示。

3. 时标网络计划时间参数的计算及关键线路的确定

(1) 时标网络计划每条箭线左端节点中心所对应的时标值代表工作的最早开始时间，箭线实线部分右端或箭线右端节点中心所对应的时标值代表工作的最早完成时间。

(2) 时标网络计划的计算工期应是终点节点与起点节点所在位置的时标值之差。如图 3-50 中，开始节点①的标值为 0 天，到终点节点⑧的标值为 15 天，故计算工期为 15−0=15 天。

(3) 时标网络计划中工作的自由时差值应为其波形线在时间坐标轴上水平投影的长度。若工作箭线右端只有虚工作时，则这些虚工作波形线最短者的长度即为该工作的自由时差。

(4) 时标网络计划中工作的总时差应自右至左逆箭线方向依次逐项地计算，并在其紧后工作的总时差被确定后才能确定，其值等于诸紧后工作总时差的最小值与本工作自由时差之和。即

$$TF_{i-j}=\min\{TF_{j-k}\}+FF_{i-j} \tag{3-27}$$

(5) 工作最迟开始时间和最迟完成时间的计算应符合下列规定：

$$LS_{i-j}=ES_{i-j}+TF_{i-j} \tag{3-28}$$

$$LF_{i-j}=EF_{i-j}+TF_{i-j} \tag{3-29}$$

(6) 时标网络计划关键线路的判定方法是由终点节点逆着箭线方向，朝起点节点逐项工作观察，若自始至终均无波形出现，该线路即为关键线路。说明该条线路不存在自由时差也不存在总时差，或者说明该线路上各项工作的最早开始时间与最迟开始时间是相等的。这样的线路特征只有关键线路才具备。

【例 3-10】 根据图 3-52 所示网络图按直接法绘制时标网络计划，并判定关键线路(用双箭线表示)，求工期 T_c，标注总时差 TF_{i-j}。

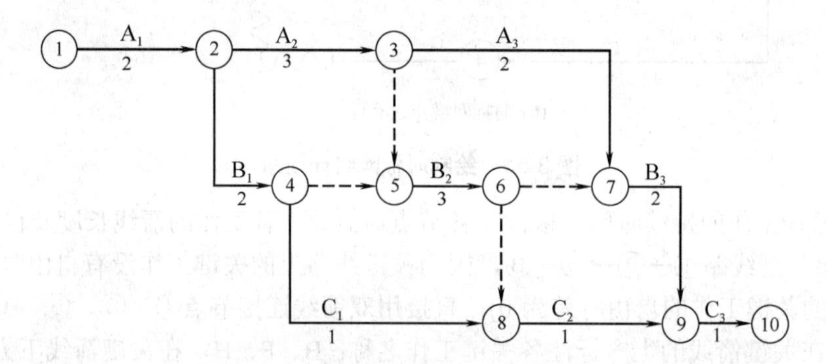

图 3-52　某工程施工网络计划

解　绘制步骤如下。

(1) 将起点节点①定位在时标计划表的零刻度上。表示 A_1 工作的最早开始时间，A_1 工作的持续时间为 2 天，定位节点②。因节点③、④之前只有一个箭头，无自由时差，按 A_2 和 B_1 的持续时间为 3 天和 2 天可定位节点③和④。虚箭线连接节点③→⑤不占用时间，直接用垂直虚线连接节点③→⑤，虚箭线④→⑤不占用时间，要绘成用垂直线，但长度不足以到达节点⑤。用波形线表示一天的自由时差。节点⑥之前只有一项实工作 B_2，持续时间 3 天，可直接连接节点⑤和⑥。节点⑧之前有节点⑥和④，⑥→⑧为虚工作，垂直虚线无时差，可定位节点⑧，连接⑥→⑧。节点④之后 C_1 工作持续时间为 1 天，自由时差有 3 天，用波形线连接至节点⑧。节点⑦定位由节点⑥确定，说明虚工作⑥→⑦无自由时差，用垂直虚线连接节点⑥和⑦。A_3 工作的持续时间为 2 天，用波形线补足 1 天才到达节点⑦。节

点⑨之前 B_3 工作和 C_2 工作，持续时间分别为 2 天和 1 天。所以，节点⑨的定位应由节点⑦B_3 工作持续时间来确定。工作 C_2 持续时间为 1 天，且有 1 天时差，用波形线连接到达节点⑨。终点节点⑩定位直接由 C_3 工作持续时间 1 天确定。终点节点⑩定位后，时标网络计划绘制完成，如图 3-53 所示。

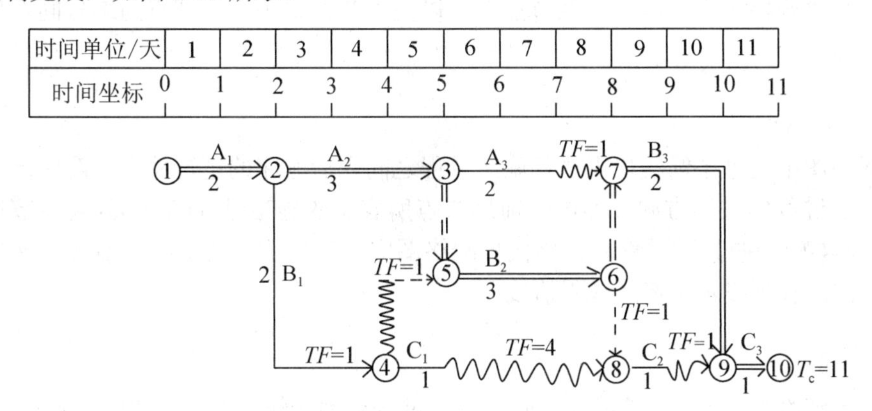

图 3-53　时标网络计划(按最早时间绘制)

(2) 自终点节点⑩逆着箭线方向朝起点节点①检验，始终不出现波形线的只有一条①→②→③→⑤→⑥→⑦→⑨→⑩，为关键线路，并用双箭线表示。

(3) 时标网络计划的计算工期 T_c=11−0=11 天。

(4) 波形线在坐标轴上的水平投影长度，即为该工作的自由时差。

(5) 工作的总时差按式(3-27)判定。其值标注在相应的箭线上，如图 3-53 所示。

3.3　单代号网络计划

3.3.1　单代号网络图的组成

用一个节点表示一项工作，其代号、名称和时间都写在节点内，用箭线表示施工过程(工作)之间的逻辑关系，这就是单代号表示方法，如图 3-54 所示。用这种表示方法，把一项计划的所有施工过程(工作)按其先后顺序和逻辑关系从左至右绘制成的网状图形，叫做单代号网络图，如图 3-2(c)所示。用这种网络图表示的计划叫单代号网络计划。

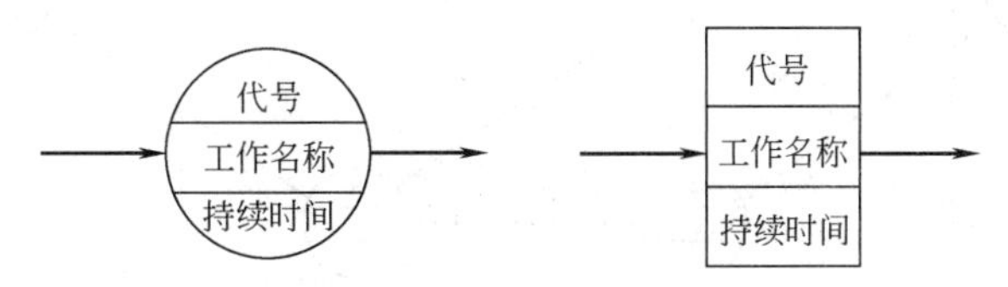

图 3-54　单代号网络图的节点表示方法

单代号网络图也由节点、箭线和线路组成。

1. 节点

在单代号网络图中，节点表示一个施工过程(或工作)，其范围、内容与双代号网络图箭线基本相同。节点宜用圆圈或矩形表示。当有两个以上施工过程同时开始或同时结束时，一般要虚拟一个“开始节点”或“结束节点”，以完善其逻辑关系。节点的编号同双代号网络图。

2. 箭线

单代号网络图中的每条箭线均表达各施工过程之间先后顺序的逻辑关系。箭线箭头所指方向表示施工过程的进行方向，即同一箭尾节点所表示的施工过程(工作)为箭头节点所表示的施工过程(工作)的紧前过程。在单代号网络图中，箭线均为实箭线。箭线应保持自左向右的总方向，宜画成水平箭线或斜箭线。

3. 线路

从起点节点到终点节点，沿着箭线方向顺序通过一系列箭线与节点的通路，称为线路。单代号网络图也有关键线路及关键施工过程(关键工作)、非关键线路及非关键施工过程(非关键工作)和时差等。

3.3.2 单代号网络图的绘制

1. 绘图规则

单代号网络图的绘图规则与双代号网络图的绘图规则基本相同，主要区别如下。

1) 起点节点和终点节点

当网络图中有多项开始工作时，应增设一项虚拟工作(S)，作为该网络图的起点节点；当网络图中有多项结束工作时，应增设一项虚拟的工作(F)，作为该网络图的终点节点。如图 3-55 所示，其中 S 和 F 为虚拟工作。

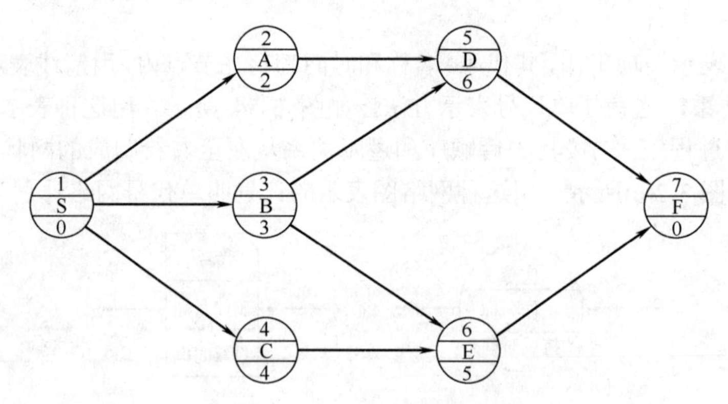

图 3-55 具有虚拟起点节点和终点节点的单代号网络图

2) 无虚工作

紧前工作和紧后工作直接用箭线表示，其逻辑关系无须虚工作。

2. 绘图示例

【例 3-11】已知各项工作之间的逻辑关系如表 3-6 所示，绘制单代号网络图的过程如图 3-56 所示。

表 3-6 各项工作逻辑关系

工 作	A	B	C	D	E	F	G
紧前工作	—	A	A	A	B	B、C、D	D
紧后工作	B、C、D	E、F	F	F、G	—	—	—
持续时间	2	3	4	6	8	4	4

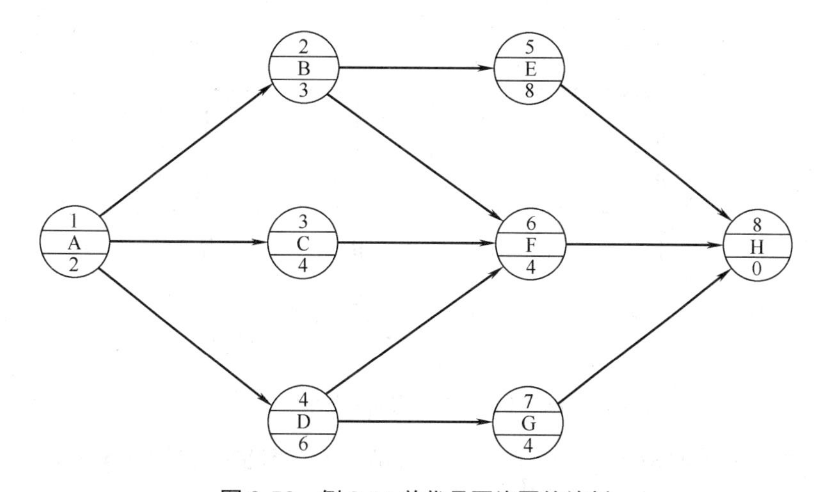

图 3-56 例 3-11 单代号网络图的绘制

3.4 网络计划的优化

网络计划经绘制和计算后，可得出最初方案。网络计划的最初方案只是一种可行方案，不一定是合乎规定要求的方案或最优的方案。为此，还必须进行网络计划的优化。网络计划的优化，是在满足既定的约束条件下，按某个目标，通过不断改进网络计划来寻求满意的方案。网络计划的优化目标应按计划任务的需要和条件选定，一般有工期目标、费用目标和资源目标等。网络计划优化的内容包括：工期优化、费用优化和资源优化。

3.4.1 工期优化

网络计划最初方案的计算工期，即关键线路的各工作持续时间之和。计算工期可能小于或等于要求工期，也可能大于要求工期。

工期优化是指在一定约束条件下使工期合理，延长或缩短计算工期以达到要求工期的目标。工期优化的目的，是使网络计划满足要求工期，保证按期完成工程任务。工期优化一般是通过调整关键工作的持续时间来满足工期要求的。

1. 当计算工期小于或等于要求工期时($T_c \leqslant T_r$)

如果计算工期小于要求工期较多，则宜进行优化。优化方法是：首先延长个别关键工作的持续时间，相应变化非关键工作的时差，然后重新计算各工作的时间参数，反复进行，直至满足要求工期为止。

【例 3-12】已知网络计划图如图 3-57 所示，图上已按标号法计算出标号值。若要求工期为 30 天，试进行优化。

解 (1) 该网络计划的关键线路为①→②→⑤→⑦→⑧，工期为 25 天，比要求工期少 5 天，故可增加关键线路持续时间 5 天。

(2) 将工作②→⑤的持续时间由 5 天增加到 7 天，工作⑤→⑦的时间由 3 天增加到 6 天。

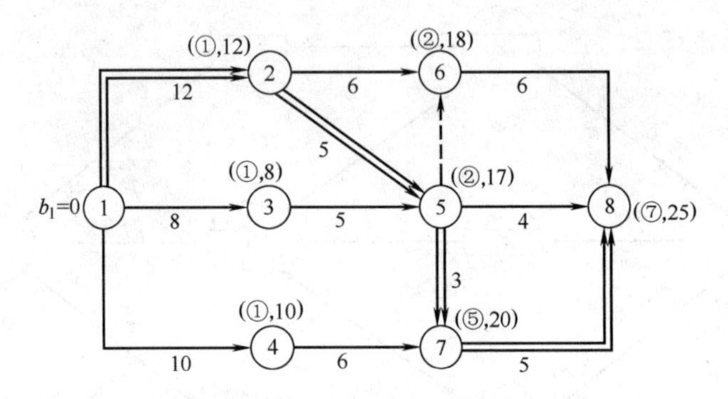

图 3-57　优化前的网络计划

(3) 绘制优化后的网络计划，并重新计算各节点的标号值，如图 3-58 所示。关键线路为①→②→⑤→⑦→⑧，计算工期为 30 天，满足工期的要求。

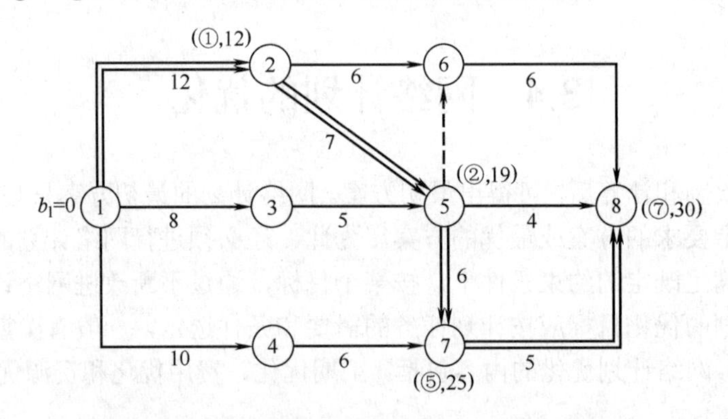

图 3-58　优化后的网络计划

2. 当计算工期大于要求工期时($T_c \geqslant T_r$)

在此情况下，首先应缩短个别关键工作的持续时间，相应增加这些关键工作的资源需用量。但必须注意，由于关键线路的缩短，次关键线路可能成为关键线路，即有时需同时缩短次关键线路上有关工作的持续时间，才能达到缩短工期的要求。

【例 3-13】已知网络计划原方案如图 3-59 所示。根据已计算好的各节点的标号值，

其关键线路为①→②→⑤→⑧，计算工期为 48 天。当要求工期为 44 天时，试进行优化。

解　因为 T_c-T_r=4 天，所以必须缩短计算工期 4 天。

(1) 分析各线路的时间总长度。

①→③→⑥→⑧：16+12+14=42(天)

①→②→③→⑥→⑧：17+0+12+14=43(天)

①→②→⑤→⑥→⑧：17+13+0+14=44(天)

①→②→⑤→⑧：　　17+13+18=48(天)

①→②→④→⑦→⑧：17+0+10+16=43(天)

①→②→⑤→⑦→⑧：17+13+0+16=46(天)

①→④→⑦→⑧：　　14+10+16=40(天)

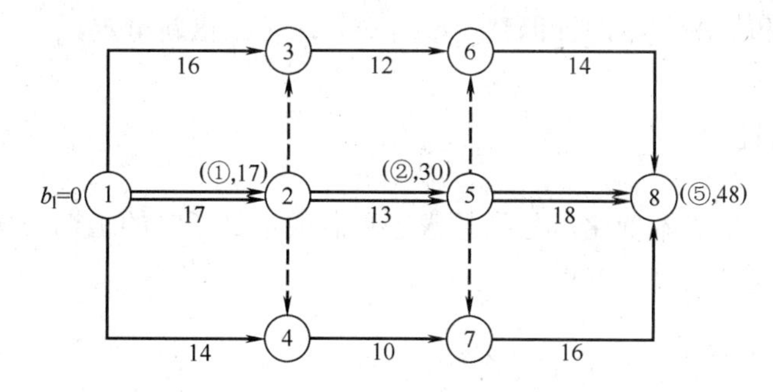

图 3-59　优化前的网络计划

关键线路总持续时间为 48 天，次关键线路总持续时间为 46 天。如果只缩短关键线路①→②→⑤→⑧4 天，则次关键线路成为关键线路。因此，还必须同时将次关键线路①→②→⑤→⑦→⑧缩短 2 天。

(2) 缩短关键工作或次关键工作的持续时间。

将工作①→②缩短 2 天，即由 17 天缩至 15 天，则关键线路缩短了 2 天，而且次关键线路①→②→⑤→⑦→⑧也缩短了 2 天，次关键线路满足要求。再将工作⑤→⑧从 18 天缩短到 16 天，关键线路再次缩短 2 天，均满足工期 44 天的要求。

3. 绘制优化后的网络计划图

如图 3-60 所示，重新计算各节点的标号值，其关键线路为①→②→⑤→⑧和①→②→⑤→⑦→⑧，计算工期为 44 天，满足工期的要求。

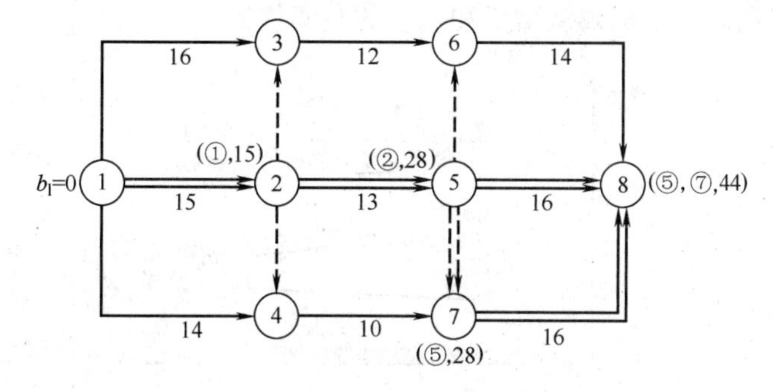

图 3-60　优化后的网络计划

在缩短计算工期时，应注意以下几点。

(1) 在优化过程中出现多条关键线路时，必须将各关键线路的持续时间同时缩短到同一数值，否则不能有效地将工期缩短。同时不能将关键工作缩短成非关键工作。

(2) 应选择优先缩短持续时间的关键工作，如缩短持续时间对质量和安全影响不大的工作，缩短资源充足的工作，缩短持续时间所需增加的费用最少的工作。

(3) 缩短工作持续时间的常用方法是采用技术组织措施，如增加工人数和机械设备，当工作面受限制时，采用两班制或三班制，改进操作方法，提高工效，改变网络计划，重新安排工艺关系，如采用分段流水施工或采用高效率的施工方法等。

(4) 当有几个方案均能满足要求工期时，应通过技术经济比较，从中选择最优秀的方案。当用加快时间或改变网络计划都能达到要求工期时，说明该工期不一定符合实际情况，应对计划的原技术和组织方案进行调整，或者对要求工期重新审定。

3.4.2 费用优化

费用优化又称工期成本优化，是指寻求工程总成本最低时的工期安排，或者按要求工期寻求最低成本的计划安排的过程。

1. 费用和时间的关系

在建设工程施工过程中，完成一项工作通常可以采用多种施工方法和组织方法，而不同的施工方法和组织方法，又会有不同的持续时间和费用。因为一项建设工程包含许多工作，故在安排建设工程进度计划时，会出现多种方案。进度方案不同，所对应的总工期和总费用也就不同。为了能从多种方案中找出总成本最低的方案，必须先分析费用和时间之间的关系。

1) 工程费用与工期的关系

(1) 工程总费用由直接费和间接费组成。

(2) 直接费由人工材料费、机械使用费、其他直接费及现场费等组成。施工方案不同，直接费也就不同。如果施工方案一定，工期不同，直接费也不同。直接费会随着工期的缩短而增加。

(3) 间接费包括企业经营的全部费用，它一般会随着工期的缩短而减少。

(4) 工程费用与工期的关系如图 3-61 所示。在考虑工程总费用时，还应考虑工期变化带来的其他损失和利益，包括效益增量和资金的时间价值等。

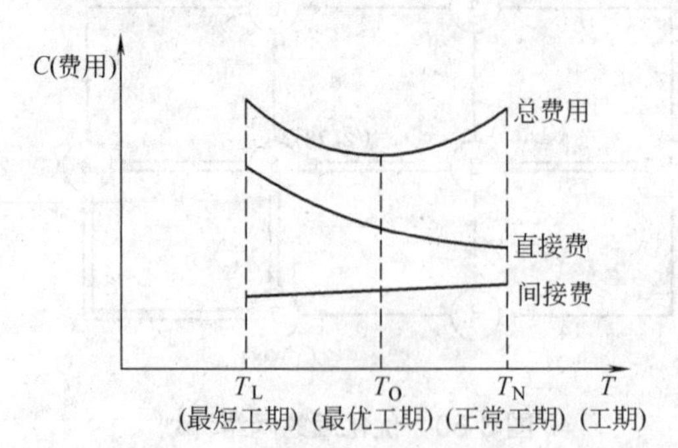

图 3-61　费用-工期曲线

2) 工作直接费与持续时间的关系

由于网络计划的工期取决于关键工作的持续时间，为了进行工期成本优化，必须分析网络计划中各项工作的直接费与持续时间之间的关系，它是网络计划工期成本优化的基础。

工作的直接费与持续时间之间的关系类似于工程直接费与工期之间的关系，工作的直接费随着持续时间的缩短而增加，如图 3-62 所示。为简化计算，工作的直接费与持续时间之间的关系被近似地认为是一条直线。当工作划分不是很粗时，其计算结果还是比较精确的。

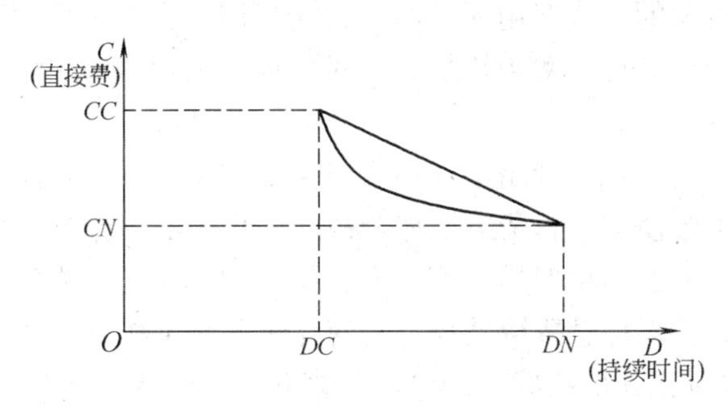

图 3-62　直接费-持续时间曲线

工作的持续时间每缩短单位时间而增加的直接费称为直接费用率。直接费用率可按下式计算：

$$\Delta C_{i-j}=\frac{CC_{i-j}-CN_{i-j}}{DN_{i-j}-DC_{i-j}} \tag{3-30}$$

DN—工作的正常持续时间；CN—按正常持续时间完成工作时所需的直接费；
DC—工作的最短持续时间；CC—按最短持续时间完成工作时所需的直接费

式中：ΔC_{i-j}——工作 i—j 的直接费用率；

CC_{i-j}——按最短持续时间完成工作 i—j 时所需的直接费；

CN_{i-j}——按正常持续时间完成工作 i—j 时所需的直接费；

DN_{i-j}——工作 i—j 的正常持续时间；

DC_{i-j}——工作 i—j 的最短持续时间。

从式(3-30)中可以看出，工作的直接费用率越大，说明将该工作的持续时间缩短一个时间单位，所需增加的直接费就越多；反之，工作的直接费用率越小，将该工作的持续时间缩短一个时间单位，所需增加的直接费就越少。因此，在压缩关键工作的持续时间以达到缩短工期的目的时，应将直接费用率最小的关键工作作为压缩对象。当有多条关键线路出现而需要同时压缩多个关键工作的持续时间时，应将它们的直接费用率之和(组合直接费用率)最小者作为压缩对象。

2. 费用优化的方法和步骤

费用优化的基本思路是：不断地在网络计划中找出直接费用率(或组合直接费用率)最小的关键工作，缩短其持续时间，同时考虑间接费随工期缩短而减少的数值，最后求得工程总成本最低时的最优工期安排或按要求得到最低成本的计划安排。

按以上基本思路，费用优化可按以下步骤进行。

(1) 按工作的正常持续时间确定计算工期和关键线路。

(2) 计算各项工作的直接费用率。直接费用率的计算按式(3-30)进行。

(3) 当只有一条关键线路时，应找出直接费用率最小的一项关键工作，作为缩短持续时间的对象；当有多条关键线路时，应找出组合直接费用率最小的一组关键工作，作为缩短持续时间的对象。

(4) 对于选定的压缩对象(一项关键工作或一组关键工作)，首先比较其直接费用率或组合直接费用率与工程间接费用率的大小。

① 如果被压缩对象的直接费用率或组合直接费用率大于工程间接费用率，说明压缩关键工作的持续时间会使工程总费用增加，此时应停止缩短关键工作的持续时间，在此之前的方案即为优化方案。

② 如果被压缩对象的直接费用率或组合直接费用率等于工程间接费用率，说明压缩关键工作的持续时间不会使工程总费用增加，故应缩短关键工作的持续时间。

③ 如果被压缩对象的直接费用率或组合直接费用率小于工程间接费用率，说明压缩关键工作的持续时间会使工程总费用减少，故应缩短关键工作的持续时间。

(5) 当需要缩短关键工作的持续时间时，其缩短值的确定必须符合下列两条原则。

① 缩短后工作的持续时间不能小于其最短持续时间。

② 缩短持续时间的工作不能变成非关键工作。

(6) 计算关键工作持续时间缩短后相应增加的总费用。

(7) 重复步骤(3)～(6)的过程，直至计算工期满足要求工期或被压缩对象的直接费用率或组合直接费用率大于工程间接费用率为止。

(8) 计算优化后的工程总费用。

【例 3-14】已知某工程双代号网络计划如图 3-63 所示，图中箭线下方(或右方)括号外数字为工作的正常时间，括号内数字为最短持续时间；箭线上方(或左方)括号外数字为工作按正常持续时间完成时所需的直接费，括号内数字为工作按最短持续时间完成时所需的直接费。该工程的间接费用率为 0.7 万元/天，试对其进行费用优化。

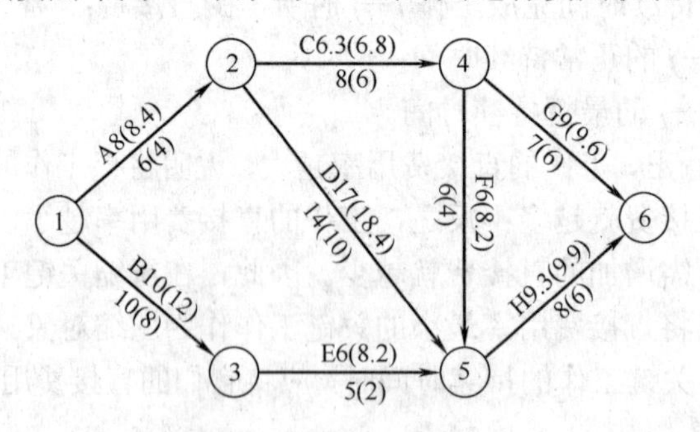

图 3-63 初始网络计划

费用单位：万元；时间单位：天

解 该网络计划的费用优化可按以下步骤进行。

(1) 根据各项工作的正常持续时间和最短持续时间，用标号法确定网络计划的计算工期和关键线路，如图 3-64 和图 3-65 所示。正常时间下的计算工期为 28 天，关键线路有两条，即①→②→④→⑤→⑥和①→②→⑤→⑥。最短计算工期为20天，关键线路有两条，即①→②→④→⑤→⑥和①→②→⑤→⑥。

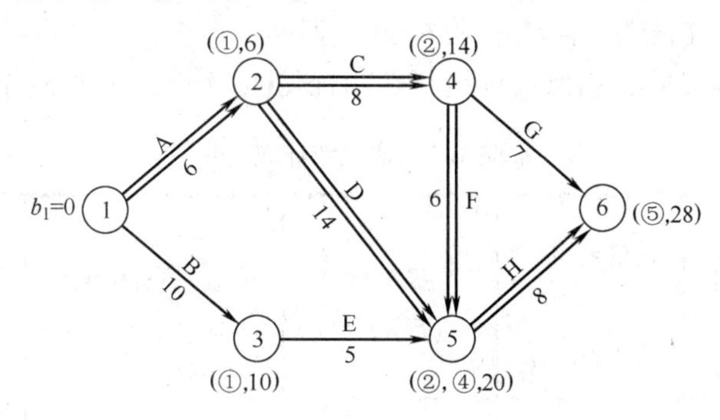

图 3-64　正常时间的网络计划

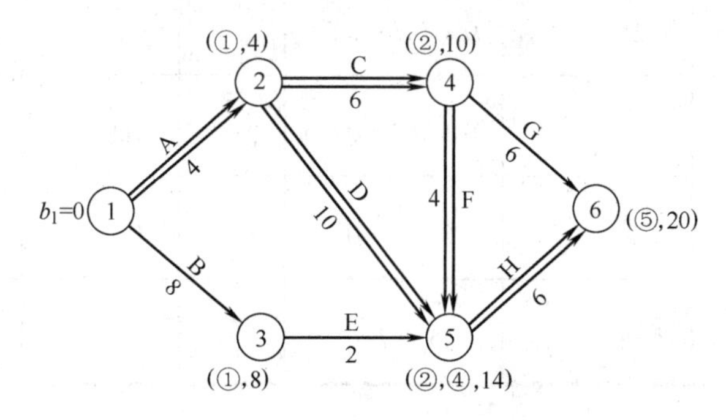

图 3-65　最短时间的网络计划

(2) 计算各项工作的直接费用率。

A：$\Delta C_{1-2}=\dfrac{CC_{1-2}-CN_{1-2}}{DN_{1-2}-DC_{1-2}}$=(8.4−8)/(6−4)=0.2(万元/天)

B：$\Delta C_{1-3}=\dfrac{CC_{1-3}-CN_{1-3}}{DN_{1-3}-DC_{1-3}}$=(12−10)/(10−8)=1(万元/天)

C：$\Delta C_{2-4}=\dfrac{CC_{2-4}-CN_{2-4}}{DN_{2-4}-DC_{2-4}}$=(6.8−6.3)/(8−6)=0.25(万元/天)

D：$\Delta C_{2-5}=\dfrac{CC_{2-5}-CN_{2-5}}{DN_{2-5}-DC_{2-5}}$=(18.4−17)/(14−10)=0.35(万元/天)

E：$\Delta C_{3-5}=\dfrac{CC_{3-5}-CN_{3-5}}{DN_{3-5}-DC_{3-5}}$=(8.2−6)/(5−2)≈0.73(万元/天)

F：$\Delta C_{4-5}=\dfrac{CC_{4-5}-CN_{4-5}}{DN_{4-5}-DC_{4-5}}$=(8.2−6)/(6−4)=1.1(万元/天)

G：$\Delta C_{4-6}=\dfrac{CC_{4-6}-CN_{4-6}}{DN_{4-6}-DC_{4-6}}$=(9.6−9)/(7−6)=0.6(万元/天)

H：$\Delta C_{5-6}=\dfrac{CC_{5-6}-CN_{5-6}}{DN_{5-6}-DC_{5-6}}$=(9.9−9.3)/(8−6)=0.3(万元/天)

(3) 计算工程总费用。

① 正常时间工作的直接费用总和：$C_d=8+10+6.3+17+6+6+9+9.3=71.6$(万元)。

② 间接费用总和：$C_i=0.7\times28=19.6$(万元)。

③ 工程总费用：$C_t=C_d+C_i=71.6+19.6=91.2$(万元)。

(4) 通过压缩关键工作的持续时间进行费用优化(优化过程见表 3-7)。

表 3-7 优化统计表

压缩次数	被压缩的工作代号	被压缩的工作名称	C 或组合 ΔC /(万元/天)	费率差 /(万元/天)	缩短时间	费用增加 /(万元/天)	总工期 /天	总费用 /万元
0	—	—	—	—	—	—	28	91.2
1	1—2	A	0.2	0.2−0.7=−0.5	2	−1	26	90.2
2	5—6	H	0.3	0.3−0.7=−0.4	2	−0.8	24	89.4
3	2—4、2—5	C、D	0.6	0.6−0.7=−0.1	2	0.2	22	89.2
4	2—5、4—5	D、F	1.45	1.45−0.7=0.75	—	—	费用增加，不需压缩	—

① 第一次压缩。

从图 3-64 可知，该网络计划中有两条关键线路，为了同时缩短两条关键线路的总持续时间，有以下四个压缩方案。

a. 压缩工作 A，直接费用率为 0.2 万元/天。

b. 压缩工作 H，直接费用率为 0.3 万元/天。

c. 同时压缩工作 C 和工作 D，组合直接费用率为 0.25+0.35=0.6(万元/天)。

d. 同时压缩工作 D 和工作 F，组合直接费用率为 0.35+1.1=1.45(万元/天)。

在上述压缩方案中，由于工作 A 的直接费用率最小，故应选择工作 A 作为压缩对象。工作 A 的直接费用率为 0.2 万元/天，小于间接费用率 0.7 万元/天，说明压缩工作 A 可使工程总费用降低。将工作 A 的持续时间压缩至最短持续时间 4 天，A 不能再压缩。利用标号法重新确定计算工期和关键线路，如图 3-66 所示。

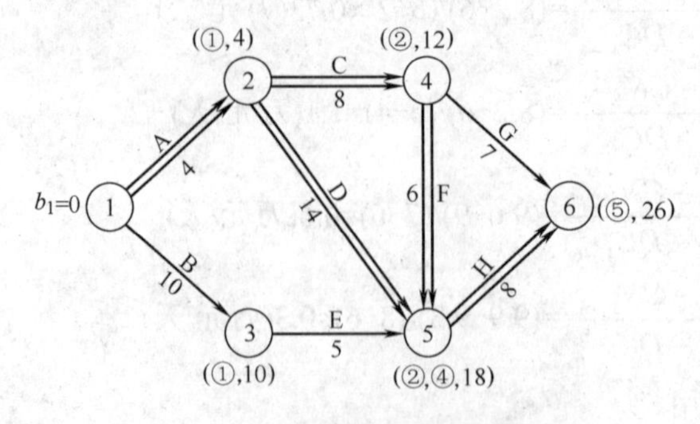

图 3-66 第一次压缩后的网络计划

② 第二次压缩。

从图 3-66 可知，该网络计划中有两条关键线路，即①→②→④→⑤→⑥和①→②→⑤→⑥。由于工作 A 不能再压缩，为了同时缩短两条关键线路的总持续时间，有以下三个压缩方案。

a. 压缩工作 H，直接费用率为 0.3 万元/天。

b. 同时压缩工作 C 和工作 D，组合直接费用率为 0.25+0.35=0.6(万元/天)。

c. 同时压缩工作 D 和工作 F，组合直接费用率为 0.35+1.1=1.45(万元/天)。

在上述压缩方案中，由于工作 H 的直接费用率最小，故应选择工作 H 作为压缩对象。工作 H 的直接费用率为 0.3 万元/天，小于间接费用率 0.7 万元/天，说明压缩工作 H 可使工程总费用降低。将工作 H 的持续时间压缩至最短持续时间 6 天，H 不能再压缩。利用标号法重新确定计算工期和关键线路，如图 3-67 所示。

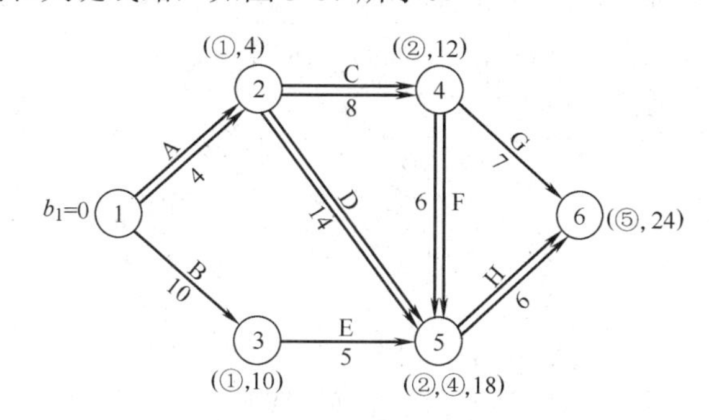

图 3-67　第二次压缩后的网络计划

③ 第三次压缩。

从图 3-67 可知，该网络计划中有两条关键线路，即①→②→④→⑤→⑥和①→②→⑤→⑥。由于工作 A 和工作 H 不能再压缩，为了同时缩短两条关键线路的总持续时间，有以下两个压缩方案。

a. 同时压缩工作 C 和工作 D，组合直接费用率为 0.25+0.35=0.6(万元/天)。

b. 同时压缩工作 D 和工作 F，组合直接费用率为 0.35+1.1=1.45(万元/天)。

在上述压缩方案中，由于工作 C 和工作 D 的组合直接费用率最小，故应选择工作 C 和工作 D 作为压缩对象。工作 C 和工作 D 的组合直接费用率为 0.6 万元/天，小于间接费用率 0.7 万元/天，说明同时压缩工作 C 和工作 D 可使工程总费用降低。由于工作 C 的持续时间只能缩短 2 天，而工作 D 的持续时间最多能缩短 4 天。故只能对工作 C 和工作 D 的持续时间同时压缩 2 天，此时，工作 C 已缩至最短持续时间，不能再缩。利用标号法重新确定计算工期和关键线路，如图 3-68 所示。此时，关键线路仍为两条，即①→②→④→⑤→⑥和①→②→⑤→⑥。

④ 第四次压缩。

从图 3-68 可知，该网络计划中有两条关键线路，即①→②→④→⑤→⑥和①→②→⑤→⑥。由于工作 A、H 和工作 C 不能再压缩，为了同时缩短两条关键线路的总持续时间，有以下惟一压缩方案，即：同时压缩工作 D 和工作 F，组合直接费用率为 0.35+1.1=1.45(万元/天)，大于间接费用率 0.7 万元/天，说明压缩工作 D 和工作 F 会使工程总费用增加。因此不需要压缩工作 D 和工作 F，已得到最优方案。优化后的网络计划如图 3-69 所示。图中

箭线上方括号内数字为工作的直接费用。

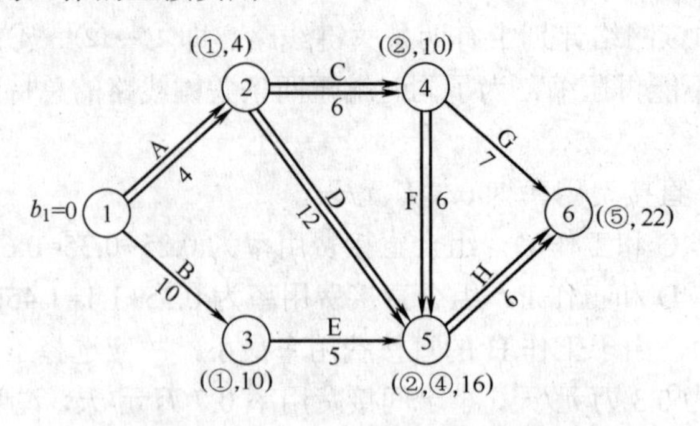

图 3-68　第三次压缩后的网络计划

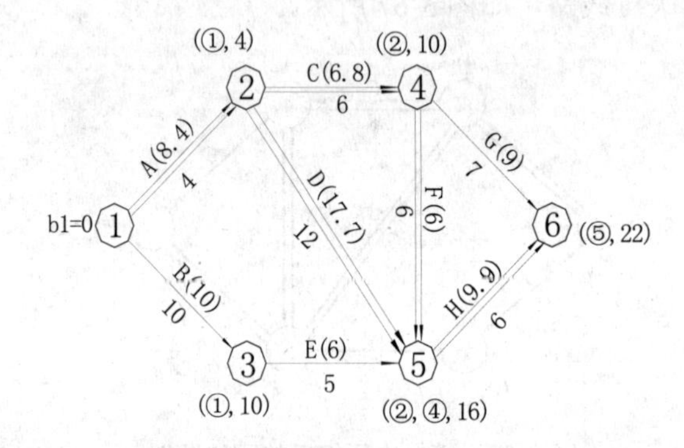

图 3-69　费用优化后的网络计划

(5) 计算优化后的工程总费用。

① 直接费用总和：C_{do}=8.4+10+6.8+17.7+6+6+9+9.9=73.8(万元)。

② 间接费用总和：C_{io}=0.7×22=15.4(万元)。

③ 工程总费用：C_{to}=C_{do}+C_{io}=73.8+15.4=89.2(万元)。

(6) 上述计算结果表明，本工程的最优工期为 22 天，与此相对应的最低工程总费用为 89.2 万元，比原正常持续时间的网络计划缩短了工期 28−22=6 天，且总费用减少了(节省了)91.2−89.2=2 万元。

3.4.3　资源优化

资源是指为完成一项计划任务所需投入的人力、材料、机械设备和资金等。完成一项工程任务所需要的资源量基本上是不变的，不可能通过资源优化将其减少。资源优化的目的是通过改变工作的开始时间和完成时间，使资源按照时间的分布符合优化目标。

在通常情况下，网络计划的资源优化分为两种，即“资源有限，工期最短”的优化和“工期固定，资源均衡”的优化。

1. “资源有限，工期最短”的优化

“资源有限，工期最短”的优化过程是调整计划安排，以满足资源限制条件，并使工

期拖延最少的过程。

2. “工期固定，资源均衡”的优化

“工期固定，资源均衡”的优化过程是调整计划安排，在工期保持不变的条件下，使资源需用量尽可能均衡的过程。

3.5 本章小结

本章阐述了网络计划的优点，详细介绍了双代号网络计划、时标网络计划的绘制及时间参数的计算，叙述了工期优化、费用优化的具体步骤。

本章主要知识点：

- 双代号网络计划的优点，特别是时标网络计划综合了网络计划及横道计划的优点。
- 双代号网络计划组成的三要素：箭线、节点和线路。
- 双代号网络计划绘制的要点：逻辑关系、绘图规则及要求。
- 双代号网络计划时间参数计算：包括两个节点时间参数和六个工作时间参数的计算。
- 时标网络计划的两种绘制方法：间接法和直接法。
- 单代号网络计划的绘制比双代号网络计划的绘制要简单，其特点是没有虚箭线，当网络图中有多项开始工作或多项结束工作时，要虚拟工作作为开始节点或结束节点。
- 工期的优化是控制工期的主要方法之一。
- 费用优化的目的是要求工程总成本最低时的最优工期安排。

3.6 复习思考题

1. 网络计划的优点有哪几个方面？
2. 什么叫双代号网络图？什么叫单代号网络图？
3. 什么叫虚箭线？它在双代号网络图中起什么作用？
4. 组成双代号网络图的三要素是什么？试述各要素的含义和特点。
5. 什么叫逻辑关系？网络计划有几种逻辑关系？它们的特点和区别是什么？
6. 绘制双代号网络计划必须遵守哪些绘图规则？
7. 网络计划有哪几种排列方法？各种排列方法有何特点？
8. 网络图的合并、连接和详略组合各有何特点与作用？
9. 分别说明总时差和自由时差的含义。
10. 时标网络计划有何优点？时标网络计划的绘图方法有几种？分别叙述其绘图步骤。
11. 网络计划的优化有哪些内容？
12. 如何进行工期优化？分别叙述两种工期优化的步骤。

13. 简述费用优化的基本步骤。

14. 资源优化的内容包括哪两种?

15. 指出如图 3-70 所示网络图的错误。

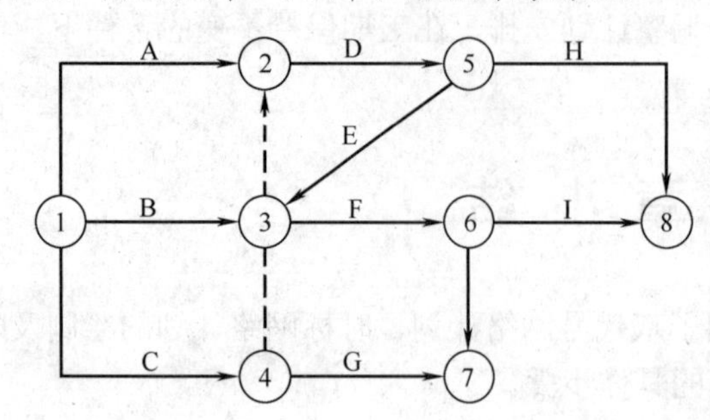

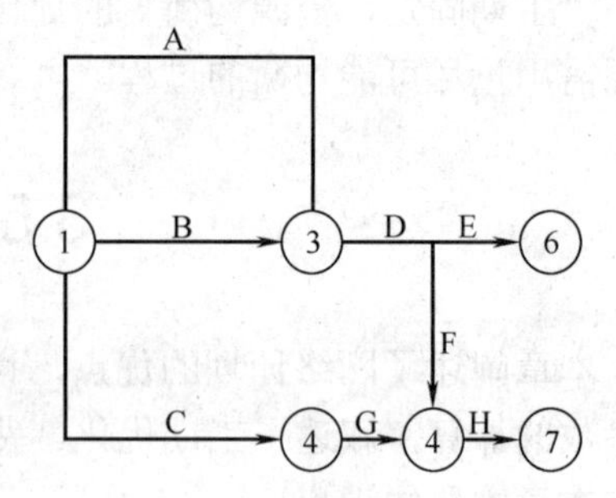

图 3-70　网络计划图

16. 已知工作之间的逻辑关系如表 3-8～表 3-10 所示，试绘制双代号网络计划图。

表 3-8

工　作	A	B	C	D	E	F	G	H
紧前工作	—	A	B	B	B	C、D	C、E	F、G
紧后工作	B	C、D、E	F、G	F	G	H	H	—

表 3-9

工　作	A	B	C	D	E	F	G
紧前工作	C、D	E、G	—	—	—	D、G	—
紧后工作	—	—	A	A、F	B	—	B、F

表 3-10

工　作	A	B	C	D	E	G
紧前工作	—	—	—	—	B、C、D	A、B、C
紧后工作	G	E、G	E、G	E	—	—

17. 根据图 3-71 所示的双代号网络图，分别按工作计算法和按节点计算法计算各时间参数，并在图上标出关键线路。

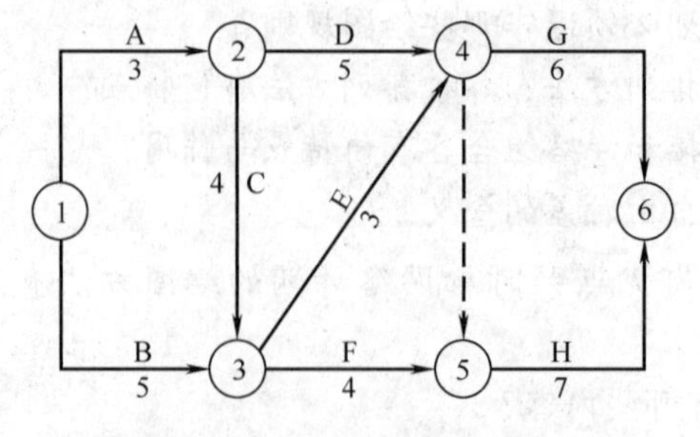

图 3-71　计算网络时间参数

18. 根据表3-11中所列数据，绘制双代号网络图，计算工期、总时差和自由时差，并按最早时间绘制时标网络图。

表3-11

工作代号	1—2	1—3	1—4	2—4	2—5	3—4	3—6	4—5	5—7	5—9	6—7	7—9
工作名称	A	B	C	—	D	E	F	G	H	I	—	J
工作持续时间/天	5	10	12	0	14	10	10	15	15	8	0	8

19. 根据第16题各表中的逻辑关系，试分别绘制单代号网络计划图。

20. 已知网络计划如图3-72所示，要求工期为14天，试对其进行工期优化。

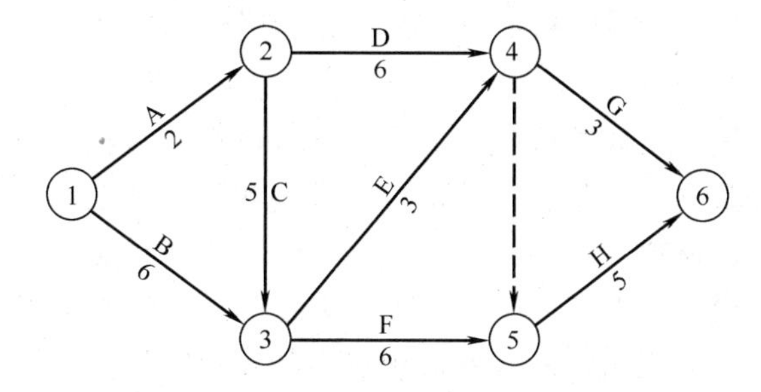

图3-72 工期优化

21. 已知网络计划如图3-73所示，箭线下方括号外数字为工作的正常持续时间，括号内数字为工作的最短持续时间；箭线上方括号外数字为正常持续时间时的直接费用，括号内数字为最短持续时间时的直接费用。费用单位为千元；时间单位为天。如果工程间接费用率为0.7千元/天，则最低工程费用时的工期为多少天？

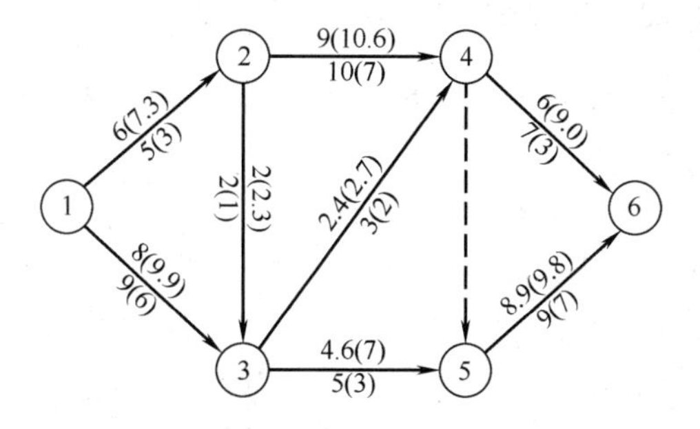

图3-73 费用优化

第 4 章　单位工程施工组织设计

单位工程施工组织设计是建筑施工企业组织和指导拟建单位工程，从施工准备工作到竣工验收全过程施工活动的技术、经济和组织的综合性文件。单位工程施工组织设计一般是在施工企业经过招投标承接建筑工程业务中标后，由工程项目经理组织，在工程技术负责人的领导下编制，它是工程项目施工前的一项重要技术准备工作，也是工程项目经理部加强施工管理的一项重要指导性文件。

4.1　概　述

单位工程施工组织设计是以单位工程为对象，具体指导其施工全过程各项活动的全局性和综合性的技术、经济文件，是施工单位编制季度和月度施工作业计划、分部分项工程施工组织设计及劳动力、材料、构件、机具等供应计划的主要依据。

单位工程施工组织设计一般在开工前由施工单位的项目经理组织项目经理部及企业技术、质量和预算部门的有关人员编制，并按企业内部规定的程序和权限进行审查批准后，报现场监理工程师审核确认。

1. 单位工程施工组织设计的编制程序

单位工程施工组织设计的编制程序，是指单位工程施工组织各个组成部分形成的先后次序，以及相互之间的制约关系，如图 4-1 所示。

2. 单位工程施工组织设计的编制依据

(1) 主管部门的批文及有关要求。如政府主管部门对工程项目的批文，建设单位对施工的要求，施工合同中的有关规定等。

(2) 经过会审的施工图。包括单位工程的全部施工图纸，会审纪要及有关标准图等设计资料。较复杂的工程项目，还要有设备、电器和管道等设计图纸及对土建施工的要求等。

(3) 施工企业年度施工计划。如本工程开工、竣工的日期，及其他项目穿插施工的要求等。

(4) 施工组织总设计。如果本单位工程是整个建设项目中的一个单位工程，则应符合施工组织总设计中的总体施工部署要求，以及对本工程施工的有关要求。

(5) 工程预算文件及有关定额。包括分部、分项工程量(必要时应有分层分段或分部位工程量)，使用的预算定额和施工定额等。

(6) 建设单位对工程施工可能提供的条件。如供水、供电情况及建设单位提供的临时办公、仓库用房等情况。

(7) 本工程的施工条件。包括劳动力的配备情况，材料、预制构件来源及其供应情况，施工机具配备及其生产能力等。

(8) 施工现场的调查资料。如地形、地质、水文、气象、交通运输等现场情况调查及工程地质勘察报告、地形图、测量控制网等资料。

(9) 现行国家规范、规程。如施工质量验收规范及技术操作规程等。

(10) 其他参考资料。如有关新技术、新工艺、新材料及类似工程的经验资料等。

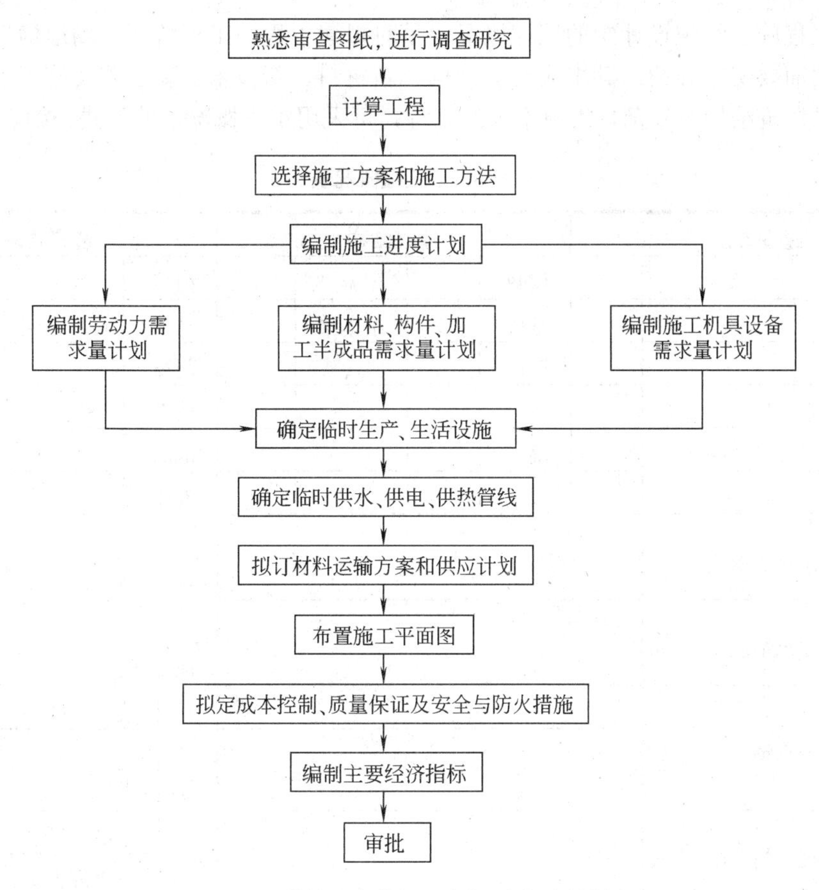

图 4-1　单位工程施工组织设计的编制程序

3. 单位工程施工组织设计的内容

根据工程的性质、规模、结构特点、技术复杂程度和施工条件，单位工程施工组织设计的内容和深度可以有所不同。一般包括工程概况、施工方案、施工进度计划、施工准备工作及各项资源需要量计划、施工平面图、主要技术组织措施和主要技术经济指标等。

对一般工业厂房和民用住宅，或建筑结构较简单的或建筑面积不大的单位工程，施工组织设计可以编制得简单一些，采用通用标准图纸，称“施工方案”设计，其内容一般以施工方案、施工进度表、施工平面图为主，辅以简要的文字说明即可。

4. 单位工程施工组织设计评价

单位工程施工组织设计的评价内容主要有：计划施工工期是否满足合同工期要求；施工方案的可行性、可靠性与经济性；施工质量和安全管理的重点是否明确，保证措施的针对性与有效性；冬期、雨期施工措施的有效性。

4.2　工程概况和施工特点分析

单位工程施工组织设计中的工程概况，是对拟建工程的工程特征、场地情况和施工条件等所做的简要文字介绍。其中应对新结构、新材料、新技术、新工艺及施工的难点作重点说明。对建筑结构不复杂，规模不大的工程，可采用工程概况表的形式，如表4-1所示。

表4-1　工程概况表

<table>
<tr><th colspan="2">建设单位</th><th colspan="4">建筑结构</th><th colspan="2">装修要求</th></tr>
<tr><td>设计单位</td><td></td><td>层数</td><td></td><td>屋架</td><td></td><td>内墙</td><td></td></tr>
<tr><td>施工单位</td><td></td><td>基础</td><td></td><td>吊车梁</td><td></td><td>外墙</td><td></td></tr>
<tr><td>建筑面积</td><td></td><td>墙体</td><td></td><td></td><td></td><td>门窗</td><td></td></tr>
<tr><td>工程造价(万元)</td><td></td><td>柱</td><td></td><td></td><td></td><td>楼面</td><td></td></tr>
<tr><td>开工日期</td><td></td><td>梁</td><td></td><td></td><td></td><td>地面</td><td></td></tr>
<tr><td>竣工日期</td><td></td><td>楼板</td><td></td><td></td><td></td><td>天棚</td><td></td></tr>
<tr><td rowspan="13">编制说明</td><td>上级文件和要求</td><td colspan="3"></td><td colspan="2" rowspan="2">地质情况</td><td rowspan="2"></td></tr>
<tr><td rowspan="2">施工图纸情况</td><td colspan="3" rowspan="2"></td></tr>
<tr><td rowspan="3">地下水位</td><td>最　高</td><td></td></tr>
<tr><td rowspan="2">合同签订情况</td><td colspan="3"></td><td>最　低</td><td></td></tr>
<tr><td colspan="3"></td><td>常　年</td><td></td></tr>
<tr><td rowspan="2">土地征购情况</td><td colspan="3" rowspan="2"></td><td rowspan="3">雨量</td><td>日最大量</td><td></td></tr>
<tr><td>一次最大量</td><td></td></tr>
<tr><td rowspan="2">三通一平情况</td><td colspan="3" rowspan="2"></td><td>全　年</td><td></td></tr>
<tr><td rowspan="3">气温</td><td>最　高</td><td></td></tr>
<tr><td>主要材料落实程度</td><td colspan="3"></td><td>最　低</td><td></td></tr>
<tr><td>临时设施解决办法</td><td colspan="3"></td><td>平　均</td><td></td></tr>
<tr><td rowspan="2">其　他</td><td colspan="3" rowspan="2"></td><td rowspan="2">其他</td><td></td><td></td></tr>
<tr><td></td><td></td></tr>
</table>

为了弥补文字叙述或表格介绍的不足，一般可绘制拟建工程的平、立、剖面简图作辅助说明，图中只需注明轴线的尺寸、总长、总宽、总高及层高等主要建筑尺寸。

1. 工程特征

单位工程特征，主要包括单位工程建设基本情况、建筑特征和结构特征等内容。

1) 单位工程建设基本情况

单位工程建设基本情况主要介绍拟建单位工程的工程性质、名称、用途、资金来源及工程造价(投资额)；建设单位、设计单位、监理单位；开、竣工日期；施工图纸情况(是否

出齐、会审等)；施工合同是否签订；上级有关文件或要求等。

2) 建筑特征

建筑特征主要介绍拟建工程的建筑面积、平面形状、平面组合情况及层数、层高、总高、总宽、总长等尺寸；室内外装修材料和构造做法等。

3) 结构特征

结构特征主要介绍基础的类型、埋置深度、构造特点及要求；主体结构的类型，墙、柱、梁、板的材料及截面尺寸；预制构件或钢结构构件的类型、重量及安装位置；楼梯形式及构造要求等。

2. 拟建场地情况

拟建场地情况主要介绍拟建工程的建设位置、地形地貌、障碍物清除情况、工程地质和水文地质条件、气温、冬雨季时间、主导风向、风力等气象条件和地震强度等情况。

3. 施工条件

施工条件主要介绍三通一平的情况，当地的交通运输条件，构件加工制作及材料供应情况，施工场地大小及周围环境情况，施工单位机械设备、劳动力的落实情况，内部承包方式、劳动组织形式及施工管理水平和现场临时设施情况等。

4. 施工特点分析

施工特点分析主要说明工程施工的重点所在，以便突出重点、抓住关键，使施工顺利地进行，提高施工单位的经济效益和管理水平。

不同类型的建筑结构和不同条件下的工程施工，均有其不同的施工特点。如砌体结构的施工特点是砌筑和抹灰工程量大，需解决水平运输和垂直运输等问题；单层排架结构厂房的施工特点是预制构件多，结构吊装量大，土建、设备、电器、管道等施工安装的协作要求高，需解决构件运输、吊装及各工种的配合等问题；高层建筑基础的施工特点是埋深大且有较厚的钢筋混凝土底板，需着重解决深基坑支护和大体积混凝土基础浇筑问题；主体结构施工技术复杂，高层钢筋混凝土结构需着重研究各种工业化模板、钢筋连接、高性能混凝土配制与运输等施工问题；高层钢结构需着重解决钢柱、钢梁的吊装及测量、校正等问题。

4.3　施 工 方 案

施工方案包括施工组织方案和施工技术方案。施工组织方案主要研究施工程序、施工段的划分、施工流向与施工顺序及劳动组织的安排等问题；施工技术方案主要是研究主导施工过程的施工方法与施工机械的选择问题。施工方案选择的恰当与否，将直接影响到单位工程的施工效率、施工质量和施工工期。合理选择施工方案是单位工程施工组织设计的核心。

4.3.1 施工程序与施工段划分

1. 单位工程的施工程序

施工程序体现了施工步骤上的客观规律性，是指单位工程中各施工阶段或分部工程的先后次序及其制约关系，主要是解决时间衔接上的问题。

土建施工一般应遵守“先地下后地上”、“先土建后设备”、“先主体后围护”和“先结构后装修”的原则。

(1) “先地下后地上”，是指地上工程开始之前，尽量把管道、线路等地下设施、土方工程和基础工程完成或基本完成，以避免对地上部分施工产生干扰，既给施工带来不便，又会造成浪费，影响质量。

(2) “先土建后设备”，是指不论工业建筑还是民用建筑，一般土建施工应先于水、暖、煤、电、卫等建筑设备的施工。但它们之间更多的是穿插配合的关系，尤其在装修阶段，要从保质量、讲成本的角度，处理好相互之间的关系。

(3) “先主体后围护”，主要是指框架等主体结构与围护结构在总的程序上要合理地搭接。一般来说，多层建筑以少搭接为宜，而高层建筑则应尽量搭接施工，以有效地节约时间。

(4) “先结构后装修”，是针对一般情况而言。有时为了缩短工期，也可以两者部分搭接施工。

上述程序在特殊情况下可以调整。如在冬期施工之前，应尽可能完成土建和围护结构，以利于防寒和室内作业的开展。

2. 施工段划分

施工段划分的目的是为了适应流水施工的需要。单位工程上划分施工段时，应注意以下一些要求。

(1) 要有利于结构的整体性，尽量利用伸缩缝或沉降缝、平面有变化处、留槎而不影响质量处，以及可留施工缝处等作为施工段的分界线。住宅可按单元、楼层划分，厂房可按距离、按生产线划分，建筑群还可按区、栋分段。

(2) 要使各段工程量大致相等，以便组织等节拍流水，使劳动组织相对稳定，各班组能连续、均衡作业，减少停歇和窝工。

(3) 施工段数应与施工过程数相协调，尤其在组织楼层结构流水施工时，每层的施工段数应大于或等于施工过程数。段数过多可能延长工期或使工作面过窄；段数过少则无法流水，而使劳动力窝工或机械设备停歇。

(4) 分段的大小应与劳动组织相适应，保证足够的工作面。以机械作业为主的施工对象还应考虑机械的台班能力，使其能力得以发挥。现浇混凝土结构、钢结构等工程的分段大小，都应考虑吊装机械的能力或工作面。

4.3.2　施工流向与施工顺序

1. 施工流向

施工流向是指单位工程在平面或空间上的流动方向。一般来说，单层建筑需按工段、跨间分区确定平面上的施工流向；多层建筑除了确定每层平面上的施工流向外，还要确定其层间或单元空间上的施工流向。

施工流向的确定，涉及一系列施工过程的开展和进程，是组织施工的重要环节，为此应考虑下列因素。

(1) 生产工艺或使用要求。这往往是确定施工流向的基本因素，一般情况下生产工艺上影响其他工段试车投产或使用上工期要求紧的工段、部位，应先安排施工。

(2) 施工的复杂程度。一般说来，技术复杂、施工进度较慢、工期较长的工段或部位应先施工。

(3) 选用的施工机械。如土方工程可选用正铲、反铲、拉铲等挖土机械，结构吊装可选用履带式、汽车式或塔式起重机等，这些机械的开行路线或布置位置便决定了土方工程或结构吊装的施工起点和流向。

(4) 施工组织的分层分段要求。施工层和施工段部位的划分，也是确定其施工流向时应考虑的因素。

(5) 分部工程或施工阶段的特点。如基础工程由施工机械和施工方法决定其平面的施工流向；主体工程从平面上看，哪一边先开工都可以，但竖向一般应自下而上施工；装修工程竖向的施工流向比较复杂，室外装修可采用自上而下的流向，室内装修则可采用自上而下、自下而上及自中而下再自上而中三种流向中的一种。

2. 施工顺序

施工顺序是指单位工程内部各施工工序之间的互相联系和先后顺序。施工顺序的确定，不仅有技术和工艺方面的要求，也有组织安排和资源调配方面的考虑。

1) 施工顺序的确定原则

(1) 必须符合施工工艺的要求。这种要求反映了施工工艺上存在的客观规律及相互制约关系。如基础工程未做完，其上部结构就不能进行；基槽(坑)未挖完土方，垫层就不能施工；门窗框没安装好，地面或墙面抹灰就不能开始；全框架结构可以等框架全部施工完再砌砖墙，而内框架结构只有待外墙砌筑与钢筋混凝土柱都完成后，才能浇筑梁板。

(2) 必须与施工方法和施工机械的选用协调一致。如采用分件吊装法，施工顺序是先吊柱，再吊梁，最后吊一个节间的屋架及屋面板；如采用综合吊装法，则施工顺序为一个节间全部构件吊完后，再依次吊装下一个节间，直至全部吊完。

(3) 必须考虑施工组织的要求。如有地下室的高层建筑，其地下室地面工程可以安排在地下室顶板施工前进行，也可以在顶板铺设后施工。从施工组织方面考虑，前者施工较方便，上部空间宽敞，可利用吊装机械直接将地面施工用的材料吊到地下室；而后者地面材料运输和施工就比较困难。

(4) 必须考虑施工质量的要求。如屋面防水层施工，必须等找平层干燥后才能进行，

否则将影响防水工程的质量。又如多层结构房屋的内墙面及天棚抹灰，应等待上一楼层地面完成后再进行，否则抹灰面易遭损坏，造成返工修补。

(5) 必须考虑当地气候条件。如雨期和冬期到来之前，应先做完室外各项施工过程，为室内施工创造条件。冬期施工时，可先安装门窗玻璃，再做室内地面及墙面抹灰，这样有利于保温和养护。

(6) 必须考虑安全施工的要求。如脚手架应在每层结构施工之前搭好；多层砖混结构，只有完成两个楼层板的铺设后，才允许在底层进行其他施工过程的操作。

2) 施工顺序分析

根据房屋建筑各分部工程的施工特点，单位工程一般分为基础工程、主体结构工程、装饰与屋面工程三个阶段。

(1) 基础工程的施工顺序。

浅基础的施工顺序为：挖土→垫层→基础→回填土。其中基础常用砖基础和钢筋混凝土基础。砖基础砌筑中有时要穿插进行地圈梁的浇筑，基础顶面还要做防潮层。钢筋混凝土基础则包括支模→绑扎钢筋→浇筑混凝土→养护→拆模。如果基础埋深较大、地下水位较高，则在挖土前还应进行土壁支护及降水工作。

桩基础的施工顺序为：打桩(或灌注桩)→挖土→垫层→承台→回填土。承台的施工与钢筋混凝土浅基础类似。

(2) 主体结构工程的施工顺序。

混合结构的主导工序是砌墙和安装楼板。其标准层的施工顺序为：放线→砌筑墙体→浇筑过梁及圈梁→板底找平→安装楼板(现浇楼板)。

装配式结构的主导工序是结构安装，可采用分件安装法或综合安装法，但其基本顺序相同。即：吊装柱→吊装基础梁、连系梁、吊车梁等→扶直屋架→吊装屋架、天窗架、屋面板。支撑系统穿插在其中进行。

现浇框架结构、剪力墙结构、筒体结构等和主导工序是钢筋安装(绑扎连接、焊接或机械连接)、模板支设与拆除及混凝土浇筑与养护。标准层的施工顺序为：放线→绑扎墙、柱钢筋→支墙、柱模板→浇筑墙、柱混凝土→拆除墙、柱模板→搭设楼面(梁、板)模板→绑扎楼面钢筋→浇筑楼面混凝土。其中墙、柱钢筋安装在支模前完成，梁、板安装在支模后完成。此外，施工中应考虑技术间歇。

(3) 装饰与屋面工程的施工顺序。

一般装饰工程包括抹灰、饰面、喷浆、门窗安装、油漆等，其中抹灰是主导工序。同一楼层内部的抹灰施工顺序为：地面→天棚→墙面，有时也可采用天棚→墙面→地面的顺序。又如内外墙饰面施工，两者相互干扰很小，可先外后内，也可先内后外，或两者同时进行。

卷材屋面防水层的施工顺序是：铺保温层→做找平层→喷涂基层处理剂→节点附加增强处理→铺贴卷材→保护层施工。屋面工程应在主体结构完成后尽快开始，以便为室内装修创造条件。

4.3.3 选择施工方法和施工机械

正确选择施工方法和施工机械是制订施工方案的关键。单位工程各主要施工过程的施工，一般有几种不同的施工方法和机械可供选择。这时，应根据建筑结构特点，平面形状、尺寸和高度，工程量大小及工期长短，劳动力及资源供应情况，气候及地质情况，现场及周围环境，施工单位技术、管理水平和施工习惯等，进行综合分析，选择合理的、切实可行的施工方法和施工机械。

1. 选择施工方法和施工机械的基本要求

施工方法和施工机械的选择是紧密联系的，一般应满足下列基本要求。

(1) 应着重考虑主导施工过程的施工方法和施工机械。主导施工过程一般是指工程量大、施工工期长、在施工中占据重要地位的施工过程，如砌体结构中的墙体砌筑和室内外抹灰等；施工技术复杂或采用新技术、新工艺、新结构和新材料的分部分项工程；对工程质量起关键作用的施工过程，如地下防水工程，预应力框架施工中的预应力张拉等；对施工单位来说，某些结构特殊或操作上不够熟练、缺乏施工经验的施工过程，如大体积混凝土基础施工等。

(2) 应符合施工组织总设计的要求。如本工程是整个建设项目中的一个项目，则其施工方法和施工机械的选择应符合施工组织总设计中的有关要求。

(3) 满足施工技术的要求。如预应力张拉方法和机械的选择应满足设计和施工的技术要求；吊装机械型号和数量的选择应满足构件吊装的技术和进度要求。

(4) 满足先进、合理、可行、经济的要求。选择施工方法和施工机械时，除要求先进、合理之外，还要考虑施工单位的技术特点、施工习惯及现有机械的配套使用问题。必要时，要进行分析比较，从施工技术水平和实际情况来考虑研究，做出选择。

(5) 满足工期、质量、成本和安全的要求。所选用的施工方法和施工机械应尽量满足缩短工期、提高质量、降低成本和确保施工安全的要求。

2. 多层混合结构房屋施工方法与施工机械的选择

混合结构房屋以砌体为竖向承重构件，以预制梁、板为水平构件。通常由于采用常规的、熟悉的施工方法，只要着重解决垂直运输及脚手架搭设等问题即可。混凝土梁、板吊装所需的机械，一般应根据结构特点、构件重量、数量及现场条件等因素，综合考虑吊装机械的技术性能参数进行选择。为了便于砌墙和装修操作，应从运输、材料堆放及工作面要求等方面考虑，一般选择钢管脚手架、门式脚手架或扣件式脚手架，也可选用里脚手砌墙及采用吊脚手做外装修。

3. 单层工业厂房施工方法与施工机械的选择

装配式单层混凝土结构工业厂房的主导施工过程是构件预制和结构吊装。柱、屋架等大型构件一般在现场制作，其预制位置应考虑结构吊装的需要。柱应采用就位预制；屋架则一般安排在跨内平卧叠浇预制，扶直排放后再吊装。结构吊装机械可选用履带式起重机、汽车式起重机或塔式起重机等，应着重考虑起重机的类型与型号、起重臂长度及其开行路线、吊装顺序、构件就位等问题，并拟订几种方案进行比较和选择，务求起重机械开行路线合理，停歇时间短，避免二次进场吊装。

4. 现浇混凝土多高层建筑施工方法与施工机械的选择

根据现浇钢筋混凝土结构高层建筑的特点，应着重考虑模板设计、钢筋连接、垂直运输设备选择、脚手架及安全网的搭设等问题。模板应根据工程特点进行选择，一般可选用组合钢模板、大模板、爬模、台模和滑模等。采用组合钢模板时，应尽量先组拼后安装，以提高效率。钢筋应优先采用机械连接、焊接的方法，并可在地面组装成骨架然后再安装，以减少高空作业。垂直运输方案可选用：塔式起重机+施工电梯+井架；塔式起重机+施工电梯+混凝土泵；塔式起重机+施工电梯+快速提升机。其中塔式起重机是高层混凝土结构施工的关键设备，适应性强，应用广泛；混凝土泵有效地解决了高层现浇混凝土结构施工中混凝土量巨大的基础施工，以及占总垂直运输 70%左右的上部结构混凝土的运输问题；而施工电梯、井架和快速提升机是高层建筑装修施工阶段不可缺少的设备，同时也是结构施工阶段重要的辅助垂直运输设备。

4.3.4 主要技术组织措施

技术组织措施是指在技术和组织方面对质量、安全、节约和季节施工等所采取的保证措施。应在严格执行施工质量验收规范和操作规程的前提下，针对工程施工的特点和施工现场的实际情况，制定相应的技术组织措施。

1. 质量保证措施

质量保证的技术组织措施包括：确定质量管理目标、建立现场质量管理体系、制定施工技术标准、贯彻施工质量控制和质量检验制度等。

新修订的《建筑工程施工质量验收统一标准》(GB 50300—2001)对施工现场和施工项目的质量管理体系及质量保证体系提出了要求，强调施工单位应推行生产控制和合格控制的全过程控制。对施工现场的管理，要求有相应的施工技术标准、健全的质量管理体系、施工质量控制和质量检验制度；对具体施工项目，要求有经审查批准的施工组织和施工技术方案。建筑工程施工质量控制应符合下列规定。

(1) 建筑工程采用的主要材料、半成品、成品、建筑构配件、器具和设备应进行现场验收。凡涉及安全和功能的有关产品，应按各专业工程质量验收规范的规定进行复验，并应经监理工程师(建设单位技术负责人)检查认可。

(2) 各工序应按施工技术标准进行质量控制，每道工序完成后，应进行检查。

(3) 相关各专业工种之间，应进行交接检验，并形成记录。未经监理工程师(建设单位技术负责人)检查认可，不得进行下道工序的施工。

2. 施工安全措施

施工安全防护技术组织措施包括：制定风险管理规划，提出预防措施，建立安全保证体系，贯彻施工安全操作规程，加强安全教育和安全检查，实行安全责任制等具体措施。

3. 控制施工进度和保证工期的措施

控制施工进度和保证工期的措施包括：编制月(旬)施工作业计划，加强调度工作，检查计划(方法、时间)执行情况，调整施工进度计划，进行施工进度分析等。

4. 环境污染的防护措施

环境污染的防护措施包括：对污染源进行分析，制定对各种污染的预防措施和排除措施。

5. 文明施工措施

文明施工措施包括：保持场容、场貌，现场料具管理，现场消防保卫，职工生活设施的维护，道路的维护，清洁卫生工作等措施的规划。

6. 降低费用措施

降低费用措施包括：降低材料费用的措施，降低人工费用的措施，降低机械费用的措施，降低现场经费的措施，降低临时设施费用的措施，加速资金周转、减少贷款的措施，防止拖欠工程款的措施，施工项目成本核算制的建立等。

7. 季节施工措施

季节施工措施包括：雨期施工技术组织措施及冬期施工技术组织措施。

4.3.5　施工方案的技术经济评价

每个施工过程都可以采用多种不同的施工方法和施工机械来完成。确定施工方案时，应当根据现有的或可能获得的机械情况，首先拟订几个技术上可行的方案，然后从技术和经济上互相比较，从中选出最合理的方案，使技术上的可行性同经济上的合理性统一起来。

1. 施工方案的评价指标

评价施工方案优劣的指标有工期、成本、劳动量消耗、主要材料消耗和投资额等。在进行施工方案评价时，同一方案的各项指标一般不可能达到最优，不同方案之间的指标不仅有差异，有时还有矛盾，这时应根据具体条件和预期目标来进行调整。

(1) 工期指标。当要求工程尽快完成以便尽早投入生产或使用时，选择施工方案就要在确保工程质量、安全和成本较低的条件下，优先考虑缩短工期。工期指数 t 按下式计算：

$$t=\frac{Q}{v} \tag{4-1}$$

式中：Q——工程量。

v——单位时间内计划完成的工程量(如采用流水施工，v即流水强度)。

(2) 劳动量指标。劳动量指标能反映施工机械化程度和劳动生产率水平。通常在方案中劳动消耗量越小，机械化程度和劳动生产率水平越高。劳动消耗量 N 包括主要工种用工 n_1、辅助用工 n_2 及准备工作用工 n_3，即

$$N=n_1+n_2+n_3 \tag{4-2}$$

劳动消耗量的单位为工日，有时也可用单位产品劳动消耗量(工日/m^3、工日/t、……)来计算。

(3) 成本指标：成本指标可以综合反映采用不同施工方案时的经济效果，一般可用降低成本率 r_c 来表示：

$$r_c = \frac{C_0 - C}{C_0} \tag{4-3}$$

式中：C_0——预算成本；

C——所采用施工方案的计划成本。

(4) 主要材料消耗指标。反映若干施工方案的主要材料节约情况。

(5) 投资额指标。当选定的施工方案需要增加新的投资时，如需购买新的施工机械或设备，则需设增加投资额的指标，进行比较。

2. 施工方案的综合评价

施工方案的综合评价就是在确定多项评价指标的基础上，将各指标的值按照一定的计算方法进行综合后得到一个综合指标进行评价。

通常的方法是：首先根据多项指标中各个指标在评价中相对的重要性程度，分别定出权值 W_i；再用同一指标根据其在各方案中的优劣程度定出其相应的分值 $C_{i,j}$。设有 m 个方案和 n 种指标，则第 j 方案的综合指标值 A_j 为

$$A_j = \sum_{i=1}^{n} C_{i,j} W_i \tag{4-4}$$

式中：j=1,2,⋯,m；i=1,2,⋯,n，综合指标值最大者为最优方案。

4.4 施工进度计划

单位工程施工进度计划是施工组织设计的重要内容，是控制各分部分项工程施工进度的主要依据，也是编制季度、月度施工作业计划及各项资源需要量计划的依据。

4.4.1 单位工程施工进度计划的分类

单位工程施工进度计划是在确定的施工方案基础上，根据规定的工期和各种资源供应条件，以及各施工过程合理的施工顺序，用图表形式表示的各分部分项工程开竣工时间及搭接关系的一种计划安排。施工进度计划图表形式有横道图和网络图两种。

根据实际需要及施工项目划分的详细程度，施工进度计划可分为控制性进度计划和实施性进度计划两类。

控制性进度计划按分部工程来划分施工项目，主要用于控制各分部工程的施工时间及相互搭接关系。适用于工程结构复杂、规模较大、工期较长且需要跨年度施工的工程，也可用于工程规模不大或结构不复杂但各种资源无法落实的情况，以及建筑结构等可能变化的情况。

实施性进度计划按分项工程或施工过程来划分施工项目，具体确定各施工过程的施工时间及其相互搭接、配合关系。适用于施工任务具体明确、施工条件基本落实、各项资源供应正常和施工工期不太长的工程。

4.4.2　单位工程施工进度计划编制的依据和程序

单位工程施工进度计划编制的依据主要有：有关设计图纸(如建筑与结构施工图、工艺设备布置图等)，施工组织总设计对本工程的要求及施工总进度计划，单位工程施工方案，施工工期要求，施工预算，施工定额(包括劳动定额、机械台班定额等)，施工条件，资源供应情况等。

单位工程施工进度计划编制的程序如图 4-2 所示。

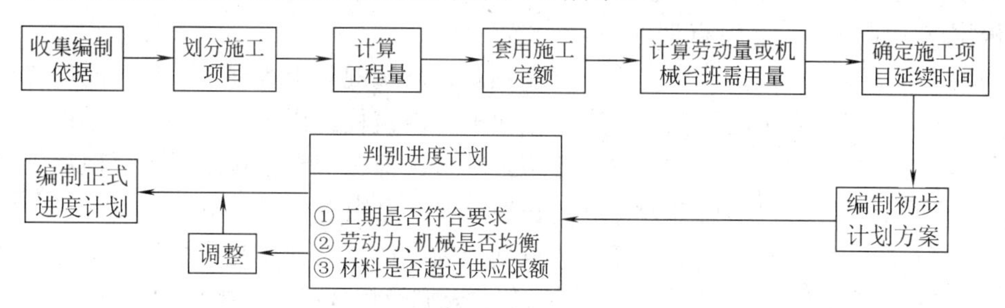

图 4-2　单位工程施工进度计划编制程序

4.4.3　单位工程施工进度计划的编制

1．施工项目的划分

施工项目是包括一定工作内容的施工过程，是进度计划的基本组成单元。施工项目划分的一般要求和方法如下所述。

1) 明确施工项目划分的内容

应根据施工图纸和施工方案，确定拟建工程可划分成哪些分部分项工程，明确其划分的范围和内容。如单层厂房的设备基础是否包括在厂房基础的施工项目之内，室内回填土是否包括在基础回填土的施工项目之内等。

2) 掌握施工项目详细程度

编制控制性施工进度计划时，施工项目可以划分得粗一些，一般只明确到分部工程。如在一般多层砌体结构建筑的控制性进度计划中，只列出土方工程、基础工程、主体结构工程、装修工程等各分部工程项目。编制实施性施工进度计划时，施工项目应当划分得细一些，特别是其中的主导施工过程均应详细列出分项工程或更具体，以便于掌握施工进度，起到指导施工的作用。如在多层砌体结构建筑的实施性施工进度计划中，应将基础工程进一步划分为基坑开挖、地基处理、基础砌筑、回填土等分项工程。

3) 某些施工项目应单独列项

对于工程量大、用工多、工期长、施工复杂的项目，均应单独列项，如结构吊装等。凡影响下一道工序施工的项目(如回填土)和穿插配合施工的项目(如框架结构的支模、绑扎钢筋等)，也应单独列项。

4) 将施工项目适当合并

为了使计划简洁清晰、重点突出，根据实际情况，可将一些在施工顺序和时间安排上互相穿插配合的施工项目或由同一专业队完成的施工项目适当合并。主要有以下几种情况：对于一些次要的施工过程，可将它们合并到主要施工过程中去，如基础防潮层可合并到基础砌筑项目内；对于一些虽然重要但工程量不大的施工过程，可与相邻施工过程合并，如基础挖土可与垫层合并为一项，组织混合班组施工；同一时间由同一工种施工的可合并在一起，如各种油漆施工，包括门窗、栏杆等可并为一项；对于一些关系比较密切，不容易分出先后的施工过程也可合并，如玻璃和油漆，散水、勒脚和明沟等均可合并为一项。

5) 根据施工组织和工艺特点列项

如一般钢筋混凝土工程划分为支模、绑扎钢筋、浇筑混凝土等施工项目。而现浇框架结构分项可细一些，分为绑扎柱钢筋、安装柱模板、浇筑柱混凝土、安装梁板模板、绑扎梁板钢筋、浇筑梁板混凝土、养护、拆模等施工项目。但在混合结构工程中，现浇工程量不大的钢筋混凝土工程一般不再细分，可合并为一项，组织混合班组施工。

抹灰工程一般分室内外抹灰，外墙抹灰只列一项，如有其他块材饰面等装饰，可分别列项。室内的各种抹灰应分别列项，如地面抹灰、天棚及墙面抹灰、楼梯间及踏步抹灰等，以便组织施工和安排进度。

6) 设备安装应单独列项

土建施工进度计划列出的水、暖、电、气、卫和工艺设备安装等施工项目，只要表明其与土建施工的配合关系，一般不必细分，可由安装单位单独编制施工进度计划。

7) 项目划分应考虑施工方案

施工项目的划分，应考虑采用的施工方案。如厂房基础采用敞开式施工方案时，柱基础和设备基础可划分为一个施工项目，而采用封闭式施工方案时，则必须分别列出柱基础和设备基础这两个施工项目；结构吊装工程采用分件吊装法时，应列出柱吊装、梁吊装、屋架扶直就位、屋盖吊装等施工项目，而采用综合吊装法时，则只要列出结构吊装一项即可。

8) 项目划分应考虑流水施工安排

如组织楼层结构流水施工时，相应施工项目数量应小于或等于每层施工段数量。混合结构房屋如果每层划分为两个施工段时，施工项目可分为砌墙(包括脚手架、门窗过梁、楼梯施工等)与安装预应力混凝土楼板(包括现浇圈梁等)两项；如果划分为三个施工段时，则可分为砌墙、现浇圈梁和安装预应力混凝土楼板三项。

9) 区分直接施工与间接施工

直接在拟建工程的工作面上施工的项目，经过适当合并后均应列出。不在现场施工而在拟建工程工作面之外完成的项目，如各种构件在场外预制及其运输过程，一般可不必列项，只要在使用前运入施工现场即可。

施工项目划分和确定之后，应大体按施工顺序排列，依次填入施工进度计划表的“施工项目”一栏内。

2. 计算工程量

工程量应根据施工图纸、有关计算规则及相应的施工方法进行计算。计算时应注意以下几个问题。

1) 注意工程量的计量单位

工程量的计量单位应与现行定额中所规定的计量单位一致，以便计算劳动量、材料需要量时直接套用定额，而不必进行换算。

2) 注意所采用的施工方法

计算工程量时应注意与所采用的施工方法一致，使计算所得工程量与施工实际情况相符合。如计算柱基土方工程量时，开挖方式是单独开挖、条形开挖，还是整片开挖，基坑是否放坡，是否加工作面，坡度和工作面尺寸是多少等，都直接影响到工程量。

3) 注意结合施工组织的要求

组织流水施工时的项目应按施工层、施工段划分，列出分层、分段的工程量。如每层、每段的工程量相等或出入不大时，可计算一层、一段的工程量，再分别乘层数、段数，即得该项目的总工程量，或根据总工程量分别除以层数、段数，可得每层、每段的工程量。

4) 正确套用预算文件中的工程量

如已编制预算文件，且施工项目的划分与施工进度计划一致时，可直接套用施工预算的工程量，不必重新计算。当某些施工项目与预算项目不同或有出入时(如计量单位、计算规则、采用定额不同等)，则应根据施工实际情况加以修改、调整或重新计算。

3．套用施工定额

根据所划分的施工项目、工程量和施工方法，即可套用施工定额(当地实际采用的劳动定额及机械台班定额)，以确定劳动量和机械台班量。

施工定额一般有两种形式，即时间定额和产量定额。时间定额是指某种专业、某种技术等级工人小组或个人在合理的技术组织条件下，完成单位合格产品所必需的工作时间，一般用符号 H_i 表示，单位有：工日/m^3、工日/m^2、工日/m、工日/t 等。因为时间定额以劳动工日数为单位，便于综合计算，故在劳动量统计中用得比较普遍。产量定额是指在合理的技术组织条件下，某种专业、某种技术等级的工人小组或个人在单位时间内所应完成的合格产品数量，一般用符号 S_i 表示，单位有：m^3/工日、m^2/工日、m/工日、t/工日等。因为产量定额是以产品数量来表示，具有形象化的特点，故在分配任务时用得比较普遍。

时间定额和产量定额是互为倒数的关系，即

$$H_i=\frac{1}{S_i} \quad 或 \quad S_i=\frac{1}{H_i} \tag{4-5}$$

套用国家或当地颁发的定额，必须注意结合本单位工人的技术等级，实际施工技术操作水平、施工机械情况和施工现场条件等因素，确定完成定额的实际水平，使计算出来的劳动量和台班量符合实际需要，为准确编制施工进度计划打下基础。

有些采用新技术、新材料、新工艺或特殊施工方法的项目，定额中尚未编入，这时可参考类似项目的定额或经验资料，按实际情况确定。

4．劳动量和机械台班量的确定

根据计算的工程量和实际采用的定额水平，即可计算出各施工项目的劳动量和机械台班量。

1) 劳动量的确定

凡是以手工操作为主完成的施工项目，其劳动量可按下式计算：

$$P_i = Q_i \times H_i = \frac{Q_i}{S_i} \tag{4-6}$$

式中：P_i——第 i 个施工项目所需劳动量(工日)；

Q_i——第 i 个施工项目的工程量(m^3、m^2、m、t 等)；

H_i——第 i 个施工项目的时间定额(工日/m^3、工日/m^2、工日/m、工日/t 等)；

S_i——第 i 个施工项目的产量定额(m^3/工日、m^2/工日、m/工日、t/工日等)。

【例 4-1】某砌体工程一砖厚外墙砌筑工程量为 855m^3，经研究确定平均时间定额为 0.83 工日/m^3。试计算完成该砌墙任务所需劳动量。

解 P=855×0.83=709.65(工日) (取 710 工日)

当施工项目由两个或两个以上的施工过程或内容合并组成时，其总劳动量可按下式计算：

$$P_{总} = \sum P_i = P_1 + P_2 + \cdots + P_n \tag{4-7}$$

【例 4-2】 某厂房混凝土杯形基础工程，支模、绑扎钢筋和浇筑混凝土三个施工项目的工程量分别为 719.6m^2、6.284t、287.3m^3，经研究确定其时间定额分别为 0.253 工日/m^2、5.28 工日/t、0.333 工日/m^3，试计算完成该杯形基础施工所需的总劳动量。

解

$$P_{模} = 719.4 \times 0.253 \approx 182(工日)$$

$$P_{筋} = 6.284 \times 5.28 \approx 33(工日)$$

$$P_{混凝土} = 287.3 \times 0.833 \approx 239(工日)$$

$$P_{总} = P_{模} + P_{筋} + P_{混凝土} = 182+33+239 = 454(工日)$$

当合并的施工项目由同一工种的施工过程组成，但施工的做法、材料等不相同时，可按下式计算其综合时间定额或产量定额。应当注意，综合产量定额或产量定额不是取平均的概念。

$$H = \frac{\sum P_i}{\sum Q_i} = \frac{Q_1 H_1 + Q_2 H_2 + \cdots + Q_n H_n}{Q_1 + Q_2 + \cdots + Q_n} \tag{4-8}$$

$$S = \frac{\sum Q_i}{\sum P_i} = \frac{Q_1 + Q_2 + \cdots + Q_n}{\frac{Q_1}{S_1} + \frac{Q_2}{S_2} + \cdots + \frac{Q_n}{S_n}} \tag{4-9}$$

总的劳动量为

$$P = \sum P_i = \sum Q_i \times H = \frac{\sum Q_i}{S} \tag{4-10}$$

式中：H——综合时间定额(工日/m^3、工日/m^2、工日/m、工日/t 等)；

S——综合产量定额(m^3/工日、m^2/工日、m/工日、t/工日等)；

$\sum P_i$——施工项目的总劳动量(工日)；

$\sum Q_i$——施工项目的总工程量(计量单位要统一)(m^3、m^2、m、t 等)；

$Q_1,Q_2,\cdots,Q_n$——同一工种但施工做法不同的各个施工过程的工程量；

$S_1,S_2,\cdots,S_n$——与 $Q_1,Q_2,\cdots,Q_n$ 相对应的产量定额。

【例 4-3】某教学大楼外墙抹灰有白色水刷石、浅绿色马赛克和彩色干粘石三种做法，其工程量分别为 48m^2、85m^2、124m^2，试计算其综合时间定额及外墙抹灰的劳动量。

解　查劳动定额，得水刷石、马赛克、干黏石的产量定额分别为 0.278 工日/m^2、0.4 工日/m^2、0.233 工日/m^2，则其综合时间定额为

$$H=\frac{48\times0.278+85\times0.4+124\times0.233}{48+85+124}\approx0.297(\text{工日/m}^2)$$

外墙抹灰的劳动量为

$$P=\sum Q_i\times H=(48+85+124)\times0.297\approx76.3(\text{工日})$$

取 76 个工日。

2) 机械台班量的确定

凡是以机械施工为主的施工项目，应按下式计算其机械台班量：

$$P_{机械}=\frac{Q_{机械}}{S_{机械}}\quad 或\quad P_{机械}=Q_{机械}\times H_{机械} \tag{4-11}$$

式中：$P_{机械}$——某施工项目所需机械台班量(台班)；

$Q_{机械}$——机械完成的工程量(m^3、t、件等)；

$S_{机械}$——机械的产量定额(m^3/台班，t/台班、件/台班等)；

$H_{机械}$——机械的时间定额(台班/m^3、台班/t、台班/件等)。

【例 4-4】 某基础工程采用 W—100 型反铲挖土机挖土，土方量为 2210 m^3，挖土机产量定额为 120 台班/m^3，试计算挖土机所需的台班量。

解　$P_{机械}=\dfrac{Q_{机械}}{S_{机械}}=\dfrac{2210}{120}=18.42$ (台班)　(取 18.5 台班)

5. 施工项目工作延续时间计算

施工项目工作延续时间的计算方法一般有经验估计法、定额计算法和倒排计划法三种。

1) 经验估计法

经验估计法是根据过去的经验进行估计，一般适用于采用新工艺、新技术、新结构、新材料等无定额可循的工程。为了提高其准确程度，可采用“三时估计法”，即先估计出完成该施工项目的最乐观时间(A)、最悲观时间(B)和最可能时间(C)三种施工时间，然后按下式确定该施工项目的工作延续时间：

$$T_i=\frac{A+4B+C}{6} \tag{4-12}$$

2) 定额计算法

定额计算法就是根据施工项目需要的劳动量或机械台班量，以及配备的劳动人数或机械台数，来确定其工作延续时间。

当施工项目所需劳动量或机械台班量确定后，可按下式计算确定其完成施工任务的延续时间：

$$T_i=\frac{P_i}{R_i\times b} \tag{4-13}$$

$$T_{机械}=\frac{P_{机械}}{R_{机械}\times b} \tag{4-14}$$

式中：T_i——某手工操作为主的施工项目延续时间(天)；

P_i——该施工项目所需的劳动量(工日)；

R_i——该施工项目所配备的施工班组人数(人)；

b——每天采用的工作班制(班)；

$T_{机械}$——某机械施工为主的施工项目延续时间(天)；

$P_{机械}$——该施工项目所需的机械台班数(台班)；

$R_{机械}$——该施工项目所配备的机械台数(台)。

在应用上述公式时，必须先确定 R_i、$R_{机械}$及 b、$P_{机械}$的数值。

(1) 施工班组人数的确定。在确定施工班组人数时，应考虑最小劳动组合人数、最小工作面和可能安排的施工人数等因素。

最小劳动组合，即某一施工过程进行正常施工所必需的最低限度班组人数及其合理组合。最小劳动组合决定了最低限度应安排多少工人，如砌墙就要按技工和普工的最少人数及合理比例组成施工班组，人数过少或比例不当都将引起劳动生产率的下降。

最小工作面，即施工班组为保证安全生产和有效地操作所必需的工作面。最小工作面决定了最高限度可安排多少工人。不能为了缩短工期而无限制地增加人数，否则将造成工作面的不足而产生窝工。

可能安排的人数，是指施工单位所能配备的人数。一般只要在上述最低限度和最高限度之间，根据实际情况确定就可以了。有时为了缩短工期，可在保证足够工作面的条件下组织非专业工种的支援。如果在最小工作面的情况下，安排最高限度的工人数仍不能满足工期要求时，可组织两班制或三班制施工。

(2) 机械台数的确定。与施工班组人数确定情况相似，也应考虑机械生产效率、施工工作面、可能安排台数及维修保养时间等因素。

(3) 工作班制的确定。一般情况下，当工期允许、劳动力和机械周转使用不紧迫、施工工艺上无连续施工要求时，可采用一班制施工。当组织流水施工时，为了给第二天连续施工创造条件，某些施工准备工作或施工过程可考虑在夜班进行，即采用两班制施工。当工期较紧或为了提高施工机械的使用率及加快机械的周转使用，或工艺上要求连续施工时，某些施工项目可考虑两班制甚至三班制施工。但采用多班制施工，必然会增加材料或构件的供应强度，增加夜间施工费用及有关设施损耗，因此，必须慎重采用。

【例 4-5】某工程砌墙劳动量需 710 个工日，采用一班制施工，每班人数为 22 人(技工 10 人，普工 12 人，比例为 1∶1.2)。如果分五个施工段，试求完成砌墙任务的施工持续时间和流水节拍。

解 $T=\dfrac{710}{22\times1}\approx32.27$(天) (取 32 天)

$t=\dfrac{32}{5}=6.4$(天) (取 6 天)

例 4-5 流水节拍平均为 6 天，总工期为 5×6=30 天，则计划安排劳动量为 30×22=660 工日，比计划定额需要的劳动量减少 50 工日。能否少用 50 工日完成任务，即能否提高工效 7%(50/710≈7%)，这要根据实际分析研究后才能确定。一般应尽量使定额劳动量和实际安排劳动量相接近。如果必须有机械配合施工，则在确定施工时间或流水节拍时，还应考

虑机械效率，即机械是否能配合完成施工任务。

3) 倒排计划法

倒排计划法是根据流水施工方式及总工期要求，先确定施工时间和工作班制，再确定施工班组人数或机械台数。其计算公式如下：

$$R_i = \frac{P_i}{T_i \times b} \tag{4-15}$$

$$R_{机械} = \frac{P_{机械}}{T_{机械} \times b} \tag{4-16}$$

式中：符号意义同式(4-13)和式(4-14)。

如果根据上式求得的施工人数或机械台数超过了本单位现有的数量，除了寻求其他途径增加人力、物力外，还应从技术上和组织上采取措施加以解决。如组织流水施工或采用多班制施工等。

【例 4-6】 某工程砌墙劳动量为 710 个工日，要求在 20 天内完成，采用一班制施工，试求每天施工的人数。

解　$R=\frac{710}{20\times 1}=35.5$(人)　(取 36 人)

例 4-6 施工人数为 36 人，若配备技工 16 人，普工 20 人，其比例为 1∶1.25，是否有这些工人人数，是否有 16 名技工，工作面是否满足要求，这些都需要分析研究后确定。现按 36 人计算，实际采用劳动量为 36×20=720 个工日，比计划劳动量 710 个工日多 10 个工日，相差不大。

6．施工进度计划初步方案的编制

上述各项计算内容确定之后，即可编制施工进度计划的初步方案。编制时，首先应选择施工进度计划的表达形式，即横道图或网络图。

横道图比较简单、直观，多年来人们已习惯采用。其编制方法如下所述。

(1) 根据施工经验直接安排的方法。这种方法是根据经验资料及有关计算，直接在进度表上画出进度线，比较简单实用。其一般步骤是：先安排主导分部工程的施工进度，然后再安排其余分部工程并尽可能配合主导分部工程，最大限度地合理搭接起来，使其相互联系，形成施工进度计划的初步方案。

在主导分部工程中，应先安排主导施工项目(分项工程)的施工进度，力求其施工班组能连续施工，而其余施工项目尽可能与它配合、搭接或平行施工。

(2) 按工艺组合组织流水施工的方法。这种方法是将某些在工艺上有关系的施工过程归并为一个工艺组合，组织各工艺组合内部的流水施工，然后将各工艺组合最大限度地搭接起来，组织分别流水。

上述采用横道图编制施工进度计划有一定的局限性。当单位工程项目中包含的施工过程较多且其互相之间的关系比较复杂时，横道图就难以充分暴露矛盾。尤其是在计划的执行过程中，当某些施工过程进度由于某种原因提前或拖后时，对其他施工过程及总工期产生的影响难以分析，因而不利于施工人员抓住主要矛盾控制施工。

采用网络图的形式表达单位工程施工进度计划，可以弥补横道图的不足。它能充分揭

示工程项目中各施工过程间的互相制约和依赖关系，明确反映出进度计划中的主要矛盾；能利用计算机进行计算、优化和调整，不仅减少了工作量，而且使进度计划更科学、更便于控制。网络进度计划的编制方法参见第3章内容。

7．施工进度计划的检查和调整

施工进度计划初步方案编好后，应根据业主和有关部门要求、合同规定、经济效益及施工条件等，从下述几个方面进行检查与调整，以使其满足要求且更加合理。

1) 施工顺序的检查和调整

施工进度计划安排的施工顺序应符合建筑施工的客观规律。应从技术、工艺、组织上检查各个施工项目的安排是否正确合理，如屋面工程中的第一个施工项目应在主体结构屋面板安装与灌缝完成之后开始。应从质量、安全方面检查平行搭接施工是否合理，技术组织间歇时间是否满足，如主体砌墙一般应从第一个施工段填土完成后开始，又如混凝土浇筑以后的拆模时间是否满足技术要求。总之，所有不当或错误之处，应予修改或调整。

2) 施工工期的检查和调整

施工进度计划安排的施工工期，首先应满足上级规定或施工合同的要求；其次应具有较好的经济效果，即安排工期要合理，但并不是越短越好。一般评价指标有以下两种。

(1) 提前工期。即计划安排的工期比上级要求或合同规定的工期提前的天数。

(2) 节约工期。即与定额工期相比，计划工期少用的天数。

当工期不符合要求，即没有提前工期或节约工期时，应进行必要的调整。检查时主要看各施工项目的延续时间、起止时间是否合理，特别应注意对工期起控制作用的施工项目，即首先要缩短这些施工项目的时间，并注意施工人数、机械台数的重新确定。

3) 资源消耗均衡性的检查与调整

施工进度计划劳动力、材料、机械等的供应与使用，应避免过分集中，尽量做到均衡。下面以劳动力消耗的均衡性问题为例进行分析。

劳动力消耗的均衡性问题可通过劳动力消耗动态图来反映。如图4-3所示，竖坐标表示人数，横坐标表示施工进度天数。

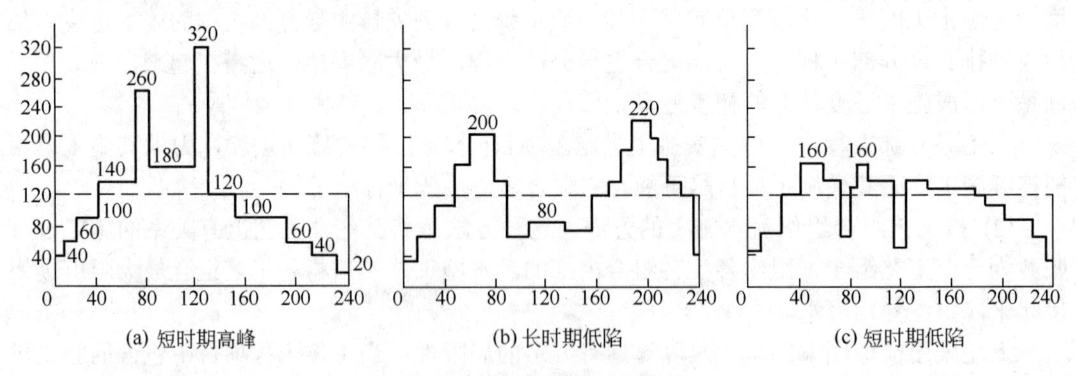

(a) 短时期高峰　(b) 长时期低陷　(c) 短时期低陷

图4-3　劳动力消耗动态图

图4-3(a)中出现短时期的高峰，即短时期施工人数骤增，相应需增加为工人服务的各项临时设施，说明劳动力消耗不均衡。图4-3(b)中出现长时期的低陷，如果工人不调出，将发生窝工现象，如果工人调出，则临时设施不能充分利用，这也说明不均衡。图4-3(c)

中出现短时期的、甚至是很大的低陷，则是允许的，只要把少数工人的工作重新安排一下，窝工情况就能消除。

劳动力消耗的均衡性可用均衡系数来表示，用下式计算：

$$K = \frac{R_{\max}}{R_{\mathrm{m}}} \tag{4-17}$$

式中：K——劳动力均衡系数；

$R_{\max}$——高峰人数；

R_{m}——平均人数，即为施工总工人数除总工期所得人数。

劳动力均衡系数一般应接近于 1，超过 2 则不正常。如果出现劳动力不均衡的情况，可通过调整次要施工项目的施工人数、施工时间和起止时间以及重新安排搭接等方法来实现均衡。

上述三个方面中，首先是前两个方面的检查，如果不满足要求，必须进行检查，只有在前两个方面均达到要求的前提下，才能进行后一个方面的检查与调整。前者是解决可行与否的问题，而后者则是优化的问题。

通过以上三个方面的检查与调整，就可以编制正式的施工进度计划。经监理工程师审查确认后即可付诸实施。但应指出，施工进度计划并不是一成不变的，在执行过程中，往往由于人力、物资供应等情况的变化，打破了原来的计划。因此，在执行中应随时掌握施工动态，并经常不断地检查和调整施工进度计划。

4.5 施工准备工作及资源需用量计划

单位工程施工进度计划编出后，即可着手编制施工准备工作计划和各项资源需用量计划，这些计划也是施工组织设计的组成部分。

4.5.1 施工准备工作计划

单位工程施工准备工作计划主要反映开工前必须要做的有关准备工作，多属于作业条件准备。对施工组织总设计中已考虑的准备工作，单位工程可以共享。主要内容如下。

(1) 会审施工图纸，与设计单位、建设单位协作配合，掌握设计意图。

(2) 搭设临时设施。

(3) 材料、构件、机械等资源的进场准备。

(4) 建筑物定位、放线，引入水准控制点。

(5) 技术安全交底。

(6) 签订分包合同，分配施工任务。

(7) 冬期和雨期施工的物资及作业条件准备。

对以上准备工作，应编制一览表，明确完成时间、责任人、相应的配合关系等，并且要争取建设单位和协作单位的支持。

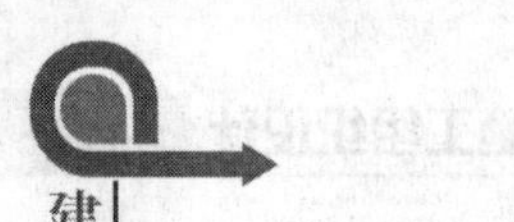

4.5.2 资源需用量计划

资源需用量计划是做好各种资源供应、调度、平衡、落实的依据。一般包括劳动力、施工机具、主要构件和主要材料等需要量计划。

1．劳动力需要量计划

劳动力需要量计划是根据施工预算、劳动定额和进度计划编制的，主要反映工程施工所需的各种技工和普工人数，用于控制劳动力平衡和调配。其编制方法是：将施工进度计划表上每天施工项目所需工人按工种分别统计，得出每天所需工种及其人数，再按时间进度要求汇总。劳动力需要量计划的表格形式如表 4-2 所示。

表 4-2 劳动力需要量计划

序号	工种名称	需用总工日数	需用人数及时间															备注
			× 月			× 月			× 月			× 月			× 月			
			上	中	下	上	中	下	上	中	下	上	中	下	上	中	下	

2．施工机具需要量计划

施工机具需要量计划是根据施工方案、施工方法及施工进度计划编制的，主要反映施工所需的各种机械和器具的名称、规格、型号、数量及使用时间，可作为落实机具来源、组织机具进场的依据，其计划表格形式如表 4-3 所示。

表 4-3 施工机具需要量计划

序 号	机具名称	规 格	单 位	需用数量	使用起止时间	备 注

3．主要构件需要量计划

主要构件需要量计划是根据施工图、施工方案及施工进度计划要求编制的，主要反映施工中各种主要构件的需用量及供应日期，作为落实加工单位及按所需规格数量和使用时间组织构件加工和进场的依据。一般按钢构件、木构件、钢筋混凝土构件等不同种类分别编制，提出构件名称、规格、数量及使用时间等，其计划表格形式如表 4-4 所示。

表 4-4 主要构件需要量计划

序 号	构件、加工半成品名称	图号和型号	规格尺寸/mm	单 位	数 量	使用起止时间	备 注

4. 主要材料需要量计划

主要材料需要量计划是根据施工预算、材料消耗定额和施工进度计划编制的，主要反映施工中各种主要材料的需要量，作为备料、供料和确定仓库、堆场面积及运输量的依据。编制时应提出材料的名称、规格、数量和使用时间等要求，其计划表格形式如表 4-5 所示。

表 4-5 主要材料需要量计划

<table>
<tr><th rowspan="3">序号</th><th rowspan="3">材料名称</th><th rowspan="3">规格</th><th colspan="2">需要量</th><th colspan="12">需用时间</th><th rowspan="3">备注</th></tr>
<tr><th rowspan="2">单位</th><th rowspan="2">数量</th><th colspan="3">× 月</th><th colspan="3">× 月</th><th colspan="3">× 月</th><th colspan="3">× 月</th></tr>
<tr><th>上</th><th>中</th><th>下</th><th>上</th><th>中</th><th>下</th><th>上</th><th>中</th><th>下</th><th>上</th><th>中</th><th>下</th></tr>
<tr><td></td><td></td><td></td><td></td><td></td><td></td><td></td><td></td><td></td><td></td><td></td><td></td><td></td><td></td><td></td><td></td><td></td><td></td></tr>
<tr><td></td><td></td><td></td><td></td><td></td><td></td><td></td><td></td><td></td><td></td><td></td><td></td><td></td><td></td><td></td><td></td><td></td><td></td></tr>
</table>

5. 工程运输计划

如果由施工单位组织材料和构件运输，则应编制相应的运输计划，以便组织运输力量和保证资源按时进场。工程运输计划以施工进度计划及上述各种资源需要量计划为编制依据，所反映的内容如表 4-6 所示。

表 4-6 工程运输计划

<table>
<tr><th rowspan="2">序号</th><th rowspan="2">运输项目</th><th rowspan="2">单位</th><th rowspan="2">数量</th><th rowspan="2">货源</th><th rowspan="2">运距/km</th><th rowspan="2">运输量/t · km</th><th colspan="3">所需运输工具</th><th rowspan="2">使用起止时间</th></tr>
<tr><th>名称</th><th>吨位</th><th>台班</th></tr>
<tr><td></td><td></td><td></td><td></td><td></td><td></td><td></td><td></td><td></td><td></td><td></td></tr>
<tr><td></td><td></td><td></td><td></td><td></td><td></td><td></td><td></td><td></td><td></td><td></td></tr>
</table>

4.6 单位工程施工平面图

单位工程施工平面图针对单位工程的施工现场布置图，是施工组织设计的重要内容。合理的施工平面布置有利于顺利执行施工进度计划，减少临时设施费用，节约土地和保证现场文明施工。

4.6.1　施工平面图设计的依据、原则与步骤

1. 施工平面图设计的依据

单位工程施工平面图的设计依据主要有：施工图纸和现场地形图；一切已建和拟建的地上、地下管道布置资料，水源、电源情况；可利用的房屋及设施情况；施工组织总设计，如施工总平面图等；单位工程的施工方案、施工进度计划及各种资源需用量计划等；有关安全、消防、环境保护、市容卫生等方面的法律、法规。

2. 施工平面图设计的原则

单位工程施工平面图的设计原则是：在满足施工条件下，使现场布置紧凑，便于管理，施工用地少；最大限度地缩短场内的运输距离，尽可能避免二次搬运；尽量减少临时设施的搭设，所建临时设施应方便生产和生活使用；按不同施工阶段分别进行施工平面图设计；符合安全、消防、环保和市容等要求。

3. 单位工程施工平面图设计的步骤

单位工程施工平面图的设计步骤一般是：确定起重运输机械的位置→确定搅拌站、加工棚、仓库、材料及构件堆场的尺寸和位置→布置运输道路→布置临时设施→布置水电管线→布置安全消防设施→调整优化。

以上步骤在实际设计时，往往互相牵连，互相影响，因此，要多次反复进行。除确定在平面上布置是否合理外，还必须考虑它们的空间条件是否可能和合理，特别要注意安全问题。

4.6.2　起重运输机械位置的确定

起重运输机械的位置直接影响仓库、材料、构件、道路、搅拌站、水电线路的布置，故应首先予以考虑。

1. 塔式起重机的布置

1) 塔式起重机的平面位置

塔式起重机的平面位置主要取决于建筑物的平面形状和四周场地的条件。轨道式塔式起重机一般应在场地较宽的一面沿建筑物的长度方向布置，通常有单侧布置、双侧布置和跨内布置三种。固定式塔式起重机一般布置在建筑物中心，或建筑物长边的中间；多个固定式塔式起重机布置时应保证其工作范围能覆盖整个施工区域。

塔式起重机的平面位置还应根据施工现场条件及吊装工艺来确定，使起重臂在活动范围内能将材料和构件运至任何施工地点，避免出现死角。

布置塔式起重机时还应考虑塔身与建筑物的安全距离，以便搭设脚手架与安全网。

2) 塔式起重机的服务范围

轨道式塔式起重机的服务范围如图 4-4 所示。即以轨道两端有效行驶端点的轨距中点为圆心，以最大回转半径为半径画出两个半圆形，再连接两个半圆所形成的区域。

建筑物处在塔式起重机范围以外的阴影部分，称为“死角”，如图 4-5 所示。塔式起重机布置的最佳状况是使建筑物平面不出现死角。如果出现死角，应将起重机吊装最远构件超出服务范围的距离控制在 1m 以内；否则，需采取其他辅助措施，如布置井架或在楼面进行水平转运等，使施工顺利进行。

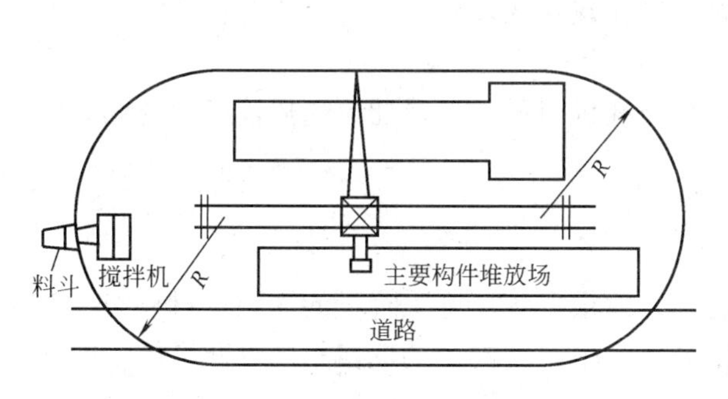

图 4-4　塔式起重机的服务范围

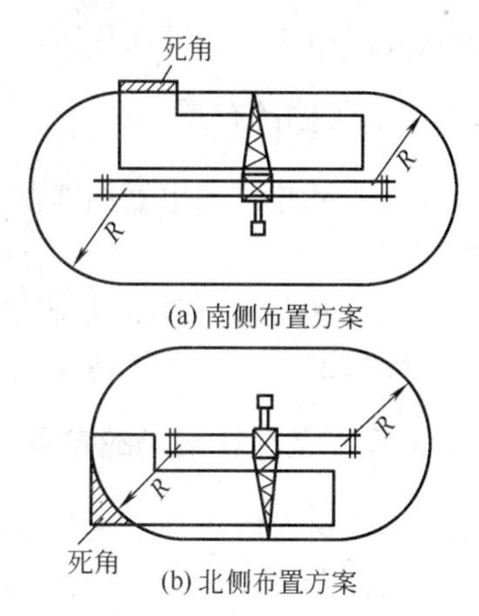

图 4-5　塔式起重机布置的死角

2．井架的布置

井架的平面位置取决于建筑物的平面形状和大小、房屋的高低分界、施工段的划分以及四周场地大小等因素。当建筑物呈长条形，层数、高度相同时，一般布置在施工段的分界处，靠现场较宽的一面，以便在井架附近堆放材料和构件，达到缩短运距的目的。井架离开建筑物外墙的距离，视屋面檐口挑出尺寸或双排外脚手架搭设的要求而定。

井架布置时还应考虑缆风绳对交通、吊装的影响。

3．自行式起重机

对履带式和汽车式起重机等，一般只要考虑其行驶路线即可。行驶路线根据吊装顺序、构件重量、堆放场地、吊装方法及建筑物的平面形状和高度等因素确定。

4.6.3　搅拌站、加工棚、仓库及材料堆场的布置

搅拌站、加工棚、仓库及材料堆场的布置应尽量靠近使用地点或布置在起重机服务范围内，并要便于运输和装卸。

1．搅拌站的布置

单位工程是否需要设置混凝土和砂浆搅拌站，以及搅拌机的型号、规格和数量等，一般在选择施工方案时确定。搅拌站的布置要求如下。

(1) 搅拌站应有后台上料的场地，尤其是混凝土搅拌机，要与砂石堆场、水泥库一起考虑布置，既要互相靠近，又要便于这些大宗材料的运输和装卸。

(2) 搅拌站应尽可能布置在垂直运输机械附近，以减少混凝土及砂浆的水平运距。当

采用塔式起重机方案时，混凝土搅拌机的位置应使吊斗能从其出料口直接卸料并挂钩起吊。

(3) 搅拌站应设置在施工道路近旁，使小车、翻斗车运输方便。

(4) 搅拌站的场地四周应设置排水沟，以有利于清洗机械和排除污水，避免造成现场积水。

(5) 混凝土搅拌台所需面积约25m^2，砂浆搅拌台约15m^2，冬期施工还应考虑保温与供热设施等，相应增加其面积。

2. 加工棚的布置

木材、钢筋、水电器材等加工棚宜设置在建筑物四周稍远处，并有相应的材料及成品堆场。

石灰及淋灰池可根据情况布置在砂浆搅拌机附近。沥青灶应选择较空的场地，远离易燃品仓库和堆场，并布置在下风向。

3. 仓库及材料堆场的布置

仓库及材料堆场面积通过计算确定，然后根据各个施工阶段的需要及材料使用的先后顺序来进行布置。尽可能提高场地使用周转效率，使同一场地在不同时间堆放不同的材料或构件。仓库及堆场的布置要求如下。

1) 仓库的布置

(1) 水泥仓库应选择地势较高、排水方便、靠近搅拌机的地方。

(2) 各种易爆、易燃品仓库的布置应符合防火、防爆安全距离的要求。

(3) 木材、钢筋及水电器材等仓库，应与加工棚结合布置，以便就近取材加工。

2) 构件的布置

(1) 装配式单层厂房的各种构件应根据吊装方案及方法，先做出平面布置图，再依此进行布置。

(2) 混合结构的梁、板等构件，采用塔式起重机方案时应尽可能布置在其服务范围内；采用井架方案时应尽可能靠近井架布置。其他小型构件由于搬运方便，堆场地点可以距离垂直运输机械远一些。

(3) 各种钢、木门窗及钢、木构件，一般不宜露天堆放，其堆放场地及面积可根据现场具体情况安排，也可放在已建主体结构底层室内或搭棚堆存。

3) 材料堆场的布置

各种主要材料，应根据其用量的大小、使用时间的长短、供应与运输情况等研究确定。凡用量较大、使用时间较长、供应与运输比较方便者，在保证施工进度与连续施工的情况下，均应考虑分期分批进场，以减小堆场或仓库所需面积，达到降低损耗、节约施工费用的目的。

钢模板、脚手架等周转材料，应选择在装卸、取用、整理方便和靠近拟建工程的地方布置。

基础及底层用砖，可根据场地情况，沿拟建工程四周分堆布置，并距基坑(槽)边不小于1m，以防止塌方。底层以上的用砖，采用井架运输时应布置在垂直运输设备的附近，采用塔式起重机运输时可布置在其服务范围内。

砂、石应尽可能布置在搅拌机后台附近，石子的堆场应更靠近搅拌机一些，并按石子的不同粒径分别设置。

4.6.4 运输道路的布置

施工运输道路应按材料和构件运输的需要，沿其仓库和堆场进行布置。

1．施工道路的技术要求

施工道路的最小宽度和转弯半径，如表4-7、表4-8所示。道路上架空线的净空高度应大于4.5m。

表4-7 施工道路最小宽度

序号	车辆类别及要求	道路宽度/m
1	汽车单行道	≥3.0
2	汽车双行道	≥6.0
3	平板拖车单行道	≥4.0
4	平板拖车双行道	≥8.0

表4-8 各类车辆要求路面最小允许转弯半径

车辆类别	路面内侧最小曲线半径/m		
	无拖车	有1辆拖车	有2辆拖车
小客车、三轮汽车	6	—	—
二轴载重汽车	9	12	15
	7	—	—
三轴载重汽车、重型载重汽车、公共汽车	12	15	18
超重型载重汽车	15	18	21

2．施工道路的布置要求

(1) 应满足材料、构件等运输要求，保证道路畅通，装卸方便。

(2) 应尽量利用已有道路或永久性道路。根据建筑总平面图上永久性道路位置，先修筑路基，作为临时道路。工程结束后，再修筑路面。这样可节约施工时间和费用。

(3) 为提高车辆的行驶速度和通行能力，应尽量将道路布置成环路。如不能设置环形路，应在路端设置倒车场地。

(4) 应满足消防要求，使道路靠近易发生火灾的地方，以便车辆能直接开到消防栓处。消防车道宽度不小于3.5m。

(5) 施工道路应避开拟建工程和地下管道等地方。否则，这些工程后期施工时，将切断临时道路，给施工带来困难。

4.6.5 临时设施的布置

单位工程的临时设施分生产性和生活性两类。生产性临时设施主要包括各种仓库、加工棚等；生活性临时设施主要包括行政管理、文化、生活、福利用房等。布置生活性临时设施时，应遵循使用方便、有利施工、合并搭建、保证安全的原则。

如果拟建单位工程属建设项目中的一个，则大多数临时设施在施工组织总设计中已统一考虑，单位工程只需根据实际情况再添设一些小型设施。如果是一个独立的建设项目，则需要全面考虑。

临时设施应尽可能采用活动式、装拆式结构，或就地取材搭设。门卫、收发室等应设在现场出入口处；办公室应靠近施工现场；工人休息室应设在工作地点附近；生活性与生产性临时设施应有所区分，不要互相干扰。

有关临时仓库和堆场、临时建筑物、临时供水及供电计算，参见第 5 章 5.7 节内容。

4.6.6 临时供水、供电设施的布置

1. 临时供水设施的布置

单位工程的临时供水管网，一般采用枝状布置方式。供水管径可通过计算或查表选用，一般 5000～10000m^2 的建筑物，其施工用水主管直径为 50mm，支管直径为 15～25mm。临时供水布置要求如下。

(1) 单位工程供水管的布置，除应满足总平面设计中的要求以外，还应将供水管分别接至各用水点附近，如砖堆、石灰池、搅拌站等。

(2) 在保证供水的前提下，应使管线越短越好，以节约施工费用。

(3) 根据使用期限当地气温条件，管线可埋设于地下或铺设在地面。

(4) 为了防止供水的意外中断，可在建筑物附近设置简易蓄水池。如果水压不足时，应设置高压水泵。

(5) 施工现场应设置消防栓，消防栓距离建筑物应不小于 5m，也不应大于 25m，距路边不大于 2m。条件允许时，可利用城市或建设单位的永久消防设施。

2. 供电设施的布置

单位工程的临时供电线路，一般也采用枝状布置，其要求如下。

(1) 变压器应布置在现场边缘高压线接入处，离地应大于 3m，四周设有高度大于 1.7m 的铁丝网防护栏，并设有明显的标志。

(2) 临时供电一般采用三级配电两级保护。总配电箱应设置在靠近电源的地方；分配电箱则设置在用电设备或负荷相对集中的地方。配电箱等在室外时，应有防雨措施，严防漏电、短路及触电事故。

(3) 线路应架设在道路的一侧，距建筑物应大于 1.5m，离地垂直距离应在 2m 以上，电杆间距一般为 25～40m，分支线及引入线均应由杆上横担处连接。供电线路跨过材料、构件堆场时，应有足够的安全架空距离。

(4) 线路应布置在起重机械的回转半径之外，否则应设置防护栏。现场机械较多时，可采用埋地电缆代替架空线，以减少互相干扰。

(5) 各种用电设备的闸刀开关应单机单闸，不允许一闸多机使用，闸刀开关的安装位置应便于操作。

4.6.7　施工平面图的绘制

绘制单位工程施工平面图前，应先确定图幅大小和绘图比例。一般采用的比例为 1∶200～1∶500，常用的是 1∶200。

施工平面图的绘制步骤如下。

(1) 合理规划图面。施工平面图除了要反映现场的布置内容外，还要反映周围环境，如已有建筑物、场外道路等。因此绘图时应合理规划图面，注意把拟建单位工程放在图的中心位置，并应留出一定的空余图面绘制指北针、图例及编写文字说明等。

(2) 绘制建筑总平面图的有关内容。将现场测量的方格网，现场内外已建的房屋、构筑物、道路和拟建工程等，按正确的图样、比例绘制在图面上。

(3) 绘制现场临时设施。根据布置要求及面积计算，将道路、仓库、材料堆场、加工厂和水、电管网等临时设施绘制到图面上。对复杂的工程，必要时可采用模型布置。

(4) 完成施工平面图。进行上述各项布置后，经分析、比较、调整、修改形成施工平面图，并做必要的文字说明，标上图例、比例、指北针等。平面图的绘图图例如表 4-9 所示。

表 4-9　施工平面图图例

序　号	名　称	图　例	序　号	名　称	图　例
一、地形及控制点			14	断崖(2.2 为断崖高度)	2.2
1	三角点	点名/高程	15	滑坡	
2	水准点	点号/高程	16	树林	
3	原有房屋		17	竹林	
4	窑洞：地上、地下		18	耕地：稻田、旱地	
5	蒙古包		二、建筑物、构筑物		
6	坟地、有树坟地		1	拟建正式房屋	
7	石油、盐、天然气井		2	施工期间利用的拟建正式房屋	
8	竖井：矩形、圆形		3	将来拟建正式房屋	
9	钻孔	钻	4	临时房屋　密闭式	
10	浅探井、试坑			临时房屋　敞篷式	
11	等高线：基本的、辅助的	6	5	拟建的各种材料围墙	
12	土堤、土堆		6	临时围墙	—×—×—
13	坑穴		7	建筑工地界线	

续表

序号	名称	图例	序号	名称	图例
8	工地内的分区域		四、材料、构件堆场		
9	烟囱		1	临时露天堆场	
10	水塔		2	施工期间利用的永久堆场	
11	房角坐标	x=1530 y=2156	3	土堆	
12	室内地面水平标高	105.10	4	砂堆	
三、交通运输			5	砾石、碎石堆	
1	现有永久公路		6	块石堆	
2	拟建永久道路		7	砖堆	
3	施工用临时道路		8	钢筋堆场	
4	现有大车道		9	型钢堆场	
5	现有标准轨铁路		10	铁管堆场	
6	拟建标准轨铁道		11	钢筋成品场	
7	施工期间利用的拟建标准轨铁路		12	钢结构场	
8	现有的窄轨铁路		13	屋面板存放场	
9	施工用临时窄铁路		14	砌块存放场	
10	转车盘		15	墙板存放场	
11	道口		16	一般构件存放场	
12	涵洞		17	原木堆场	
13	桥梁		18	锯材堆场	
14	铁路车站		19	细木成品场	
15	索道(走线滑子)		20	粗木成品场	
16	水系流向		21	矿渣、灰渣堆	
17	人行桥		22	废料堆场	
18	车行桥	(10吨)	23	脚手、模板堆场	
	渡口		五、动力设施		
19	码头		1	临时水塔	
	顺岸式		2	临时水池	
20	趸船式		3	储水池	
	堤坝式		4	永久井	
21	船只停泊场		5	临时井	
22	临时岸边码头		6	加压站	
23	桩式码头		7	原有的上水管线	
24	趸船船头		8	临时给水管线	—s—s—

续表

序　号	名　称	图　例	序　号	名　称	图　例
9	给水阀门(水嘴)		六、施工机械		
10	支管接管位置	— s —	1	塔轨	
11	消火栓(原有)		2	塔吊	
12	消火栓(临时)	L	3	井架	
13	消火栓		4	门架	
14	原有上下水井		5	卷扬机	
15	拟建上下水井		6	履带式起重机	
16	临时上下水井	—Ⓛ—	7	汽车式起重机	
17	原有的排水管线	— | — | —	8	缆式起重机	
18	临时给水管线	— P —	9	铁路式起重机	
19	临时排水沟		10	皮带运输机	
20	原有化粪池		11	外用电梯	
21	拟建化粪池		12	少先吊	
22	水源		13	挖土机　正铲	
23	电源			反铲	
24	总降变电变电站			抓铲	
25	发电站			拉铲	
26	变电站		14	多斗挖土机	
27	变压器		15	推土机	
28	投光灯		16	铲运机	
29	电杆	—o—	17	混凝土搅拌机	
30	现有高压 6kV 线路	—WW_6—WW_6—	18	灰浆搅拌机	
31	施工期间利用的永久高压 6kV 线路	—LWW_6—LWW_6—	19	洗石机	
32	临时高压 3～5kV 线路	—$W_{3.5}$—$W_{3.5}$—	20	打桩机	
33	现有低压线路	—VV—VV—	21	水泵	
34	施工期间利用的永久低压线路	—LVV—LVV—	22	圆锯	
35	临时低压线路	—V—V—	七、其他		
36	电话线	—·o·—·o·—	1	脚手架	
37	现有暖气管道	—T—T—	2	壁板插放架	
38	临时暖气管道	—Z—	3	淋灰池	灰
39	空压机站		4	沥青锅	
40	临时压缩空气管道	—YS—	5	避雷针	

施工平面图的内容，应根据工程特点、工期长短、场地情况等确定。一般中小型工程

只要绘制主体结构施工阶段的平面布置即可；工期较长或受场地限制的大中型工程，则应分阶段绘制施工平面图。如高层建筑可绘制基础、结构、装修等阶段的施工平面图。

4.7 单位工程施工组织设计案例

1. 工程概况

1) 设计概况

本工程为某住宅小区高层住宅楼，建筑面积 45 200m^2，地上 25 层，地下一层为自行车库、变配电室和管道层，地下二层为五级人防地下室。首层除住宅人口、门厅、楼梯厅外均为商业服务用房。首层层高 4.8m，标准层层高 2.7m，总高 75.35m。±0.00 的绝对标高为 39.80m，室内外高差 0.15m。建筑平、剖面图如图 4-6、图 4-7 所示。

本工程基础为 C30 钢筋混凝土箱形基础。基底标高为−10.20m。结构设计按地震烈度 8 度设防。基础底板厚 1.2m，内、外墙厚 300mm，地下室一层顶板厚 180mm，人防层顶板厚 350mm。

基础底板及地下室外墙，采用防水混凝土加 UEA(水泥膨胀剂)的结构自防水做法。

首层至 11 层墙体混凝土为 C30，12～23 层墙体混凝土为 C25，23 层以上为 C20。楼板为预应力叠合板，叠合层混凝土为 C20，楼梯为预制混凝土构件。内隔墙为陶粒混凝土预制板。

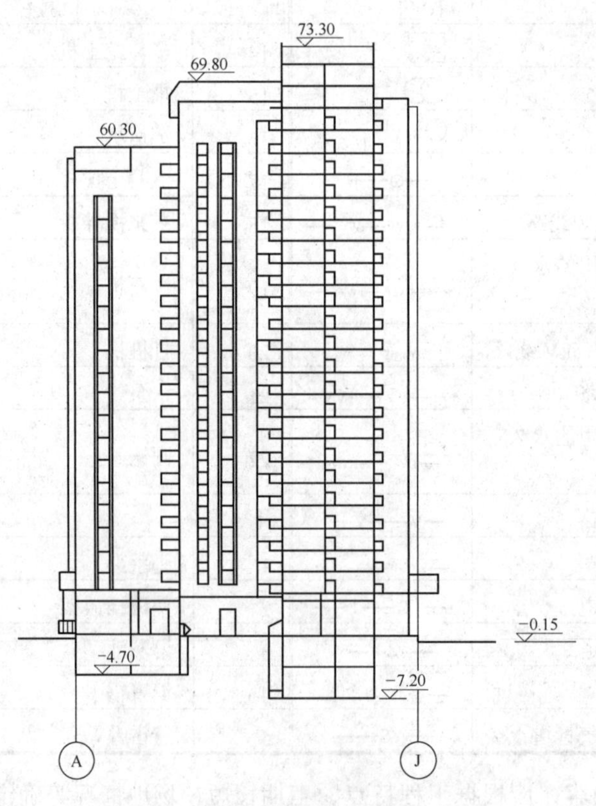

图 4-6 住宅楼剖面图

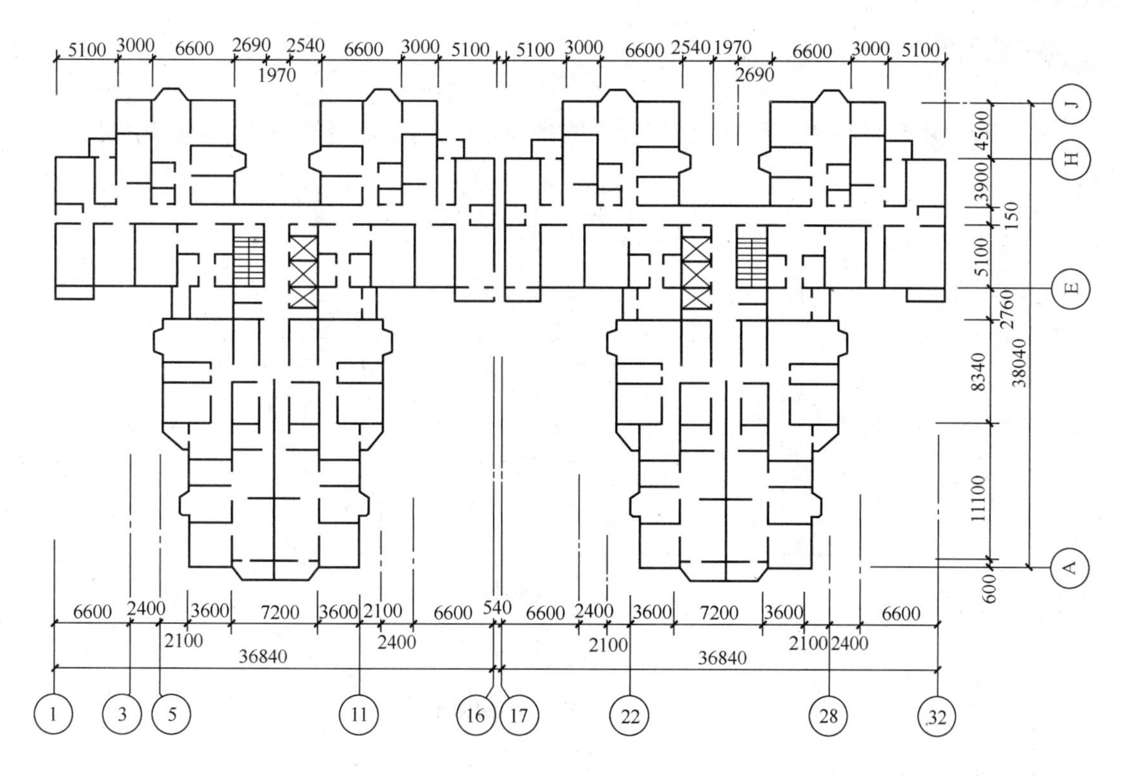

图 4-7 住宅楼标准层平面图

装修按一般民用住宅要求。外窗采用钢窗，内门为木门，户门为复合型防盗防火门。内墙面与顶板刮腻子喷浆，屋面防水采用 SBS 卷材，卫生间防水采用聚氨酯防水涂料，外墙为复合聚苯石膏板内保温。外檐装修为大面积涂料和少量陶瓷锦砖。

上水 1～5 层由市政自来水直供，6 层以上由屋顶生活水箱供水。下水首层单独排出，2 层以上为统一系统。

采暖利用城市热力系统供暖。

煤气按城市焦炉煤气设计，厨房内设烤箱、煤气灶、排油烟机各 1 个。

消防分 3 个系统，2 层以上为高压系统，屋顶设生活兼消防水箱，消防加压由小区加压泵房解决。

每个单元设 3 部电梯，其中 1 部兼做消防电梯。

2) 施工条件

本工程占地面积约 10 800m^2，拟建场地地形基本平坦，地势较低洼，自然地坪绝对标高在 38.45～39.65m。现场南侧有一条小区公用道路，并有 ϕ100 的上水干管及业主提供的 315kW 变压器。

本工程东、西两侧分别邻近 3 号、5 号楼，场区狭窄，无放坡及存土条件。

根据地质勘探报告，地下水位在基底标高以下，不需降水；甲单元(住宅楼西侧单元)基底有软弱土层需要处理。

外线图纸尚未提供。

合同工期为当年 12 月 31 日开工，第 3 年 12 月 31 日竣工。总工期 730 天。

3) 施工组织方式及任务划分

(1) 施工组织方式。

本工程采用项目经理负责制，实行独立核算，全员管理。项目经理部组织机构如图 4-8 所示。

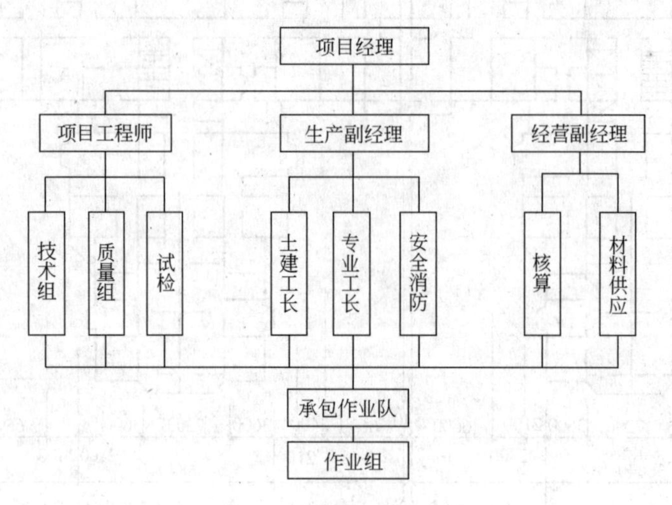

图 4-8　项目经理部组织机构

(2) 任务划分。

① 总包：土建项目经理部。

② 分包：专业设备安装公司。

总包负责土建所有的加工订货及部分专业设备。

业主负责电梯设备订货及厨房灶具的加工订货。

2. 施工方案

1) 施工顺序

(1) 由于工期紧，为了不延误主楼结构装修的工期，方便主楼施工，决定商店与主楼的基础本着先深后浅的原则同时进行。商店首层结构待甲单元(住宅楼西侧单元)主楼结构完成后再进行。

(2) 为了给甲单元基底软弱土层处理留出时间，地下室施工采取自东向西的顺序进行。

(3) 地下室架空层采用敞开式施工方法以方便施工。

(4) 为了缩短工期，主楼采用结构与装修立体交叉作业。结构完成 3 层时，插入地下室装修；完成 12 层时，插入 10 层以下装修。各种设备埋件、套管随结构施工，上下水主管迟于结构两层插入安装。

(5) 内装修分 10 层以下和 10 层以上两个阶段，自下而上施工；水平方向组织流水作业。

(6) 结构进行到 3 层时，组织有关部门对地下室结构进行验收；进行到 12 层时，对 10 层以下结构进行验收，以便为及时插入装修施工做好技术准备工作。

(7) 10 层设备管线安装完成后，做试压试水的工作，为插入 10 层以下的细装修奠定基础。

(8) 外线工程因尚未出图，按正常规律部署施工已不可能，故安排在结构完成后进行。

2) 主要项目施工方法

(1) 基础及地下室施工

① 护坡桩。现场东、西两侧分别邻近3号和5号楼，没有放坡条件，故在东、西两侧采用钻孔桩护坡。护坡桩为悬臂桩，长12m，埋深4m，桩身直径600mm，桩中心间距1.2m，上部为400mm×600mm连系梁。

② 土方工程。本工程基底标高为-10.20m，基坑采用机械分两步开挖。第一步挖深4～5m，第二步挖至基底设计标高以上15cm处，然后人工清槽。挖土自东向西顺序进行，出土坡道在基坑西侧，坡度为1∶6。

本工程土方开挖量为27 000m^3，由专业公司承包。因现场狭小，无存土条件，故不存在回填土。

③ 钢筋工程。基础及地下室钢筋由公司加工厂负责配制加工，进场时按配料单验收，核实无误后在料场分别堆放，并做好标记。

本工程底板厚1.2m，上下层钢筋间距较大。为保证钢筋位置的正确，方便施工，底板上层钢筋采用铁马凳支撑，间距1.5m。墙、柱插筋采用电焊固定和上端支拉措施。墙体两排钢筋之间设支铁固定，间距lm，梅花形布置。

④ 模板工程。底板混凝土采用360mm砖胎模，砖模砌筑高度1.2m，外侧支顶。底板沉降缝处人防墙及顶板采用组合钢模组拼，一次投入量约4000m^2。

外墙模板采用穿墙螺栓加法兰拉结，止水环满焊在螺栓上，拆模后将螺栓沿孔底割去，再用防水砂浆封堵，如图4-9所示。内墙模板采用穿墙螺栓拉结。

沉降缝宽300mm，当其一侧的墙体完成后，另一侧墙体的外模板既不宜支也不易拆，故采用砌筑加气混凝土块及加铺50mm厚浸油木丝板的做法代替墙体模板，浇筑混凝土后不再拆除，如图4-10所示。

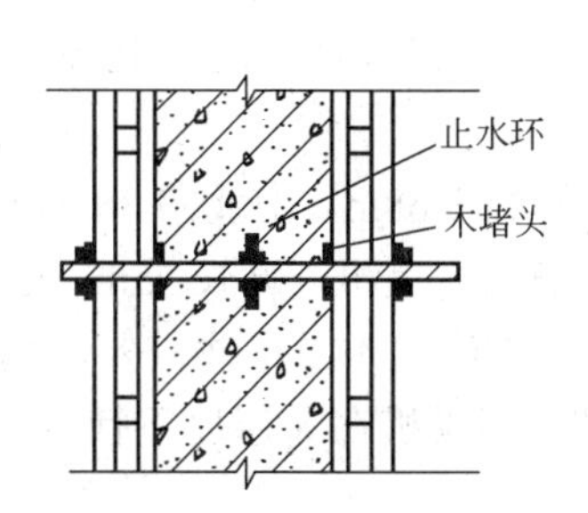

图4-9　穿墙螺栓设置方法

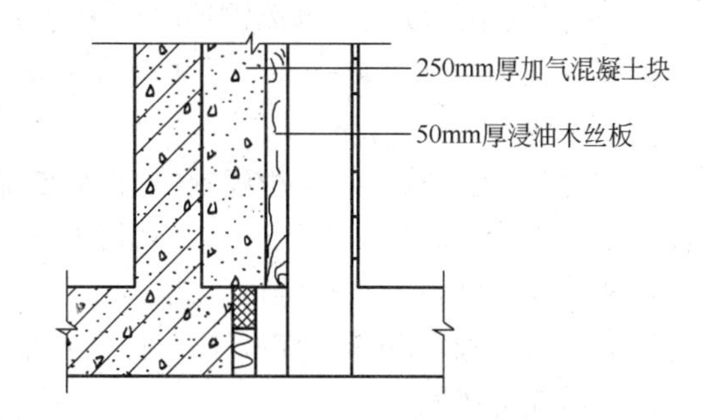

图4-10　沉降缝处墙体模板处理方法

⑤ 混凝土工程。底板混凝土为掺UEA的防水混凝土，总浇筑量为2300m^3。以沉降缝为界分两个区段，每个区段不留施工缝，连续浇灌，混凝土量为1150m^3。混凝土采用商品混凝土，UEA膨胀剂在搅拌站设专人添加，掺量为水泥重量的12.5%，混凝土的坍落度控制在160～180mm。现场配备两台泵车、8辆罐车自东段开始分两次浇筑完成。在底板混凝土浇筑期间全部配合工作由项目部负责。

地下室外墙混凝土为UEA防水混凝土，内墙为普通混凝土，采用现场搅拌。混凝土施工顺序为先外墙后内墙，每单元分两个施工段浇筑(以⑥轴为界)。内墙卡钢板网，外墙混

凝土伸入内墙 150mm。地下室墙体水平施工缝采取预留高低缝的构造做法；外墙上的垂直施工缝采用 BW—90 橡胶止水条防水。顶板及板底与外墙交接处的水平缝利用保护层厚度，骑缝上下安装 15mm×200mm 木板，拆模后墙立面上出现的凹槽，用 UEA 防水砂浆抹平。

(2) 主体结构施工。

① 流水段划分。根据塔式起重机每天平均起吊 232 吊次的工作量计算(每天按 3 个台班考虑)，将结构标准层分为 6 个施工流水段(见图 4-11)，按每天一段、7 天一层安排工序和组织施工，其中包括混凝土地面一次抹面的养护时间。这样计划可达到每月 4 层的施工进度。

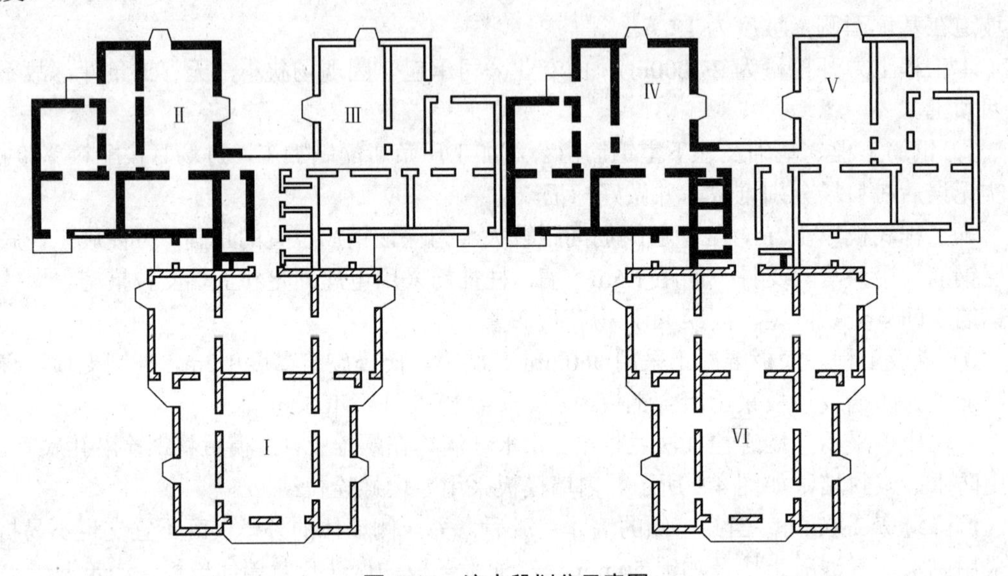

图 4-11　流水段划分示意图

② 施工顺序：放线→绑墙钢筋(专业配合)→支墙大模板→浇筑墙混凝土→养护→拆模→支排架→预制构件吊装→叠合层楼板绑钢筋(专业配合)→浇筑叠合层混凝土(地面一次抹面压光)→养护。

③ 大型机械选择。本工程建筑物总高 75.35m，东西向 73.68m，南北向 38.04m，最重构件大模板重 2t，起吊幅度 55m，故选用 H_3—36B 自升塔式起重机，臂长 55m，立于北侧甲、乙两单元之间，与结构锚固一道。由于一台塔式起重机满足不了吊次需要，故在乙单元南端立一台臂长 45m 的 QT_4—10A 自升式塔式起重机，该塔机在 8 层以下行走，8 层以上固定，做 3 道锚固。

一般高层建筑塔式起重机每台班起吊 50～60 吊次，利用率按不低于 80%计算，每台班起吊 48 吊次。按每天 3 台班考虑，标准层需用吊次如表 4-10 所示。

$$每台班吊次=\frac{1396}{2\times0.8\times3\times6}=48.5\,(吊/台班)$$

由于白班与夜班施工任务不均衡，故白天塔机吊次较紧张，而夜班相对较宽松，施工中应注意调整吊次。

结构施工至 12 层插入室内装修时，在两个“品”字形单元的东、西两侧分别立一台高车架子，负责 10 层以下装修的垂直运输。10 层以上装修时在东南和西南两角分别立 1 台单笼外用施工电梯，负责 10 层以上的装修垂直运输。

表 4-10　标准层各施工流水段吊次计算

项　目	单　位	Ⅰ/Ⅵ	Ⅱ/Ⅴ	Ⅲ/Ⅵ
墙体混凝土	m^3/吊	66/66	63/63	65/65
顶板混凝土	m^3/吊	34/34	29/29	28/28
钢筋	t/吊	11.3/12	9.5/10	9.6/10
楼板	块/吊	32/32	30/30	30/30
大模板	块/吊	54/54	52/52	48/48
小模板	项/吊	1/5	1/3	1/3
门窗套口	个/吊	25/5	22/5	22/5
楼梯板	块/吊			2/2
水电管材	项/吊	1/6	1/5	1/5
外挂架子	个/吊	20/20	15/15	15/15
支顶排架	项/吊	1/10	1/8	1/8
其他材料	项/吊	1/5	1/5	1/5
合计	吊	249	225	224
每层总吊次	249×2+225×2+224×2=1396(吊)			

④ 楼层放线。用经纬仪将轴线投射到施工段上，再用墨线弹出各道控制线，作为控制建筑物平面尺寸和各工种施工的依据。建筑物各层的标高传递采用钢尺由±0.00 附近的水平控制线上量，以减少累计误差。各层标高 50cm 水平线用墨线弹在结构表面，以此作为各专业、各工种施工作业的控制标高。装修施工时，标高也用 50cm 水平线控制。

⑤ 模板工程。首层模板±0.00 以上结构因墙厚为 300mm，层高为 4.8m，现浇混凝土楼板，故采用组合钢模板预拼成片，整装整拆，顶板也采用组合钢模板满堂红架子支搭。

标准层采用大模板施工，按一个单元配制(3 个流水段)。大模板安装前，应先放出模板的位置线及模板控制线，并以外墙的外墙皮线为准，层与层间不得有错动。分轴线排尺时均从外向里排，在允许范围内把排尺误差均匀调整在内墙各开间内。外墙大模板安装，如图 4-12 所示。大模板安装完毕后，应将每道墙的模板上口找直，检查合格后方准浇筑混凝土。大模板的安装方法应按有关规定和工艺标准执行，具体详见大模板分项方案。

在常温条件下，混凝土强度必须超过 1 MPa 方可拆除大模板；冬施条件下拆模混凝土强度必须达到 4MPa。拆模起吊时应慢速提升，不得碰撞墙体。拆模后应有专人负责对边角的修补。

现浇顶板混凝土采用组合钢模板。为了不影响施工进度，考虑顶板混凝土拆模强度，现场应准备 3 层组合钢模板。组合钢模板的支撑与安装预应力薄板同时进行。模板支撑隔 3 层拆除。硬架支模采用 10cm×10cm 木方。

⑥ 钢筋工程。±0.00 以上结构竖向钢筋连接采用气压焊工艺，气压焊前对钢筋切割磨光，卡具、施焊、加压等操作步骤及质量要求应符合气压焊施工规程中的规定。

⑦ 混凝土工程。±0.00 以上结构混凝土采用现场搅拌，混凝土出盘后由翻斗车运至塔吊回转半径内。混凝土浇筑采用料斗由塔吊运到浇灌部位人工喂料。浇筑时先绕外墙后浇内墙，料斗在移动过程中应注意不能碰撞钢筋、模板和架子等，并控制好浇灌高度(60cm

一步)和混凝土自由下落的高度，防止混凝土产生离析。浇筑墙体混凝土前，先浇筑 5～10cm 厚同等级混凝土水泥砂浆，然后分层浇筑混凝土，分层振捣密实。门窗洞口处两侧均匀浇灌，以免门窗洞口模板位移。墙体混凝土浇筑完毕用木抹子将墙上口按标高抹平。

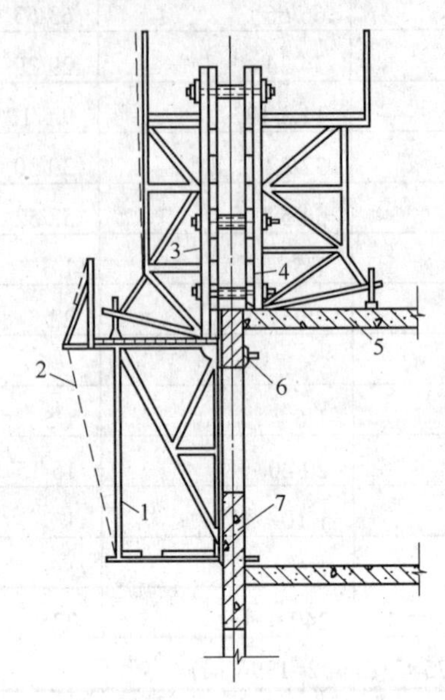

图 4-12　外承式外模板安装示意图

1—外承架；2—安全网；3—外墙外模；4—外墙内模；5—楼板；6—L 形螺栓挂钩；7—现浇外墙

⑧ 预制构件安装。本工程的预制构件主要为预应力薄板和楼梯踏步，预应力薄板进场后应在吊装前完成外观检查、规格尺寸的质量校核工作，并检查墙顶标高是否符合设计要求。预应力薄板本身刚度较差，在吊装前支搭硬架木楞、刨光，使顶面平整、光滑，并在墙体混凝土上铺 2cm 水泥砂浆找平。硬架采用钢支柱，间距 1.5m，隔层拆除。

预制楼梯踏步随结构与支排架和预制楼板同时安装。楼梯栏杆应提前加工进场，楼梯安装后应马上焊接栏杆作为防护，尽量不采用临时防护。

⑨ 脚手架工程。结构施工时，内脚手架利用大模板上设置的操作平台及防护栏杆；外墙外防护采用三角挂架上铺钢板作为外架子。三角挂架挂在下层外墙伸出的钩头螺栓上(见图 4-12)。三角外挂架的升挂使用塔机，在挂三角挂架时外墙混凝土强度不应小于 7.5MPa(计算依据详见分项设计)。

外墙装修采用吊篮，吊篮制作安装应有结构计算书，并经有关部门审批验收合格后才能使用。具体要求详见吊篮架子分项方案。

⑩ 土建与水电设备安装之间的配合。结构施工中对水电设备安装的埋件、预留孔洞及各种管线应给予保证，为全面系统地交付施工任务创造条件。

专业立管时考虑结构外墙有内保温做法，对预留量应严格控制(内保温做法为 60mm)。生活上下水、雨水、消防及暖卫管线等给排水系统的主管线，应争取在大面积装修前基本完成。在雨季前应先将雨水管系统完善，为雨期施工创造有利条件。各种管线安装统一按 50cm 水平线控制。卫生间设备、厨房设备甩好位置，土建贴瓷砖时按预留位置甩出，待全部设备安装完毕后进行补镶。

土建施工时考虑专业整个系统的施工作业情况，专业以系统为单位，分系统交工。对有壁纸、吊顶作业的房间，水暖专业必须在吊顶前完成试水试压工作。其他装修项目的插入也应严格按施工顺序进行，避免造成倒插工序而产生返工浪费现象。

⑪ 装修工程。内装修施工顺序：安装内隔墙板→立门窗口→外墙内保温→顶板、墙地面修理→安装窗台板→顶板、墙面刮腻子→门窗扇安装→设备安装调试→贴壁纸→门窗五金安装→玻璃、油漆施工→电器安装调试→竣工清理。

外檐装修做法是大面积的涂料和少量的陶瓷锦砖及铝合金饰面板。根据施工部署的安排，结构完成时正值冬季施工期间，外檐装修可充分利用冬期做好准备，冬季施工结束后立即插入。施工顺序：弹线(拉通线找垂直)→墙面修理(打底)→饰面基层抹灰(陶瓷锦砖基层)→外饰面喷涂、镶贴陶瓷锦砖→陶瓷锦砖擦缝验收。

结构完成后，在结构各大角统一拉线找垂直，然后进行基层修理和抹底层灰。抹灰黏结要求牢固，表面压光，为保证喷涂质量创造条件。

3) 主要项目工程量

本工程主要项目工程量如表4-11所示。

表4-11 主要项目工程量一览表

项目	单位	数量
机械挖土	m^3	27 000
地下室UEA混凝土	m^3	3445(含底板混凝土)
地下部分普通混凝土	m^3	2520
回填土	m^3	5700
地下部分钢筋	t	1100
首层混凝土	m^3	1266
首层钢筋	t	145.82
首层模板	m^2	1500
标准层以上混凝土	m^3	17 500
标准层以上钢筋	t	1400
标准层以上模板	m^2	79 000
地面做法	m^2	42 000
内墙粉刷	m^2	97 000
外墙饰面	m^2	17 700
屋面做法	m^2	1750

4) 施工进度计划

本工程地上结构、装修施工进度计划如图4-13所示。

3. 施工平面图

本工程结构的施工平面图如图4-14所示。

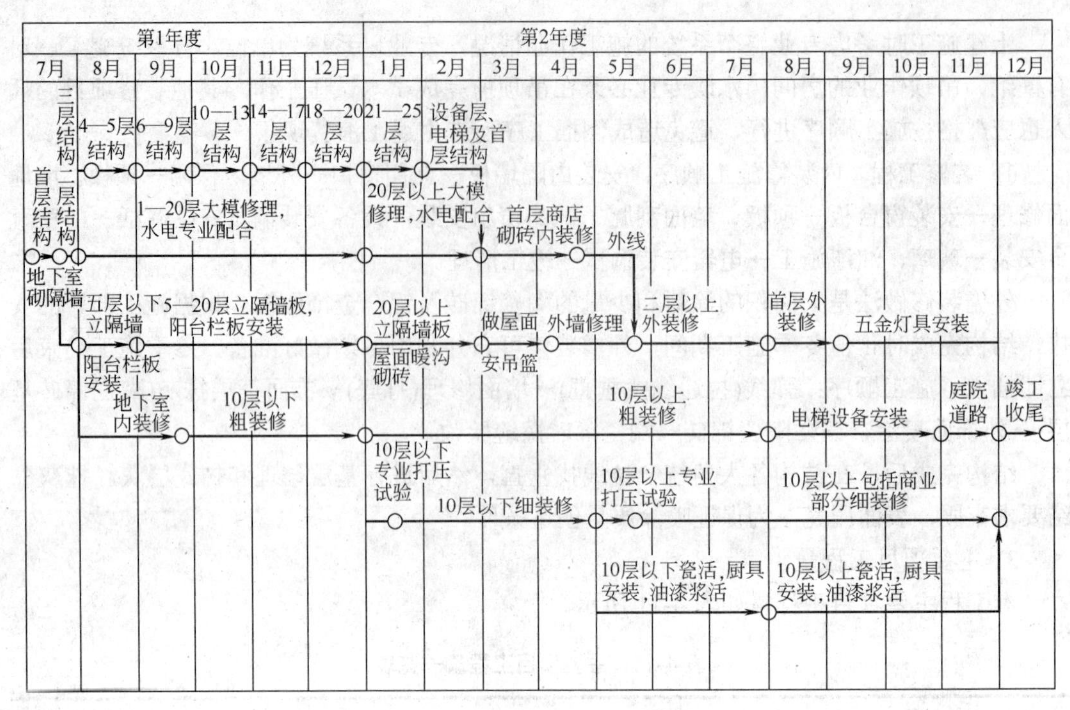

图 4-13　地上结构、装修施工网络计划图

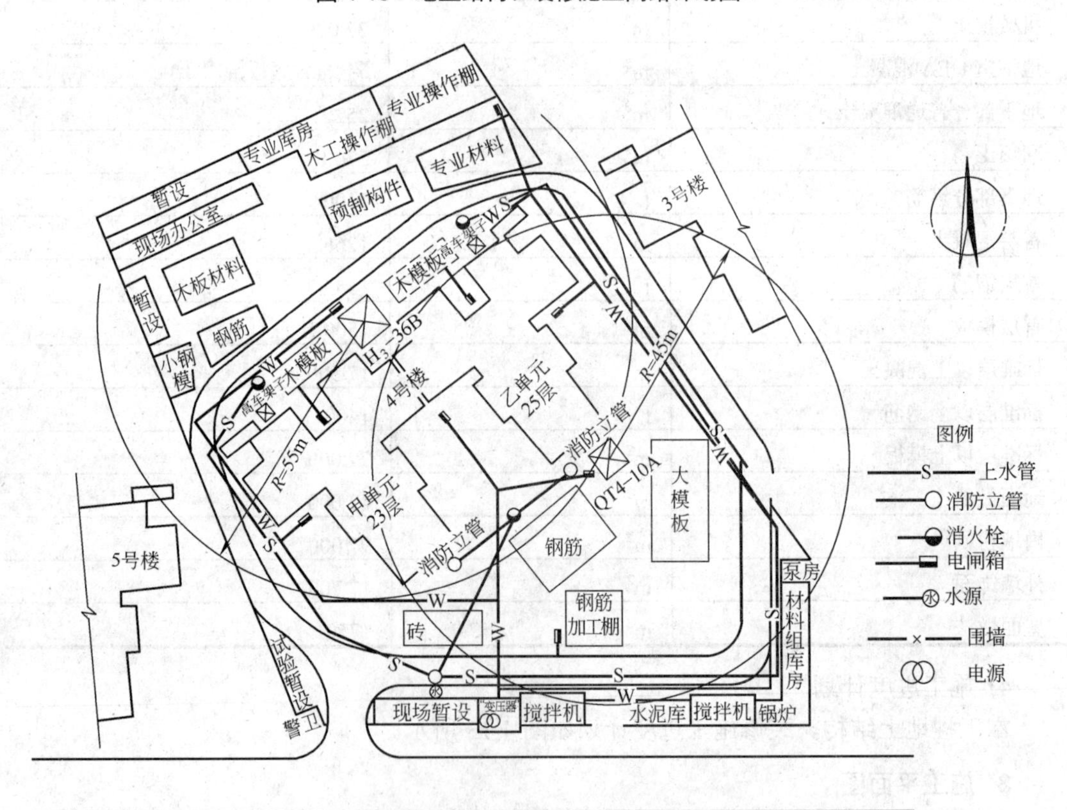

图 4-14　结构施工平面图

(1) 现场南侧临小区干道，因此大门设在南侧，绕主楼形成现场循环道路，路宽4m。

(2) 根据建筑平面及现场条件，H_3—36B塔式起重机立于主楼北侧离结构北外墙皮6m。QT_4—10A塔式起重机立于乙单元南侧，8层以下为行走式；8层以上固定，做三道锚固。现场内重量较大的大模板、预制构件等布置在塔式起重机回转半径内。

(3) 考虑水泥、砂、石、预制构件装卸方便，将搅拌站、水泥库、砂、石及构件堆放场设在现场南侧，紧邻市政干道。

(4) 为便于装卸钢筋及钢筋加工，将钢筋料场和钢筋加工棚设在场区南侧，木工操作棚设在场区北侧，以避免市政道路南侧居民住宅区的噪声扰民问题。

(5) 根据进度要求及现场狭小条件，现场储备两层预制叠合板。

(6) 在甲、乙单元北侧距循环道2m处各设一个消火栓，消火栓间距48m。现场南侧甲、乙单元之间设置一个消火栓，并在建筑物甲、乙单元外墙南侧各设一个消防立管。供应消防立管水源的高压水泵房设置在现场东南处。

4. 施工准备工作及资源需用量计划

1) 施工准备工作

(1) 技术准备。

① 由项目工程师组织有关人员熟悉图纸，进行图纸会审，领会设计意图，了解设计要求，并结合施工条件对工程主要项目的施工方法进行认真研究。

② 组织设计交底，办好一次性洽商，组织各分项方案的编制。

③ 做好大模板的设计及加工制作工作。

④ 现场勘察地形地貌、水文地质、地下管线等情况，检查验收红线桩及水准点。现场设4条轴线为控制线，主轴线控制桩设在地面上，用混凝土墩妥善保护，设明显标志。控制桩周围不得堆放杂物，并避免车辆机械碰撞，在周围暂设建筑物上设置辅助线、双控轴线。

现场设3个水平标高控制点(南场区1个，北场区2个)，以便于不同层段使用和互相校核。

(2) 生产准备。

① 现场道路及排水：现场以自然地坪为基准，土方挖完后平整到绝对标高39.65m左右，接近设计自然地坪。场区排水分南、北两部分各自独立排出，北部做暗沟渗井集中抽出，南部挖明排水沟排至场区外原有的下水口。

② 搭设临时宿舍、办公用房、搅拌站、钢筋棚、木工棚及水电作业棚等必要的设施。

③ 接通水源、电源，现场施工用水干管直径为$\phi100$，可满足消防要求，管线一律为暗埋，埋深为500mm以下。

(3) 施工用水。

施工用水量：按日用水量最大的浇筑混凝土工程量计算

$$q_1=\frac{k_1\sum Q_1\times N_1k_2}{8\times3600}$$

式中，k_1取1.05，k_2取1.5，N_1取2000，Q_1取83。

$$q_1 = \frac{1.05\times 83\times 2000\times 1.5}{8\times 3600} \approx 9.08\,(\text{L/s})$$

现场不设生活区，不计算生活用水。

消防用水 q_4，施工区面积约 10 800m^2，按消防用水量的下限考虑：q_4=10 L/s。

因 $q_4>q_1$，故取 $Q=q_4$=10 l/s。

供水管径可按消防用水选择：ν 取 1.3，

$$D=\sqrt{\frac{4000Q}{\pi\nu}}=\sqrt{\frac{4000\times 10}{3.14\times 1.3\times 1000}}=99\,(\text{mm})$$

因此供水管径可采用 ϕ100 的上水管。

(4) 施工用电。

① 动力机械：主要施工用电计划见表 4-12。

表 4-12 主要施工用电一览表

动力机械名称	数量/台	用电量/kW
H_3—36B 塔式起重机	1	160
QT_4—10A 塔式起重机	1	85
400L 混凝土搅拌机	2	40
钢筋切断机	1	10
钢筋弯曲机	1	3
电锯、电刨	2	6
打夯机	1	3
振动器	10	28
外用电梯	2	30
卷扬机	2	15
套丝切管机	2	2
100m 扬程高压水泵	2	10
砂轮锯	1	5
机械设备用电合计		397

② 电焊机 16 台，总容量 336kW。

P_1=397kW；P_2=336kW(电焊机用电量)；P_3 为室内照明和室外照明，按动力电的 10%考虑，P_3 取 40kW。$\cos\varphi=0.75$，k_1=0.6，k_2=0.5，k_3=0.9。

总用电量：

$$P=1.1\times\left(k_1\frac{\sum P_1}{\cos\varphi}+k_2\sum P_2+k_3\sum P_3\right)=1.1\times\left(0.6\times\frac{397}{0.75}+0.5\times 336+0.9\times 40\right)$$

$$=573.76(\text{kW})$$

2) 主要施工机具计划

主要施工机具计划见表 4-13。

表4-13 主要施工机具一览表

序 号	机具名称	规 格	单 位	数 量	用 途
1	36B塔式起重机	55m臂长	台	1	垂直运输
2	QT_4—10A塔式起重机	45m臂长	台	1	垂直运输
3	搅拌机	400L	台	2	搅拌混凝土
4	污水泵	$\phi75$	台	2	抽水备用
5	外用电梯	单笼	台	2	装修垂直运输
6	铲车	1t	辆	1	搅拌机后台装料
7	高压水泵		台	2	高层施工消防用水
8	切断机	$\phi40$	台	1	切断钢筋
9	卷扬机	3t	台	2	装修垂直运输
10	插入式振动棒	$\phi75$、$\phi50$	条	10	振捣混凝土
11	电焊机	交流	台	16	焊接
12	翻斗车	1t	辆	4	水平运输
13	电锯		台	1	水工开料
14	套丝切管机		台	1	水电管套丝
15	钢筋弯曲机		台	1	钢筋加工
16	打夯机	蛙式	台	1	回填土夯实
17	冲击电锤		台	5	
18	手枪钻		把	20	
19	气压焊设备		套	10	钢筋焊接

3) 劳动力需要量计划

(1) 劳动力需要量。

±0.00以上结构采取混合队形式，共225人，其中木工45人，钢筋工40人，混凝土工40人，抹灰工15人，吊装工20人，电焊工6人，架子工15人，水暖工20人，电工20人，放线工4人。

(2) 计划用工。

±0.00以上结构部分，工期8个月。结构单方用工：

$$\frac{225\times8\times30}{45\ 200}\approx1.19\,(\text{工日/m}^2)$$

专业单方用工：水暖工40人，电工40人，油工30人。

$$\frac{110\times8\times30}{45\ 200}\approx0.58\,(\text{工日/m}^2)$$

装修阶段单方用工：

$$\frac{380\times9\times30}{45\ 200}\approx2.27\,(\text{工日/m}^2)$$

5. 主要技术组织措施

1) 技术措施

(1) 由项目工程师组织有关业务职能部门熟悉和会审图纸，充分理解设计意图。统一各部门的认识和想法，本着保工期、保质量、提高生产效率和降低工程成本的原则，开展各项工作。

(2) 加强施工组织设计的管理和技术交底工作。

(3) 加强加工订货及原材料进场的检查验收工作。对土建加工订货翻样和钢筋翻样实行统一管理，钢筋提料满足施工要求，并符合设计和规范规定。原材料进场由专人负责核对提料单，索取技术资料及材质证明、合格证等。

(4) 工程技术资料应及时收集整理、汇总归档。对有分包协作关系的单位，应严格最终检验、试验制度，发现问题，协商解决，必要时请政府监督部门解决。设计变更洽商应及时反映在施工图纸上，为工程竣工提供依据。

2) 质量措施

(1) 建立以项目经理部为主体的质量保证体系，项目经理部的领导及业务部门应对施工全过程进行有效控制，严格执行公司质量体系程序文件，并建立相应的考核制度。

(2) 认真贯彻执行现行国家有关规范及上级部门颁发的有关技术、质量管理规定，对施工人员进行质量教育，组织学习有关操作工艺规程和安全规定，以提高管理人员和工人的技术水平。

(3) 严格执行施工质量控制和质量检验制度，认真实行“三检”(自检、互检、交接检)。贯彻落实好隐、预检规定，在隐检及结构验收前以书面通知的形式送达监理工程师，隐检合格后及时办理隐检手续。

(4) 对重要分项工程实行质量控制。

钢筋工程：为控制好基础底板标高，可在底板中部焊接钢筋作为标记；钢筋及焊接材料要按规范规定取样送检；焊工必须经培训持证上岗。

模板工程：做好模板方案设计，确保模板的整体强度和刚度；加强工长交底制度，严格按照方案及工艺标准施工；认真贯彻“三检制”，减少质量问题的发生。

混凝土工程：严格控制混凝土外加剂掺量，加强配合比管理；严格按分项方案规定浇筑、振捣及养护混凝土，确保混凝土的强度和外观质量要求。

装修工程：合理安排劳动力，严格按正常程序施工，加强成品保护；推广装修样板间做法，经验收合格后方可大面积施工，以此控制装修质量并尽可能减少浪费。

3) 冬期、雨期施工措施

(1) 冬期施工措施。

根据施工计划安排，主体结构第20层施工时正值冬季，因此应采取冬期施工措施。混凝土选用综合蓄热法施工，现场立一台0.7t/h立式煤气锅炉，模板保温采用岩棉被，混凝土中掺加冬施外加剂。混凝土施工中有专人测温，昼夜值班，并做好测温记录。

(2) 雨期施工措施。

根据施工计划安排，首层至5层结构施工时正值雨季，应采取雨期施工措施。

① 现场道路两侧挖明排水沟，道路上铺150mm厚焦渣并碾压密实。

② 塔式起重机及井架应安装避雷装置，接地电阻不大于10Ω。

③ 起重机轨道基础两旁、混凝土基础周围应修筑边坡和排水设施，并应与基坑保持一定安全距离。基础附近积水必须及时排除。

④ 所有堆放构件处支座必须坚固，雨后变形的支座不得堆放构件，经处理后才能重新使用。

⑤ 现场中小型机械必须加防雨罩或搭防雨棚。闸箱的防雨漏电接地保护装置应灵敏有效。每星期检查一次线路绝缘情况。

⑥ 雨天浇筑混凝土应减小坍落度，暴雨时应停工。

4) 安全消防措施

(1) 施工安全措施。

① 现场成立安全生产管理组织，由项目经理任组长主持安全生产工作，现场配专职安全检查员，严格执行安全值班制度。

② 做好民工和外包工新工人的安全培训教育，贯彻安全管理制度，提高安全意识，做好宣传工作。模板工、钢筋工、混凝土工、吊装工、电焊、架子工、信号工等，必须持证上岗。

③ 保证土方边坡稳定及基坑支护安全。基坑四周设防护栏两道，距坑边1m内不得堆放杂物。

④ 结构施工期间，首层平支一道安全网(重网)，每隔4层再支设一道3m网。首层进入洞口处应搭保护棚，高度不低于4.5m。未做正式封闭的门窗洞口、施工洞口、电梯井口等，均设二道防护栏或立挂安全网封严。进入现场必须戴安全帽。

⑤ 大模板的存放应满足自稳角(一般为20°～30°)的要求，并应面对面存放。长期存放的模板，应用拉杆连接稳固。在楼层内存放大模板时，必须采取可靠的防倾倒措施。遇有大风天气，应将大模板与建筑物固定。

⑥ 大模板必须有操作平台、上人梯道、防护栏杆等附属设施，如有损坏应及时补修。起吊前，应将吊装机械位置调整适当，稳起稳落，就位准确，严禁大幅度摆动。安装就位后，应及时用穿墙螺栓、花篮螺栓将全部模板连接成整体，防止倾倒。组装或拆除时，指挥和操作人员必须站在安全可靠的地方，防止意外伤人。

⑦ 拆除外墙模板时，应先挂好吊钩，绷紧吊索，待门、窗洞口模板拆除后，再进行起吊。起吊高度越过障碍物后，方准行车转臂。提升架及外模板拆除时，操作人员必须挂好安全带。

⑧ 各种电气设备均应安装漏电保护装置，并经常检查，发现隐患及时处理。非操作人员严禁动用电气设备。

⑨ 塔式起重机、施工电梯、井架等垂直运输机械的安装、顶升与拆卸，应严格遵守有关安全操作规程。垂直运输机械安装或顶升完毕，必须由专职全面人员检查认可后方可使用。

(2) 消防安全措施。

① 现场施工应遵守有关消防规定及用火申请制度，落实各项防火措施。

② 易燃、易爆等危险物品应单独存放，并有专人负责和相应的防火防爆措施。

③ 消火栓周围3m不准堆放物品和材料。结构施工时，消防竖管随结构上升。楼内隔层设灭火设备，消防泵房安装专用电路，设专人昼夜值班。

④ 保证现场道路畅通，与相邻 3 号楼、5 号楼之间的道路宽度保证为 4m，出入口设专人看守。

⑤ 严格出入验证门卫制度，并做好“四防”、“三证”的教育。

5) 环境保护措施

(1) 施工现场设置的围栏与标牌，现场设专人负责卫生；搅拌站内设降尘设备；施工道路每天派专人洒水。

(2) 施工现场的泥浆须经沉淀后方可外排；现场含酸、含油的废水须经中和、隔油处理。

(3) 防止沙、石等材料运输散落，进场堆放整齐。

(4) 噪声超过 55dB 的工程一律安排在早上 6 时至晚上 22 时进行。各种木材、金属的切割工作一律在作业棚内进行。

6) 降低成本措施

(1) 使用散装水泥每吨能节约 6 元。

(2) 混凝土楼面一次抹面，节约水泥 440t，沙子 1264m^3，节约金额 12.5 万元。

(3) 钢筋焊接采用气压焊，节约钢筋 42t，节约金额 10 万元。

(4) 脚手架采取以原有架子改造、加速周转、减少新配等措施，节约金额 2.6 万元。

(5) 力争冬施前完成结构施工，节约冬期施工措施费 10 万元。

(6) 材料随工程进度进场，减少搬运次数，节约二次搬运费 0.87 万元。

(7) 提高机械效率，及时清退，减少台班，节约中小型台班费 1.99 万元。

4.8 本 章 小 结

本章介绍了单位施工组织设计的编制程序、依据及包括的主要内容，工程概况及施工特点分析，施工方案、施工进度计划、施工平面图的编制方法和步骤，施工准备和资源需要量计划等。针对高层建筑的发展，本章详细介绍了剪力墙结构高层住宅的施工组织设计实例。

本章主要知识点：

- 单位工程施工组织设计是以单位工程为对象，具体指导其施工全过程各项活动的技术、经济文件。
- 单位工程施工组织设计中的工程概况，是对拟建工程的工程特征、场地情况和施工条件等所做的简要文字介绍。
- 施工方案包括施工组织方案和施工技术方案。施工组织方案主要研究施工程序、施工段的划分、施工流向与施工顺序及劳动组织的安排等问题；施工技术方案主要是研究主导施工过程的施工方法与施工机械的选择问题。合理选择施工方案是单位工程施工组织设计的核心。
- 单位工程施工进度计划是控制各分部分项工程施工进度的主要依据，也是编制季度、月度施工作业计划及各项资源需要量计划的依据。
- 单位工程施工准备工作计划主要反映开工前必须要做的有关准备工作，多属于作业条件准备。资源需用量计划是做好各种资源供应、调度、平衡、落实的依据。

- 单位工程施工平面图是针对单位工程的施工现场布置图。合理的施工平面布置有利于顺利执行施工进度计划，减少临时设施费用，节约土地和保证现场文明施工。

4.9　复习思考题

1. 简述单位工程施工组织设计的编制程序和依据。

2. 单位工程施工组织设计包括哪些内容？从哪几个方面进行评价？

3. 单位工程施工组织设计中的工程概况包括哪些内容？

4. 单位工程施工方案主要包括哪些内容？单位工程的施工程序、施工流向及施工顺序分别指什么？

5. 选择施工方法和施工机械应满足哪些基本要求？

6. 单位工程主要技术组织的措施有哪些？

7. 单位工程施工进度计划的编制依据有哪些？编制程序如何？施工项目如何划分？

8. 怎样确定一个施工项目的劳动量和机械台班量？施工项目的工作延续时间如何计算？

9. 施工进度计划初步方案如何编制？怎样进行检查和调整？

10. 单位工程施工准备工作计划主要反映哪些内容？资源需要量计划有哪些？

11. 单位工程施工平面图的设计依据和原则是什么？简述施工平面图的一般设计步骤。

12. 简述单位工程施工平面图的绘制步骤。

第5章　施工组织总设计

施工组织总设计，是由建设项目总承包单位或大型工程项目经理部总工程师主持，以一个建设项目或建筑群为对象编制的，用以指导建设项目或建筑群建设过程中各项施工活动的全局性、综合性和纲领性的技术经济文件。

5.1　概　述

施工组织总设计是以一个建设项目或民用建筑群为对象在建设项目前期工作阶段编制的。它是建设项目或建筑群施工的总体构想，是建设项目施工招标的工作依据，同时也是施工企业规划和部署整个施工活动的技术经济文件。

1. 施工组织总设计的编制程序

施工组织总设计的编制程序如图5-1所示。

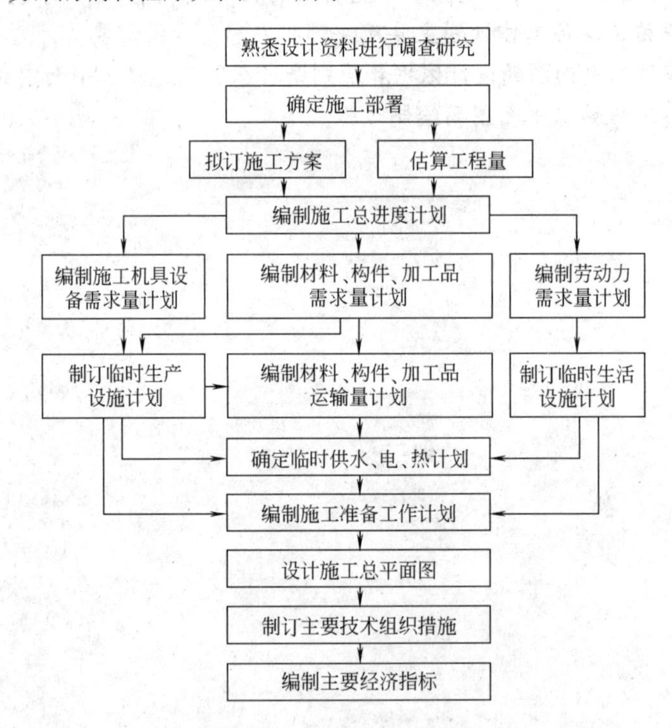

图5-1　施工组织总设计的编制程序

2. 施工组织总设计的编制依据

施工组织总设计的编制依据主要包括以下几点。

(1) 计划及招标文件。包括国家批准的基本建设计划及招标文件的要求和所提供的工程背景资料等。如设计任务书、工程项目一览表和投资进度安排等；概算指标；大型设备采购、交货进度；引进材料和设备的供应日期；工期和质量要求等。

(2) 设计文件。包括已批准的初步设计或扩大初步设计文件。如设计说明书、建筑总平面图、建筑区域平面图、建筑平面与剖面示意图、建筑物竖向设计及总概算或修正总概算等。

(3) 调查资料。包括建筑地区的技术经济调查资料，如能源、交通、材料、半成品及成品货源及价格等；场地勘察资料，如气象、地形、地貌、地质、水文资料等；社会调查资料，如政治、经济、文化、宗教、科技资料等。

(4) 技术标准。包括现行的施工质量验收规范、操作规程、技术规定和经济指标等。

(5) 参考资料。包括类似建设项目的施工经验、工期定额及有关参考数据等。

(6) 其他。包括有关建设文件和建筑法规等。

3. 施工组织总设计的内容

施工组织总设计编制的内容，应根据工程的性质和规模、建筑结构的特点、施工的复杂程度、施工条件和管理要求等来确定。一般应包括：工程概况、施工总体部署、施工总进度计划、施工准备工作计划及各项资源需用量计划、施工总平面图和主要技术经济指标等部分。

4. 施工组织总设计的评价

施工组织总设计的评价内容主要有：施工总体部署和施工程序的合理性；建设工期及施工的均衡性；主要工程施工方案的可行性、经济性；质量、安全措施的针对性与有效性；施工总平面布置的合理性及施工用地情况。

5.2 工 程 概 况

施工组织总设计中的“工程概况”，是对建设项目或建筑群所做的总说明和总分析，一般包括建设项目概况、建设地区特征、施工条件及其他内容。有时为了补充文字介绍的不足，还可附有建设项目设计总平面图，主要建筑的平、立、剖示意图及辅助表格。

1. 建设项目概况

建设项目主要包括：工程项目与工程性质；建设地点和建设规模；生产流程及工艺特点；概算总投资；开、竣工时间及分期分批施工项目和期限；主要项目工程量；主要建筑特点和结构类型等内容。

2. 建设地区特征

建设地区特征主要包括地质、水文、气象等情况；地上、地下障碍物和建设场区周围情况；交通运输条件；供电、供水、排水与排污条件；劳动力和生活设施情况；地方建筑企业情况等。

3. 施工条件及其他内容

施工条件主要应反映施工企业的生产能力、技术装备、管理水平、市场竞争和完成指标的情况，以及主要设备、材料和特殊物资供应情况。

其他方面，包括法规条件，如施工噪声、渣土运输与堆放限制、交通管制、消防要求、环境保护与建设公害防治等方面的法律、法规；有关建设项目的决议和协议等。

5.3 施工总体部署

施工总体部署是建设项目施工程序及施工展开方式的总体设想，是施工组织总设计的中心环节。其内容主要包括：施工任务的组织分工及程序安排、主要项目的施工方案、主要工种工程的施工方法和施工准备工作规划等。

1. 施工任务的组织分工及程序安排

一个建设项目或建筑群是由若干幢建筑物和构筑物组成的。为了科学地规划控制，应对施工任务进行组织分工及程序安排。

应在明确施工项目管理体制的条件下，划分参与建设的各施工单位的施工任务，明确总包与分包单位的关系，建立施工现场统一的组织领导机构及职能部门，确定综合的和专业化的施工组织，明确各施工单位之间的分工与协作关系，划分施工阶段，确定各施工单位分期分批的主导施工项目和穿插施工项目，对施工任务做出程序安排。

在安排施工程序时，应注意以下几点。

(1) 一般应先场外设施后场内设施、先地下工程后地上工程、先主体项目后附属项目、先土建施工后设备安装。

(2) 要考虑季节影响。一般大规模土方开挖和深基础施工应避开雨期；冬期施工以安排室内作业和结构安装为宜，寒冷地区入冬前应做好围护结构。

(3) 对于在生产或使用上有重大意义、工程规模较大、施工难度较大、施工工期较长的单位工程，以及需要先配套使用或可供施工期间使用的项目，应尽量先安排施工。

(4) 对于工业建设项目，应考虑各生产系统分期投产的要求。在安排一个生产系统主要工程项目时，同时应安排其配套项目的施工。

(5) 对于大中型民用建设项目，一般也应分期分批建设。如安排居民小区施工程序时，除考虑住宅外，还应考虑幼儿园、学校、商店及其他生活和公共设施的建设，以便交付使用后能及早发挥经济效益、社会效益和环境保护效益。

2. 主要项目的施工方案

在施工组织总设计中，对主要项目施工方案的考虑，只是提出原则性的意见。如深基坑支护采用哪种施工方案；混凝土运输采用何种方案；现浇混凝土结构是采用大模板、滑模还是爬模成套施工工艺等。具体的施工方案可在编制单位工程组织设计时确定。

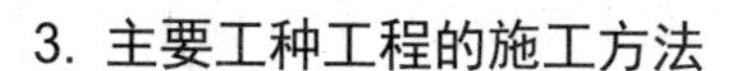
3. 主要工种工程的施工方法

对于一些关键工种工程或本单位未曾施工的工种工程，应详细拟定施工方法并组织论证。在确定主要工种工程的施工方法时，应结合建设项目的特点和本企业的施工习惯，尽可能采用工业化和机械化的施工方法。

4. 施工准备工作计划

施工准备工作计划包括施工准备计划和技术准备计划。主要有：提出“三通一平”分期施工的规模、期限和任务分工；及时做好土地征用、居民搬迁和障碍物的拆除工作；组织图纸会审；做好现场测量控制网；对新材料、新结构、新技术组织测试和试验；安排重要建筑机械设备的申请和进场等。

5.4　施工总进度计划

施工总进度计划是以建设项目为对象，根据规定的工期和施工条件，在建设项目施工部署的基础上，对各施工项目作业所做的时间安排，是控制施工工期及各单位工程施工期限和相互搭接关系的依据。因此，必须充分考虑施工项目的规模、内容、方案和内外关系等因素。

5.4.1　施工总进度计划的编制原则和内容

1. 施工总进度计划的编制原则

1) 系统规划，突出重点

在安排施工进度计划时，要全面考虑、分清主次、抓住重点。所谓重点工程，是指那些对工程施工进展和效益影响较大的工程子项。这些项目具有工程量大，施工工期长，工艺、结构复杂，质量要求高等特点。

2) 流水组织，均衡施工

流水施工方法是现代大工业生产的组织方式。由于流水施工方法能使建筑工程施工活动有节奏、连续地进行，均衡地消耗各类物资资源，因而能产生较好的技术经济效果。

3) 分期实施，尽早动用

对于大型工程施工项目应根据一次规划、分期实施的原则，集中力量分期分批施工，以便尽早投入使用，尽快发挥投资效益。为保证每一动用单元能形成完整的使用功能和生产能力，应合理划分这些动用单元的界限，确定交付使用时必须是全部配套项目。

4) 综合平衡，协调配合

大型工程施工除了主体结构工程外，工艺设备安装和装饰工程施工也是制约工期的主要因素。当主体结构工程施工达到计划部位时，应及时安排工艺设备安装和装饰工程的搭接、交叉，使之形成平行作业。同时，还需做好水、电、气、通风、道路等外部协作条件

和资金供应能力、施工力量配备、物资供应能力的综合平衡工作，使它们与施工项目控制性总目标协调一致。

2．施工总进度计划的内容

编制施工总进度计划，一般包括划分工程项目、计算各主要项目的实物工程量、确定各单位工程的施工期限、确定各单位工程开竣工时间和相互搭接关系以及编制施工总进度计划表。

5.4.2　划分工程项目与计算工程量

1．划分工程项目

建设项目施工总进度计划主要反映各单项工程或单位工程的总体内容，通常按照工程量、分期分批投产顺序或交付使用顺序来划分主要施工项目。为突出工作重点，施工项目的确定不宜太细，一些附属项目、配套设施和临时设施可适当合并列出。

当一个建设项目内容较多、工艺复杂时，为了合理组织施工和缩短工作时间，常常将单项工程或若干个单位工程组成一个施工区段，各施工区段间互相搭接、互不干扰，各施工区段内组织有节奏的流水施工。工业建设项目一般以交工系统作为一个施工区段，民用建筑按地域范围和现场道路的界线来划分施工区段。

2．计算工程量

在施工项目或施工区段划分的基础上，计算各单位工程的主要实物工程量。其目的是为了选择各单位工程的流水施工方法、估算各项目的完成时间和计算资源需要量。因此，工程量计算内容不必太细。

工程量计算可根据初步设计(或扩大初步设计)图纸和定额手册或有关资料进行。常用的定额和资料有以下几种。

(1) 每万元、10 万元投资工程量、劳动力及材料消耗扩大指标。在这种定额中，规定了某一种结构类型建筑，每万元或10万元投资中劳动力、主要材料等消耗数量。

(2) 概算指标和扩大结构定额。这两种定额都是在预算定额基础上的进一步扩大。概算指标是以建筑物每 $1000m^3$ 体积为单位；扩大结构定额则以每 $1000m^2$ 建筑面积为单位。

(3) 标准设计或已建成的类似建筑物资料。在缺乏上述定额的情况下，可采用标准设计或已建成的类似建筑物实际所消耗的劳动力及材料，加以类推，按比例估算。这种消耗指标都是各单位多年积累的经验数字，实际工作中常采用这种方法。

除房屋外，还必须计算主要的全工地性工程的工程量。如场地平整、现场道路和地下管线的长度等，这些可以根据建筑总平面图来计算。

将按上述方法计算出的工程量填入工程施工项目一览表中，如表 5-1 所示。

表 5-1　工程施工项目一览表

工程分类	工程项目名称	结构类型	建筑面积/1000 m^2	建筑数/幢	投资概算/万元	主要实物工程量									
						场地平整/1000 m^2	土方工程/1000 m^3	铁路铺设/km	…	砌体工程/1000 m^3	钢筋混凝土工程/1000 m^3	…	装饰工程/1000 m^2	…	
全工地性工程															
主体项目															
辅助项目															
临时建筑															

5.4.3　确定各单位工程的施工期限

影响单位工程施工期限的因素很多，主要是建筑类型、结构特征和工程规模、施工方法、施工技术和施工管理水平、劳动力和材料供应情况及施工现场的地形、地质条件等。因此，各单位工程的工期应根据现场具体条件，综合考虑上述影响因素并参考有关工期定额或指标后予以确定。单位工程施工期限必须满足合同工期的要求。

5.4.4　确定各单位工程开竣工时间和相互搭接关系

在确定了各主要单位工程的施工期限之后，就可以进一步安排各单位工程的搭接施工时间。在解决这一问题时，一方面要根据施工部署中的控制工期及施工条件来确定；另一方面也要尽量使主要工种的工人基本上能够连续、均衡地施工。在具体安排时应着重考虑

以下几点。

(1) 根据使用要求和施工可能，结合物资供应情况及施工准备条件，分期分批地安排施工，明确每个施工阶段的主要单位工程和其开竣工时间。同一时期的开工项目不应过多，以免人力、物力分散。

(2) 对于工业项目施工以主厂房设施的施工时间为主线，穿插其他配套项目的施工时间。

(3) 对于具有相同结构特征的单位工程或主要工种工程应安排流水施工。

(4) 确定一些附属工程，如办公楼、宿舍、附属建筑或辅助车间等作为调节项目，以调节主要施工项目的施工进度。

(5) 充分估计材料、构件、设计出图时间和设备的到货情况，使每个施工项目的施工准备、土建施工、设备安装和试车运转互相配合、合理衔接。

(6) 努力做到均衡施工，不但使劳动力、物资消耗均衡，同时使土建、安装、试生产在时间和数量上也均衡合理。

5.4.5 编制施工总进度计划

1. 施工总进度计划的编制

根据前面确定的施工项目内容、期限、开竣工时间及搭接关系，可采用横道图或网络图的形式来编制施工总进度计划。首先根据各施工项目的工期与搭接时间，编制初步进度计划；其次按照流水施工与综合平衡的要求，调控进度计划；再次绘制施工总进度计划和主要分部工程施工进度计划。

横道图表示的施工总进度计划如表 5-2 所示，表中栏目可根据项目规模和要求作适当调整。

表 5-2 施工总进度计划

<table>
<tr><th rowspan="4">单位工程名称</th><th rowspan="4">建筑面积/m²</th><th rowspan="4">结构形式</th><th rowspan="4">工作量/万元</th><th rowspan="4">工作天数</th><th colspan="16">施工进度计划</th></tr>
<tr><th colspan="12">20××年</th><th colspan="4">20××年</th></tr>
<tr><th colspan="3">一季度</th><th colspan="3">二季度</th><th colspan="3">三季度</th><th colspan="3">四季度</th><th colspan="3">一季度</th><th>…</th></tr>
<tr><th>1</th><th>2</th><th>3</th><th>4</th><th>5</th><th>6</th><th>7</th><th>8</th><th>9</th><th>10</th><th>11</th><th>12</th><th>1</th><th>2</th><th>3</th><th>…</th></tr>
<tr><td></td><td></td><td></td><td></td><td></td><td></td><td></td><td></td><td></td><td></td><td></td><td></td><td></td><td></td><td></td><td></td><td></td><td></td><td></td><td></td><td></td></tr>
<tr><td></td><td></td><td></td><td></td><td></td><td></td><td></td><td></td><td></td><td></td><td></td><td></td><td></td><td></td><td></td><td></td><td></td><td></td><td></td><td></td><td></td></tr>
</table>

2. 施工总进度计划的调整与修正

施工总进度计划安排好后，把同一时期各单项工程的工作量加在一起，用一定比例画在总进度计划的底部，即可得出建设项目的资源曲线。根据资源曲线可以大致判断出各个时期的工程量完成情况。如果在所画曲线上存在较大的低谷和高峰，则需调整个别单位工程的施工速度和开、竣工时间，以便消除低谷和高峰，使各个时期的工程量尽量达到均衡。资源曲线按不同类型编制，可反映不同时期的资金、劳动力、机械设备和材料构件的需要量。

在编制了各个单位工程的控制性施工进度计划后，有时还需对施工总进度计划作必要的修正和调整。此外在控制性施工进度计划贯彻执行过程中，也应随着施工的进展变化及时作必要的调整。

有些建设项目的施工总进度计划是跨几个年度的，此时还需要根据国家每年的基本建设投资情况，调整施工总进度计划。

5.5 资源需要量计划

各项资源需要量计划是做好劳动力及物资的供应、平衡、调度和落实的依据，其内容一般包括如下几个方面。

1. 综合劳动力需要量计划

首先根据施工总进度计划，套用概算定额或经验资料计算出所需劳动力；其次汇总劳动力需要量计划，如表 5-3 所示，同时提出解决劳动力不足的有关措施，如加强技术培训和调度安排等。

表 5-3 劳动力需要量计划

序 号	工程名称	施工高峰需用人数	20××年				20××年				现有人数	多余(+)或不足(−)
			一季度	二季度	三季度	四季度	一季度	二季度	三季度	四季度		

注：① 工种名称除生产工人外，应包括附属辅助用工(如机修、运输、构件加工、材料保管等)以及服务和管理用工。

② 表下应附以分季度的劳动力动态变化曲线。

2. 材料、构件及半成品需要量计划

(1) 主要材料、构件和预制加工品需要量计划。根据工程量汇总表和总进度计划，参照概算定额或经验资料，计算主要材料、构件和预制加工品的需要量计划，如表 5-4 所示。

表 5-4 主要材料、构件和预制加工品需要量计划

序号	主要材料、构件和预制加工品名称	规格	单位	需要量				需要量计划					
				正式工程	大型临时设施	施工措施	合计	20××年				20××年	
								一季度	二季度	三季度	四季度	一季度	…

(2) 主要材料、构件和预制加工品运输量计划。根据当地运输条件和参考资料，选用运输机具并计算其运输量，汇总并编制主要材料、构件和预制加工品的运输量计划，如表 5-5 所示。

表 5-5　主要材料、构件和预制加工品运输量计划

序号	主要材料、构件和预制加工品名称	单位	数量	折合吨数/t	运距			运输量/(t·km)	分类运输量/(t·km)			备注
					装货点	卸货点	距离/km		公路	铁路	航运	

注：材料、构件和预制加工品所需运输总量应另加入 8%～10%的不可预见系数。

3. 主要施工机具、设备需要量计划

根据施工部署、施工总进度计划及主要材料、构件和预制加工品运输量计划，汇总并编制主要施工机具、设备需要量计划，如表 5-6 所示。

表 5-6　主要施工机具、设备需要量计划

序号	机具设备名称	规格型号	电动机功率/kW	数量				购置价值/千元	使用时间	备注
				单位	需用	现有	不足			

注：机具设备名称可按土石方机械、钢筋混凝土机械、起重设备、金属加工设备、运输设备、木工加工设备、动力设备、测试设备、脚手工具等类分别填列。

4. 大型临时设施建设计划

本着尽量利用已有或拟建工程为施工服务的原则，根据施工部署、资源需要量计划以及临时设施参考指数，确定临时设施的建设计划，如表 5-7 所示。

表 5-7　大型临时设施建设计划

序号	项目名称	需用量		利用现有建筑	利用拟建永久工程	新建	单价/(元/m^2)	造价/万元	占地/m^2	修建时间	备注
		单位	数量								

注：项目名称栏包括一切属于大型临时设施的生产、生活用房，临时道路，临时供水、供电和供热系统等。

5.6　施工总平面图

施工总平面图是指整个工程建设项目施工现场的平面布置图，是全工地的施工部署在空间上的反映，也是实现文明施工、节约土地、减少临时设施费用的先决条件。

5.6.1　施工总平面图的设计依据

施工总平面图的设计依据有如下几项内容。

(1) 场址位置图、区域规划图、场区地形图、场区测量报告、场区总平面图、场区竖向布置图及场区主要地下设施布置图等。

(2) 工程建设项目总工期、分期建设情况与要求。

(3) 施工部署和主要单位工程施工方案。

(4) 工程建设项目施工总进度计划。

(5) 主要材料、半成品、构件和设备的供应计划及现场储备周期；主要材料、半成品、构件和设备的供货与运输方式。

(6) 各类临建设施的项目、数量和外廓尺寸等。

5.6.2　施工总平面图的设计原则与内容

1. 施工总平面图的设计原则

(1) 尽量减少用地面积，便于施工管理。

(2) 尽量降低运输费用，保证运输方便，减少二次搬运。为此，要合理地布置仓库、附属企业和运输道路，使仓库和附属企业尽量靠近使用中心，并且要正确选择运输方式。

(3) 尽量降低临时设施的修建费用。为此，要充分利用各种永久性建筑物为施工服务。对需要拆除的原有建筑物也应酌情加以利用或暂缓拆除。此外，要注意尽量缩短各种临时管线的长度。

(4) 满足防火和生产安全方面的要求。

(5) 便于工人生产与生活，正确合理地布置生活福利方面的临时设施。

2. 施工总平面图的内容

(1) 一切地上、地下已有的和拟建的建筑物、构筑物，及其他设施的平面位置和尺寸。

(2) 永久性与半永久性测量用的坐标点、水准点、高程点和沉降观测点等。

(3) 一切临时设施。包括施工用地范围，施工用道路、铁路，各类加工厂，各种建筑材料、半成品、构件的仓库和主要堆场，取土和弃土的位置，行政管理用房和文化生活设施，临时供水系统与排水系统、供电系统及各种管线布置等。

5.6.3 施工总平面图的设计步骤

设计施工总平面图时，首先应从主要材料、构件和设备等进入现场的运输方式入手，先布置场外运输道路和场内仓库、加工厂；其次布置场内临时道路；再次布置其他临时设施，包括水电管网等。

1. 运输线路确定

(1) 当场外运输主要采用铁路运输方式时，要考虑铁路的转弯半径和坡度的限制，确定引入位置和线路布置方案。对拟建永久性铁路的大型工业企业，一般可提前修建永久性铁路专用线。铁路专用线宜由工地的一侧或两侧引入；若大型工地划分成若干个施工区域时，也可考虑将铁路引入工地中部的方案。

(2) 当场外运输主要采用公路运输方式时，由于汽车线路可以灵活布置，因此应先布置场内仓库和加工厂，然后布置场内临时道路，并与场外主干公路连接。

(3) 当场外运输主要采用水路运输方式时，应充分运用原有码头的吞吐能力。如需增设码头，卸货码头数量不应少于两个，码头宽度应大于2.5m，并可在码头附近布置主要仓库和加工厂。

2. 仓库和堆场布置

1) 仓库的类型

工地仓库是储存物资的临时设施，其类型有转运仓库、中心仓库、现场仓库和加工厂仓库几种。转运仓库是货物转载地点(如火车站、码头、专用卸货场)的仓库；中心仓库是专供储存整个建筑工地所需材料、构件等的仓库，一般设在现场附近或施工区域中心；现场仓库按其储存材料的性质和重要程度，可采用露天堆场、半封闭式或封闭式三种形式。

2) 仓库与堆场的布置原则

(1) 在进行仓库的布置时，应尽量利用永久性仓库。

(2) 仓库与材料堆场应接近使用地点。

(3) 仓库应位于平坦、宽敞和交通方便的地方。

(4) 应符合技术和安全方面的规定。

当有铁路时，应沿铁路布置周转仓库和中心仓库；一般材料仓库应邻近公路和施工区域布置；钢筋、木材仓库应布置在其加工厂附近；水泥库和砂石堆场应布置在搅拌站附近；油料、氧气、电石库等应布置在边远、人少的地点；易燃的材料库要设在拟建工程的下风方向；车库和机械站应布置在现场入口处；工业建设项目的设备仓库或堆料场应尽量放在拟建车间附近。

3. 混凝土搅拌站和各类加工厂布置

混凝土搅拌站和各类加工厂的布置，应以方便使用、安全防火、运输费用最小和相对集中为原则。在布置时应该注意以下几点。

(1) 当运输条件较好时，混凝土搅拌站宜集中布置；否则以分散布置在使用地点或垂直运输设备附近为宜。若利用城市的商品混凝土，则只需考虑其供应能力和输送设备能否满足施工需要，工地可不考虑布置搅拌站。

(2) 工地混凝土预制构件加工厂一般宜布置在工地边缘、铁路专用线转弯处的扁形地带或场外邻近处。

(3) 钢筋加工厂宜布置在混凝土预制构件加工厂或主要施工对象附近。

(4) 木材加工厂的原木、锯材堆场应靠近铁路、公路或水路沿线；锯木、板材加工车间和成品堆场应按工艺流程布置，一般应设在土建施工区域边缘的下风向位置。

(5) 金属结构、锻工和机修等车间，生产联系比较密切，宜集中布置在一起。

(6) 产生有害气体和污染环境的加工厂，如沥青熬制、石灰热化和石棉加工等，应位于场地下风向。

4. 场内运输道路布置

首先根据各仓库、加工厂及施工对象的相对位置，研究货物周转运输量的大小，区别出主要道路和次要道路；其次进行道路规划。在规划中，应考虑车辆行驶安全、货物运输方便和道路修筑费用等问题。

(1) 应尽量利用拟建的永久性道路，或提前修建，或先修建永久性路基，工程完工后再铺设路面。

(2) 必须修建的临时道路，应把仓库、加工厂和施工地点连接起来。

(3) 道路应有足够的宽度和转弯半径。连接仓库、加工厂等的主要道路一般应按双行环形路线布置，路面宽度不小于6m；次要道路则按单行支线布置，路面宽度不小于3.5m，路端设回车场地。

(4) 临时道路的路面结构，应根据运输情况、运输工具和使用条件来确定。

(5) 应尽量避免与铁路交叉。

5. 临时行政、生活福利设施布置

工地所需的行政、生活福利设施，应尽量利用现有的或拟建的永久性房屋，数量不足时再临时修建。

(1) 工地行政管理用房宜设在工地入口处或中心地区，现场办公室应靠近施工地点。

(2) 工人住房一般在场外集中设置，距工地以500～1000m为宜。

(3) 生活福利设施，如商店、小卖部、俱乐部等应设在工人较集中的地方或工人出入的必经之处。

(4) 食堂可以布置在工地内部，也可以布置在工人村内，应视具体情况而定。

6. 临时水电管网布置

临时水电管网布置时应注意以下几点。

(1) 尽量利用已有的和提前修建的永久线路。

(2) 临时水池、水塔应设在用水中心和地势较高处。给水管一般沿主干道路布置成环状管网，孤立点可设枝状管网。过冬的临时水管须埋在冰冻线以下或采取保温措施。

(3) 消防站一般布置在工地的出入口附近，并沿道路设消防栓。消防栓间距不应大于100m，距路边不大于2m，距拟建房屋不大于25m且不小于5m。

(4) 临时总变电站应设在高压线进入工地处；临时自备发电设备应设置在现场中心或

靠近主要用电区域。临时输电干线沿主干道路布置成环形线路，供电线路应避免与其他管道布置在路的同一侧。

5.6.4 施工总平面图的绘制

施工总平面图的绘制步骤、要求和方法与单位工程施工平面图基本相同，详见第4章4.6.7小节内容。图幅大小和绘图比例应根据建设项目场地大小及布置内容的多少来确定。比例一般采用1∶1000或1∶2000。

5.7 大型临时设施计算

5.7.1 临时仓库和堆场计算

临时仓库和堆场的计算一般包括：确定各种材料、设备的储存量；确定仓库和堆场的面积及外形尺寸；选择仓库的结构形式，确定材料、设备的装卸方法等。

1. 材料设备储备量确定

对于经常或连续使用的材料，如砖、瓦、砂、石、水泥、钢材等可按储备期计算，计算公式如下：

$$P = T_{\mathrm{c}} \frac{Q_i K_i}{T} \tag{5-1}$$

式中：P——材料的储备量(m^3或t等)；

T_{c}——储备期定额(天)，见表5-8；

Q_i——材料、半成品等总的需要量；

T——有关项目的施工总工作日；

K_i——材料使用不均衡系数，见表5-9。

表5-8 计算仓库面积的有关系数

序号	材料及半成品	单位	储备天数 T_c/天	不均衡系数 K_i	每平方米储存定额 P	有效利用系数 K	仓库类别	备 注
1	水泥	t	30～60	1.3～1.5	1.5～1.9	0.65	封闭式	堆高10～12袋
2	生石灰	t	30	1.4	1.7	0.7	棚	堆高2m
3	沙子(人工堆放)	m^3	15～30	1.4	1.5	0.7	露天	堆高1～1.5m

续表

序号	材料及半成品	单位	储备天数 T_c/天	不均衡系数 K_i	每平方米储存定额 P	有效利用系数 K	仓库类别	备　注
4	沙子(机械堆放)	m^3	15～30	1.4	2.5～3	0.8	露天	堆高 2.5～3m
5	石子(人工堆放)	m^3	15～30	1.5	1.5	0.7	露天	堆高 1～1.5m
6	石子(机械堆放)	m^3	15～30	1.5	2.5～3	0.8	露天	堆高 2.5～3m
7	块石	m^3	15～30	1.5	10	0.7	露天	堆高 1.0m
8	预制钢筋混凝土板	m^3	30～60	1.3	0.20～0.30	0.6	露天	堆高 4 块
9	柱	m^3	30～60	1.3	1.2	0.6	露天	堆高 1.2～1.5m
10	钢筋(直筋)	t	30～60	1.4	2.5	0.6	露天	占全部钢筋的 80%，堆高 0.5m
11	钢筋(盘筋)	t	30～60	1.4	0.9	0.6	封闭式或棚	占全部钢筋的 20%，堆高 1m
12	钢筋成品	t	10～20	1.5	0.07～0.1	0.6	露天	
13	型钢	t	45	1.4	1.5	0.6	露天	堆高 0.5m
14	金属结构	t	30	1.4	0.2～0.3	0.6	露天	
15	原木	m^3	30～60	1.4	1.3～15	0.6	露天	堆高 2m
16	成材	m^3	30～45	1.4	0.7～0.8	0.5	露天	堆高 1m
17	废木料	m^3	15～20	1.2	0.3～0.4	0.5	露天	废木料约占锯木量的 10%～15%
18	门窗扇	扇	30	1.2	45	0.6	露天	堆高 2m
19	门窗框	樘	30	1.2	20	0.6	露天	堆高 2m
20	木屋架	樘	30	1.2	0.6	0.6	露天	
21	木模板	m^2	10～15	1.4	4～6	0.7	露天	
22	模板整理	m^2	10～15	1.2	1.5	0.65	露天	
23	砖	千块	15～30	1.2	0.7～0.8	0.6	露天	堆高 1.5～1.6m
24	泡沫混凝土制作	m^3	30	1.2	1	0.7	露天	堆高 1m

注：储备天数根据材料来源、供应季节和运输条件等确定。一般就地供应的材料取表中低值，外地供应采用铁路运输或水运者取高值。现场加工企业供应的成品、半成品的储备天数取低值，项目部独立核算加工企业供应者取高值。

表 5-9　按不均衡系数计算仓库面积表

序　号	名　称	计算基础数，m	单　位	系数，φ
1	仓库(综合)	按全员(工地)	m^2/人	0.7～0.8
2	水泥库	按当年水泥用量的 40%～50%	m^2/吨	0.7
3	其他仓库	按当年工作量	m^2/万元	2～3
4	五金杂品库	按年建筑安装工作量计算	m^2/万元	0.2～0.3
		按在建建筑面积计算	$m^2/100m^2$	0.5～1
5	土建工具库	按高峰年(季)平均人数	m^2/人	0.1～0.2
6	水暖器材库	按年在建建筑面积	$m^2/100m^2$	0.2～0.4
7	电器器材库	按年在建建筑面积	$m^2/100m^2$	0.3～0.5
8	化工油漆危险品库	按年建筑安装工作量	m^2/万元	0.1～0.15
9	三大工具库(脚手架、跳板、模板)	按在建建筑面积	$m^2/100m^2$	1～2
		按年建筑安装工作量	m^2/万元	0.5～1

对于量少、不经常使用或储备期较长的材料，如耐火砖、石棉瓦、水泥管和电缆等，可按储备量计算(以年度需用量的百分比储备)。

对于某些混合仓库，如工具及劳保用品仓库、五金杂品仓库、化工油漆及危险品仓库、水暖电气材料仓库等，可按指数法计算(m^2/人或 m^2/万元等)。

对于当地供应的大量性材料(如砖、石、沙等)，在正常情况下为减少堆场面积，应适当减少储备天数。

2．各种仓库面积确定

确定某一种建筑材料的仓库面积，与该种建筑材料需储备的天数、材料的需要量及仓库每平方米能储存的定额等因素有关。而储备天数又与材料的供应情况、运输能力及气候等条件有关。因此，应结合具体情况确定最经济的仓库面积。

确定仓库面积时，必须将有效面积的辅助面积同时加以考虑。有效面积是指材料本身占有的净面积，它是根据每平方米仓库面积的存放定额来确定的。辅助面积是指考虑仓库中的走道及装卸作业所必需的面积。仓库总面积一般可按下列公式计算：

$$F = \frac{P}{qK} \tag{5-2}$$

式中：F——仓库总面积(m^2)；

P——仓库材料的储备量；

q——每平方米仓库面积能存放的材料、半成品和制品的数量；

K——仓库面积利用系数(考虑人行道和车道所占面积)，见表 5-8。

仓库面积的计算，还可以采取另一种简便的方法，即按指数计算法。计算公式为

$$F = \varphi m \tag{5-3}$$

式中：φ——系数，见表 5-9；

m——计算基础数(生产工人数或全年计划工作量等)，m^2/人或 m^2/万元等，见表 5-9。

在设计仓库时，除确定仓库总面积外，还要正确地决定仓库的长度和宽度。仓库的长度应满足装卸货物的需要，即要有一定长度的装卸前线。装卸前线一般可按下式计算：

$$L=nl+a(n+1) \tag{5-4}$$

式中：L——装卸前线长度(m)；

l——运输工具的长度(m)；

a——相邻两个运输工具的间距。火车运输时，取1m；汽车运输时后端卸载，取1.5m，侧卸取2.5m；

n——同时卸货的运输工具数。

5.7.2　临时建筑物计算

临时建筑物的计算一般包括：确定施工期间使用这些建筑物的人数；确定临时建筑物的修建项目及其建筑面积；选择临时建筑物的结构形式等。

1) 确定使用人数

建筑工地上的人员分为职工和家属。职工包括生产人员、非生产人员和其他人员。

生产人员中有直接生产工人，即直接参加施工的建筑、安装工人；辅助生产工人，如机械维修、运输、仓库管理等方面的工人，一般占直接生产工人的30%～60%。

直接生产工人人数可按下式计算：

$$\text{年(季)度平均在册直接生产工人}=\frac{\text{年(季)度总工作日}\times(1+\text{缺勤率})}{\text{年(季)度有效工作日}} \tag{5-5}$$

$$\begin{aligned}\text{年(季)度高峰在册直接生产工人}=&\text{年(季)度平均在册直接生产工人}\\&\times\text{年(季)度施工不均衡系数}\end{aligned} \tag{5-6}$$

非生产人员包括行政管理人员和服务人员(如从事食堂、文化福利等工作的人员)等，一般按表5-10确定。

表5-10　非生产人员比例(占职工总数百分比)

序　号	建筑企业类别	非生产人员比例/%	其　中		折算为占生产人员比例/%
			管理人员/%	服务人员/%	
1	中央、省属企业	16～18	9～11	6～8	19～22
2	市属企业	8～10	8～10	5～7	16.3～19
3	县、县级市企业	10～14	7～9	4～6	13.6～16.3

注：① 工程分散，职工人数较大者取上限。

② 新辟地区、当地服务网点尚未建立时应增加服务人员5%～10%。

③ 大城市、大工业区服务人员应减少2%～4%。

家属一般应通过典型调查统计后得出适当比例数，作为规划临时房屋的依据。如无现成资料，可按职工人数的10%～30%估算。

2) 确定临时建筑物面积

临时建筑所需面积按下式计算：

$$S=NP \tag{5-7}$$

式中：S——建筑面积(m^2)；

N——人数；

P——建筑面积指标，见表 5-11。

表 5-11　行政、生活福利临时建筑物面积参考指标

临时房屋名称	指标使用方法	参考面积/(m^2/人)
一、办公室	按工作人员人数	3～4
二、宿舍		2.5～3.5
单层通铺	按高峰年(季)平均职工人数(扣除不在工地住宿的人数)	2.5～3
双层床		2.0～2.5
单层床		3.5～4
三、家属宿舍		16～25 m^2/户
四、食堂	按高峰年平均职工人数	0.5～0.8
五、食堂兼礼堂	按高峰年平均职工人数	0.6～0.9
六、其他合计	按高峰年平均职工人数	0.5～0.6
医务室	按高峰年平均职工人数	0.05～0.07
浴室	按高峰年平均职工人数	0.07～0.1
理发	按高峰年平均职工人数	0.01～0.03
浴室兼理发	按高峰年平均职工人数	0.08～0.1
俱乐部	按高峰年平均职工人数	0.1
小卖店	按高峰年平均职工人数	0.03
招待所	按高峰年平均职工人数	0.06
托儿所	按高峰年平均职工人数	0.03～0.06
子弟小学	按高峰年平均职工人数	0.06～0.08
其他公用	按高峰年平均职工人数	0.05～0.10
七、现场小型设备		
开水房		10～40
厕所	按高峰年平均职工人数	0.02～0.07
工人休息室	按高峰年平均职工人数	0.15

5.7.3　临时供水计算

建筑工地临时供水，包括生产用水(一般生产用水和施工机械用水)、生活用水(施工现场生活用水和生活区生活用水)和消防用水三部分。

建筑工地供水组织一般包括：计算用水量，选择供水水源，选择临时供水系统的配置方案，设计临时供水管网，设计供水构筑物和机械设备。

1．供水量确定

1) 一般生产用水

一般生产用水指施工生产过程中的用水，如混凝土搅拌与养护、砌砖和楼地面等工程的用水。可由下式计算：

$$q_1=\frac{k_1\sum Q_1N_1k_2}{T_1b\times 8\times 3\,600} \tag{5-8}$$

式中：q_1——生产用水量(L/s)；

Q_1——最大年度工程量；

N_1——施工用水定额；

k_1——未预见施工用水系数，取 1.05～1.15；

T_1——年度有效工作日；

k_2——用水不均衡系数，工程施工用水取 1.5，生产企业用水取 1.25；

b——每日工作班数。

2) 施工机械用水

施工机械用水包括挖土机、起重机、打桩机、压路机、汽车、空气压缩机、各种焊机、凿岩机等机械设备在施工生产中的用水。可由下式计算：

$$q_2=\frac{k_1\sum Q_2N_2k_3}{8\times 3\,600} \tag{5-9}$$

式中：q_2——机械施工用水量(L/s)；

Q_2——同一种机械台数(台)；

N_2——该种机械台班用水定额；

k_3——施工机械用水不均衡系数，一般施工机械、运输机械用水取 2.00，动力设备用水取 1.05～1.10。

3) 施工现场生活用水

施工现场生活用水可由下式计算：

$$q_3=\frac{P_1N_3k_4}{8\times 3\,600\times b} \tag{5-10}$$

式中：q_3——施工现场生活用水量(L/s)；

P_1——施工现场高峰人数(人)；

N_3——施工现场生活用水定额，与当地气候、工种有关，工地全部生活用水取 100～120 L/(人·日)；

k_4——施工现场生活用水不均衡系数，取 1.30～1.50；

b——每日用水班数。

4) 施工现场生活用水

生活区生活用水可由下式计算：

$$q_4=\frac{P_2N_4k_5}{24\times 3\,600} \tag{5-11}$$

式中：q_4——生活区生活用水量(L/s)；

P_2——生活区居民人数；

N_4——生活区每人每日生活用水定额；

k_5——生活区每日用水不均衡系数，取 2.00～2.50。

5) 消防用水

消防用水量(q_5)与建筑工地大小及居住人数有关，如表 5-12 所示。

表 5-12 消防用水量

序号	用水名称		火灾同时发生次数	用水量 L/s
1	居民区	5000 人以内	一次	10
		10 000 人以内	二次	10～15
		25 000 人以内	二次	15～20
2	施工现场	现场面积小于 25 公顷	一次	10～15
		现场面积每增加 25 公顷	一次	5

6) 总用水量

总用水量 Q 由下列三种情况分别决定：

当$(q_1+q_2+q_3+q_4) \leqslant q_5$时，

$$Q=q_5+\frac{1}{2}(q_1+q_2+q_3+q_4) \tag{5-12}$$

当$(q_1+q_2+q_3+q_4)>q_5$时，

$$Q=q_1+q_2+q_3+q_4 \tag{5-13}$$

当工地面积小于 5 公顷，且$(q_1+q_2+q_3+q_4)<q_5$时，

$$Q=q_5 \tag{5-14}$$

2．供水管管径计算

总用水量确定后，即可按下式计算供水管管径：

$$D_i=\sqrt{\frac{4000Q_i}{\pi v}} \tag{5-15}$$

式中：D_i——某管段供水管管径(mm)；

Q_i——某管段用水量(L/s)；

v——管网中水流速度(m/s)，一般取 1.5～2.0。

当确定供水管网中各段供水管内的最大用水量(Q_i)及水流速度(v)后，也可通过查表的方式确定，具体参见有关手册。

5.7.4 临时供电计算

临时供电组织工作主要包括：用电量计算；电源选择；变压器确定；供电线路布置；导线截面计算。

1．用电量计算

建筑工地临时用电，包括施工用电和照明用电两个方面。

1) 施工用电

民用建筑工程的施工用电主要指土建用电；工业建筑工程的施工用电；除土建用电外还包括设备安装和部分设备试运转用电(当永久性供电系统还未建成，需利用临时供电系统时)。施工用电量按下式计算：

$$P_c = (1.05 \sim 1.10)(k_1 \sum P_1 + k_2 \sum P_2) \tag{5-16}$$

式中：P_c——施工用电量(kW)；

k_1——设备同时使用的系数。当用电设备(电动机)在10台以下时，k_1=0.75；10～30台时，k_1=0.7；30台之上时，k_1=0.60；

P_2——各种机械设备的用电量(kW)，以整个施工阶段内的最大负荷为准；

k_2——电焊机同时使用系数。当电焊机数量10台以下时，取0.6；10台以上时，取0.5；

P_2——电焊机的用电量(kW)。

2) 照明用电

照明用电指施工现场和生活福利区的室内外照明和空调用电，用电量按下式计算：

$$P_0 = 1.10(k_3 \sum P_3 + k_4 \sum P_4) \tag{5-17}$$

式中：P_0——照明用电量(kW)；

k_3——室内照明设备同时使用系数，一般用0.8；

P_3——室内照明用电量(kW)；

k_4——室外照明设备同时使用系数，一般用1.0；

P_4——室外照明用电量(kW)。

最大电力负荷量，按施工用电量与照明用电量之和计算。当采用单班工作时，可不考虑照明用电。

2．变压器功率计算

变压器的功率可按下式计算：

$$P = \frac{K \sum P_{max}}{\cos\varphi} \tag{5-18}$$

式中：P——变压器的功率(kW)；

K——功率损失系数，可取1.05；

$\sum P_{max}$——变压器服务范围内的最大计算负荷(kW)；

$\cos\varphi$——功率因数，一般采用0.75。

根据计算所得的容量及高压电源电压和工地用电电压，可以从变压器产品目录中选用相近的变压器。通常，要求变压器的额定容量$P_{max} \geqslant P$。一般工地常用的电源多为三相四线制，电压380/220V。

3．导线截面选择

选择导线截面时，先根据电流强度进行选择，保证导线能持续通过最大的负荷电流而

其温度不超过规定值；再根据允许电压损失选择，最后对导线的机械强度进行校核。

1) 按电流强度选择导线截面

导线必须能承受负载电流长时间通过所引起的温度上升。

三相四线制线路上的电流可按下式计算：

$$I = \frac{P}{\sqrt{3}V\cos\varphi} \tag{5-19}$$

二线制线路可按下式计算：

$$I = \frac{P}{V\cos\varphi} \tag{5-20}$$

式中：I——电流值(A)；

P——功率(W)；

V——电压(V)；

$\cos\varphi$——功率因数，临时网络可取 0.7～0.75。

根据计算电流值及厂商提供的导线持续允许电流值，选择导线的截面面积。

2) 按允许电压损失选择导线截面

导线上引起的电压降必须限制在一定限值(即允许电压损失)内，允许电压损失如表 5-13 所示。

表 5-13　供电线路允许电压降低的百分数

序　号	线　路	允许电压降，ε
1	输电线路	5%～10%
2	动力线路(不包括工厂内部线路)	5%～6%
3	照明线路(不包括工厂和住宅内部线路)	3%～5%
4	动力照明合用线路(不包括工厂和住宅内部线路)	4%～6%
5	户内动力线路	4%～6%
6	户内照明线路	1%～3%

3) 按机械强度选择

导线必须保证不致因一般机械损伤而折断。在各种不同敷设方式下，导线需满足按机械强度所确定的最小截面，如表 5-14 所示。

表 5-14　导线需按机械强度所确定的最小截面

导线用途		导线最小截面/mm²	
		铜　线	铝　线
照明装置用导线	户内用	0.5	2.5
	户外用	1.0	2.5
双芯软电线	用于吊灯	0.35	
	用于移动式生活用电装置	0.5	
多芯软电线及软电缆	用于移动式生产用电设备	1.0	

续表

导线用途		导线最小截面/mm²	
		铜　线	铝　线
绝缘导线(固定架设在户内绝缘支持件上)	间距为 2m 及以下	1.0	2.5
	间距为 6m 及以下	2.5	4
	间距为 25m 及以下	4	10
绝缘导线	穿在管内	1.0	2.5
	在槽板内	1.0	2.5
	户外沿墙敷设	2.5	4
	户外其他方式墙敷设	4	10

按允许电压损失选择配电导线的截面，可用下式计算：

$$S = \sum \frac{PL}{C\varepsilon} \tag{5-21}$$

式中：S——导线截断面面积(mm^2)；

P——负荷电功率或线路输送的电功率(kW)；

L——送电线路的距离(m)；

ε——容许的电压降；

C——导电系数，与导线材料、电压和配电方式有关。在三相四线制配电时，铜线为 77，铝线为 46.3；在二相三线制配电时，铜线为 34，铝线为 20.5。

5.8　施工组织总设计案例

1. 工程概况

本工程为某城市某学院群体建筑，工程建设计划分两期，一期工程总占地面积 138 122m^2，列入市重点工程。

1) 工程整体布局

整个学院布局规划呈长方形状，四面临马路，设有北门和南门两个大门。本工程基本上以南北中轴线对称布置，依使用性质不同，分为行政管理区、教学区、居住区及配套建筑和体育训练场四大部分。东面是体育训练场，西面是居住区。中部教学区按南北向布置，由校园内的规划道路分为三个部分：教学部分处在校园内靠北，设有 1～3 号教学楼、电教馆、办公楼和大会堂等；学院辅助建筑处在院内中间，设有图书馆、体育馆等；学院配套建筑处在学院内靠南，设有 1～4 号学生宿舍、食堂、校医院、汽车库、变电所、浴室和锅炉房等。室外管线包括污水、雨水、暖沟和道路等。工程场地开阔，适合所有单位工程全面展开施工。

2) 工程建设特点

一期工程结构较简单，砖混结构与框架结构各占一半，层数少，有三栋 5～6 层单体建筑，其余为 1～2 层建筑。但工期急，合同要求在当年度 8 月底竣工的工号有 2 个，其余均在次年 5 月底竣工，质量要求高。

3) 工程特征

学院一期工程包括 7 个项目，总建筑面积 21 354m²，建筑特征如表 5-15 所示。室外管线设计特征如表 5-16 所示。

表 5-15　某学院一期工程建筑特征

序号	工程名称	建筑面积/m²	结构形式	层数		檐高/m	建筑特征		
				地上	地下		基础	主体	装修
1	1 号教学楼	5359.5	框架	5	0	13.2～21	基础埋深 −3.500m，C25 钢筋混凝土带形基础	现浇 C25 钢筋混凝土柱、梁、板结构，加气混凝土块、空心砖做填充墙	水磨石、局部锦砖地面，内墙喷涂料、局部面砖，外墙为进口涂料、局部玻璃面砖，顶棚吊顶、喷涂
2	2 号教学楼	5359.5	框架	5	0	14.6～21	同上	同上	面砖、水磨石楼面，内墙喷涂料、贴面砖，外墙进口涂料，局部面砖，石膏板吊顶、喷涂料
3	学生宿舍	6146	砖混	6	1	10.3～19.6		砖墙、构造柱，预应力混凝土空心楼板，有少量混凝土梁、板、柱	水磨石、锦砖地面，内墙抹灰喷白，外墙涂喷料，顶棚喷涂料、局部吊顶
4	食堂	2675	混合	2	1	7.2～11.2	基础埋深 −3.000m，钢筋混凝土基础和带形砖基础	厨房为全现浇梁、板、柱，附楼为砖墙、现浇梁、预制板	水磨石、局部锦砖地面，内墙喷涂料，外墙喷进口涂料、贴锦砖
5	浴室	914	砖混	2 (附属)	0	7.8	基础埋深 −3.550m，钢筋混凝土带形基础和砖砌带形基础	砖墙，现浇钢筋混凝土楼板	水磨石、锦砖地面(加防水层)，内墙瓷砖和涂料，外墙为水刷石
6	锅炉房	817	混合	1	0	8.84	基础埋深 −2.950m，钢筋混凝土带形基础和砖砌带形基础	C30 钢筋混凝土现浇柱，预制薄腹梁，砖砌围护结构，40m 高砖砌烟囱带内衬	水泥砂浆、细石混凝土地面，内墙和顶棚喷大白浆，外墙为水刷石

续表

序号	工程名称	建筑面积/m^2	结构形式	层数		檐高/m	建筑特征		
				地上	地下		基础	主体	装修
7	变电室	83	砖混	1	0	6.65	基础埋深-2.700m，C10混凝土垫层，带形砖基础	砖墙，现浇钢筋混凝土梁板	水泥砂浆地面，内墙喷涂料，外墙喷涂料、少量水刷石，顶棚刮腻子、喷涂料

表 5-16 室外管线设计特征

序号	工程名称	设计特征
1	污水	埋置深度-1.0m～-3.73m，混凝土管径 D=200～400mm，承插式接头，下设混凝土垫层
2	雨水	埋置深度-1.0m～-1.87m，混凝土管径 D=200～400mm，承插式接头，下设混凝土垫层
3	暖沟	埋深-1.85m～-2.05m，暖沟断面为 140～1400mm(净空尺寸)，MU2.5 砖，M5 水泥砂浆砌筑
4	室外道路	沥青混凝土路面

4) 施工条件

施工场地原系农田，场地较开阔，可供施工使用的场地 4 万平方米，场地自然标高较设计标高(±0.000)低 800～1000mm，需进行大面积回填和平整场地。土质为粉质黏土。场内东北角有供建设单位使用而兴建的两栋半永久性平房，西侧有旧房尚未拆除，直接影响 2 号教学楼的施工。为此，建设单位应做好拆、搬迁工作，以保证施工的顺利进行。场内已有两个深井水源和 200kW 变压器一台，目前水泵已安装完毕，为满足施工需要，需安装加压罐。据初步计算，施工用电量超过 500kW，因此变压器容量尚需增大，需建设单位提前做好增容工作。场内还需埋设水电管网及电缆。一期工程 7 个项目的施工图纸已供应齐全，可以满足施工要求。市政给排水设施已接至红线边，可满足院内给排水施工需要。建设单位在进行前期准备工作的过程中，已完成了一期工程正式围墙的修建，并在场内东西向预留了一条道路，可作为施工准备期施工材料进出场道路。施工现场内的树木，施工中应尽量保护，确系影响施工需砍伐时，须事先征得建设单位的同意。

5) 主要实物工程量

略。

2. 施工部署

1) 施工总体组织原则

(1) 组织机构。学院工程施工管理推行项目经理负责制，由公司抽调技术水平高、思想素质好、能力强的人员组成项目经理部，实施对工程的组织与指挥，其管理体系如图 5-2 所示。

(2) 施工任务划分。土建工程原则上以公司现有力量为主，分栋号成立承包队，考虑到合同工期紧、工程量大等因素，应补充部分民工(650 人左右)。此外，在工程大面积插入

装修时，应从全公司范围抽调部分技术水平高的装修工，以补充装修力量的不足。安装工程由公司的水电专业分公司承担。土建与安装的配合，必须从基础开始就协调好。

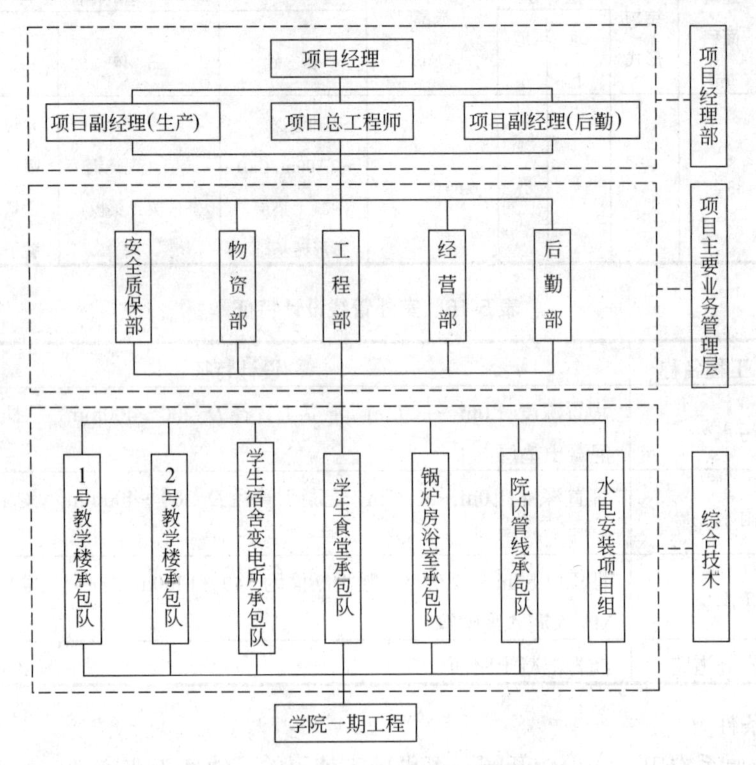

图 5-2　施工管理体系

(3) 施工组织原则。考虑到浴室、变电所在当年 9 月 30 日前竣工，1 号和 2 号教学楼、宿舍楼、学生食堂和锅炉房在次年 5 月 31 日前交付使用的要求，一期工程按“分区组织承包，齐头并进”的原则组织施工，并视单位工程大小分层分段组织流水，确保竣工工期。

由于采取上述施工原则，材料部门应积极组织好材料的订货、进货工作，加强材料管理，并严格控制好月、旬供货量，确保在合同工期内完成施工任务。

2) 施工程序

根据平面规划及施工力量部署情况，学院一期工程划分为两个施工区：教学区为Ⅰ施工区，学院配套建筑群为Ⅱ施工区。一期工程各单位工程整体流水线按由Ⅰ区至Ⅱ区组织，在各单位工程开始插入抹灰施工时，组织院内污水、雨水和暖沟的施工。院内道路及场地平整在主要教学用工程完成后再大面积展开。

3) 主要项目施工方案

(1) 施工机械选用方案。

根据工程项目特点、工期要求及本企业现有施工机械装备情况，各单位工程主要施工机械将采用表 5-17 所示的方案。

(2) 脚手架工程。

根据工程项目特点及不同施工阶段的需要，各单位工程脚手架将采用表 5-19 所示的方案。

表 5-17 主要施工机械选用方案

序号	单位工程名称	结构形式	结构特征			主要施工机械选用方案				
			檐高/m	层数		基础土方工程	结构工程			
				地上	地下		主机	台数	副机	台数
1	1 号教学楼	框架	21	5		WY—100 液压式挖土机	QT60/80 塔式起重机	1	井字提升架	1
2	2 号教学楼	框架	21	5		WY—100 液压式挖土机	FO/23B 塔式起重机	1	井字提升架	1
3	学生宿舍	砖混	19.6	6	1	WY—100 液压式挖土机	QT60/80 塔式起重机	1	井字提升架	1
4	食堂	混合	11.2	2	1	WY—100 液压式挖土机	QT60/80 塔式起重机	1	井字提升架	1
5	浴室	砖混	7.8	1		人工挖槽	Lokomo 汽车式起重机(芬兰)	1	井字提升架	1
6	锅炉房	混合	8.84	1		人工挖槽	Lokomo 汽车式起重机(芬兰)	1	井字提升架	1
7	变电室	砖混	6.65	2		人工挖槽	Lokomo 汽车式起重机(芬兰)	1	井字提升架	

(3) 模板工程。

本工程使用的模板类型如表 5-18 所示。

模板应按施工总平面图上划定的位置堆码整齐。对有损坏的模板，要及时进行修理，以保证工程施工质量。模板使用时涂刷防雨型脱模剂。

表 5-18 模板类型选用

序 号	结构部位	模板类型	支撑体系
1	柱	定型组合钢模板	钢管、扣件做支撑
2	梁、板	定型组合钢模板与胶合板模板	可调节立柱、钢管、扣件支撑
3	节点部位	木模	对拉螺栓固定，钢管、扣件支撑
4	教学楼旋转楼梯	底模、边模用木模或特制定型钢模板	钢管、扣件支撑，配以部分其他支撑，并应专项设计

(4) 钢筋工程。

① 现场设钢筋加工车间，集中配料，按计划统一加工。加工好的钢筋半成品应按单位工程不同结构部位分成不同型号、规格，分别挂牌堆放，并按抗震结构有关规定施工。

② 钢筋焊接、绑扎应严格按设计、施工规范和工艺标准进行。为了降低工程成本，采用电渣压力焊、气压焊技术接长钢筋。

③ 钢筋绑扎过程中，随时注意检查设计是否有预埋件要求。如吊顶、框架柱、梁的预埋插筋，楼梯扶手下的预埋铁件等，为装修施工创造条件。

④ 各种楼梯应放大样，对旋转角度、弧长等应放样精确计算，以保证加工的成型钢筋符合设计及规范要求。

(5) 混凝土工程。

① 施工现场设混凝土集中搅拌站，内置一台 H2—25 型自动化搅拌机及一台 J—400 型滚筒式混凝土搅拌机，完善计量装置，按本工程统一生产计划供应混凝土。

② 作为检验混凝土强度的手段，现场设标准养护室，做好材质检验，并严格贯彻按配合比施工的原则。

③ 加强混凝土养护，浇水养护不少于 7 天。

④ 严格控制外加剂的掺量，掺量应以实验室提供的配合比数据为准，严禁随意更改。

(6) 砌筑工程。

本工程砌筑量较大，需精心组织，精心施工。

① 垂直运输采用选定的方案，水平运输利用小翻斗车和手推胶轮车。

② 脚手架按表 5-19 采用。

表 5-19 脚手架方案

<table>
<tr><th>序 号</th><th>施工阶段</th><th>脚手架类型</th><th colspan="2">脚手架高度</th><th>注意事项</th></tr>
<tr><td>1</td><td>基础</td><td>双排钢管脚手架，教学楼、宿舍楼设三座跑梯，其余工程各设一座跑梯</td><td colspan="2">平地面高</td><td>坑上周围挂设安全网</td></tr>
<tr><td rowspan="11">2</td><td rowspan="11">主体</td><td rowspan="11">沿建筑外围设置双排钢管脚手架，教学楼、宿舍楼设三座跑梯，食堂、锅炉房、浴室、变电所各设一座跑梯，锅炉房烟囱外侧搭设正六边形脚手架，内墙砌体工程采用内撑式脚手架</td><td>1 号教学楼</td><td>Ⅰ段 21m，Ⅱ段 13m，扶手高 1m</td><td rowspan="11">水平安全网、脚手架应与墙体可靠连接</td></tr>
<tr><td>2 号教学楼</td><td>Ⅰ段 21m，Ⅱ段 14.4m，扶手高 1m</td></tr>
<tr><td rowspan="5">学生宿舍</td><td>D—K 轴 19.4m</td></tr>
<tr><td>N—Q 轴 13.2m</td></tr>
<tr><td>L—N 轴 16.3m</td></tr>
<tr><td>Q—S 轴 10m</td></tr>
<tr><td>S—T 轴 3m</td></tr>
<tr><td>食堂</td><td>食堂 11m，附楼 7.2m</td></tr>
<tr><td>浴室</td><td>7.6m</td></tr>
<tr><td>锅炉房</td><td>8.6m</td></tr>
<tr><td>变电室</td><td>6.5m</td></tr>
<tr><td>3</td><td>装修</td><td>简易满堂红脚手架</td><td colspan="2">步高 1.8m</td><td>剪力撑设置</td></tr>
</table>

③　现场砂浆集中搅拌，集中供应，砌筑砂浆应在 2 小时以内用完，不准使用过夜砂浆。

④　按照 8 度抗震设防的原则，检查设计及施工是否满足抗震要求，确保结构安全可靠。

(7) 装修工程。

①　装修程序按照“先上后下，先外后内，先湿作业后干作业，先抹灰后木做最后油漆”的原则施工。推广在结构施工中插入室内粗装修的施工方法。

②　装修工程应在混凝土工程和砌筑工程验收完后方可进行。对结构验收中提出的一些问题，如墙体凸凹不平，混凝土墙面麻面，大梁、顶板局部超出验收标准等问题，应经处理并取得设计单位与质量监督部门同意后，方可装修施工。

③　建立样板间施工制度。质量检查以样板间为准，装修施工应加强技术组织与管理工作。

④　要求本项目一切交叉打洞作业应在面层施工前完成，严禁面层施工后打洞，避免土建和安装交叉施工，保证整体装修质量。

⑤　推广公司其他一些大型项目组织装修施工的经验，抽调素质过硬的高级工任工长，成立装修专业小组，分单位工程、分楼层、分施工段组织流水施工，并贯彻质量与工资、奖金挂钩的原则，做到人人关心质量，人人重视质量。

⑥　加强成品保护工作并制定出切实可行的成品保护措施，建立成品保护组，设专人负责管理并监督实施。

(8) 室外管线工程。

①　室外管线工程根据不同分项及现场走向划分施工段，组织流水施工。院内室外管线是保证学院次年 9 月 1 日按时开学的重要组成部分，为此必须在次年春季组织院内管线施工及与院外市政管网接口施工。

②　各施工段统一采用机械完成土方开挖及运土工作。土方开挖应以不阻断各单位工程运料通道为前提，需横穿运料通道时，应采用工字钢架桥，上铺 1.5～2cm 厚钢板，以满足运料需要。

③　雨水、污水等项目钢筋混凝土管施工，均采用分段一次安装成型，支设稳定后，两侧支模，一次浇筑混凝土的施工方法。

④　暖沟砌筑依不同施工段按设计组织墙体砌筑，并视一次用料量组织铺设沟盖板。

⑤　各种雨水井、污水井和化粪池，均采用砌完后随即抹灰工艺。

⑥　道路施工需采用压路机分段进行辗压，确保路面质量。

4) 施工准备工作计划

技术准备计划如表 5-20 所示。施工准备计划如表 5-21 所示。

表 5-20　技术准备计划

序　号	工作内容	实施单位	完成日期	备　注
1	工程导线控制网测量	项目测量组	本年 2 月中旬	建设单位配合
2	新开工程放线	项目测量组	本年 2 月 20 日开始	

续表

<table>
<tr><th>序　号</th><th>工作内容</th><th>实施单位</th><th colspan="2">完成日期</th><th>备　注</th></tr>
<tr><td>3</td><td>施工图会审</td><td>建设单位、设计单位、公司技术科、项目工程部</td><td colspan="2">本年1月中旬，1号、2号教学楼、学生宿舍图纸会审，本年2月底完成锅炉房、浴室、变电所和学生食堂图纸会审工作</td><td>技术部门与建设单位、设计单位积极联系</td></tr>
<tr><td rowspan="6">4</td><td rowspan="6">编制施工组织设计</td><td rowspan="6">项目工程部</td><td>总设计</td><td>本年2月15日</td><td rowspan="6">先出结构工程施工组织设计，再出装修工程施工组织设计</td></tr>
<tr><td>1号教学楼</td><td>本年2月中旬</td></tr>
<tr><td>2号教学楼</td><td>本年2月中旬</td></tr>
<tr><td>锅炉房及浴室</td><td>本年2月底</td></tr>
<tr><td>学生宿舍及变电所</td><td>本年2月底</td></tr>
<tr><td>学生食堂</td><td>本年3月底</td></tr>
<tr><td>5</td><td>气压焊、埋弧焊焊工培训</td><td>项目工程部</td><td colspan="2">本年3月</td><td></td></tr>
<tr><td>6</td><td>构件成品、半成品加工订货</td><td>项目工程部</td><td colspan="2">本年3月10日前</td><td>结构构件加工计划在单位工程开工前提出，装修工程构件稍后</td></tr>
<tr><td>7</td><td>提供建设场地红线桩水准点地形图及地质勘察报告资料</td><td>建设单位</td><td colspan="2">本年2月至3月上旬</td><td></td></tr>
<tr><td>8</td><td>原材料检验</td><td>试验站</td><td colspan="2">本年3月上旬</td><td>随工程材料进场验收</td></tr>
<tr><td>9</td><td>各工号施工图预算</td><td>项目经营部</td><td colspan="2">本年2月至3月</td><td>先出教学楼、学生宿舍、食堂预算</td></tr>
<tr><td>10</td><td>工程竖向设计</td><td>建设单位、设计单位</td><td colspan="2">本年3月</td><td></td></tr>
</table>

表5-21　施工准备计划

序　号	工作内容	实施单位	完成日期	备　注
1	劳动力进场	公司劳资科	本年1月中旬至2月底	
2	临建房屋搭设	项目部	本年1月下旬至3月中旬	满足3月份施工要求

续表

序 号	工作内容	实施单位	完成日期		备 注
3	施工水源	建设单位	本年2月		水化试验及水源主管接出、加压泵安装
4	修建临时施工道路	项目部(机械专业分公司配合)	本年3月初		建设单位配合
5	临时水电管网布设	项目部	本年2月下旬至3月中旬		
6	落实电源，增补容量	建设单位	本年2月底		机械专业分公司配合
7	大型机具进场	机械专业分公司	推土机	本年2月下旬	平整场地、修建施工道路
			挖土机	本年2月下旬	土方开挖
			搅拌机	本年2月下旬	修建临时设施，为工程使用做准备
			QT60/80塔式起重机	本年4月下旬	主体结构施工
			FO/23B塔式起重机	本年3月底	主体结构施工
			Lokomo汽车式起重机(芬兰)	本年至次年	吊装大型预制构件，随用随进场
8	组织材料、工具及构件进场	物资专业公司	本年2月至3月下旬		混凝土管与院内管线构件在次年4月开始进场
9	场地平整	建设单位	本年2月至3月		堆土处要平整，不影响土方开挖放线工作
10	搅拌站、井架安装	机械专业分公司	本年3月		满足施工要求

3. 施工总进度计划

(1) 各单位工程开、竣工时间。根据与建设单位签订的工程承包合同，结合本工程的项目准备情况，拟定各单位工程开、竣工时间，如表5-22所示。

表5-22 各单位工程开、竣工时间

序 号	工程名称	计划开工日期	计划竣工日期
1	1号教学楼	本年2月15日	本年12月
2	2号教学楼	本年3月1日	次年4月30日

续表

序　号	工程名称	计划开工日期	计划竣工日期
3	学生宿舍	本年 3 月 1 日	次年 3 月 31 日
4	浴室	本年 3 月 1 日	本年 8 月 31 日
5	学生食堂	本年 4 月 1 日	本年 12 月 31 日
6	锅炉房	本年 4 月 1 日	次年 3 月 31 日
7	变电室	本年 4 月 1 日	本年 8 月 31 日
8	室外管线	次年 4 月 1 日	次年 7 月 31 日

(2) 本项目总进度网络控制计划。本项目总进度网络控制计划如图 5-3 所示。

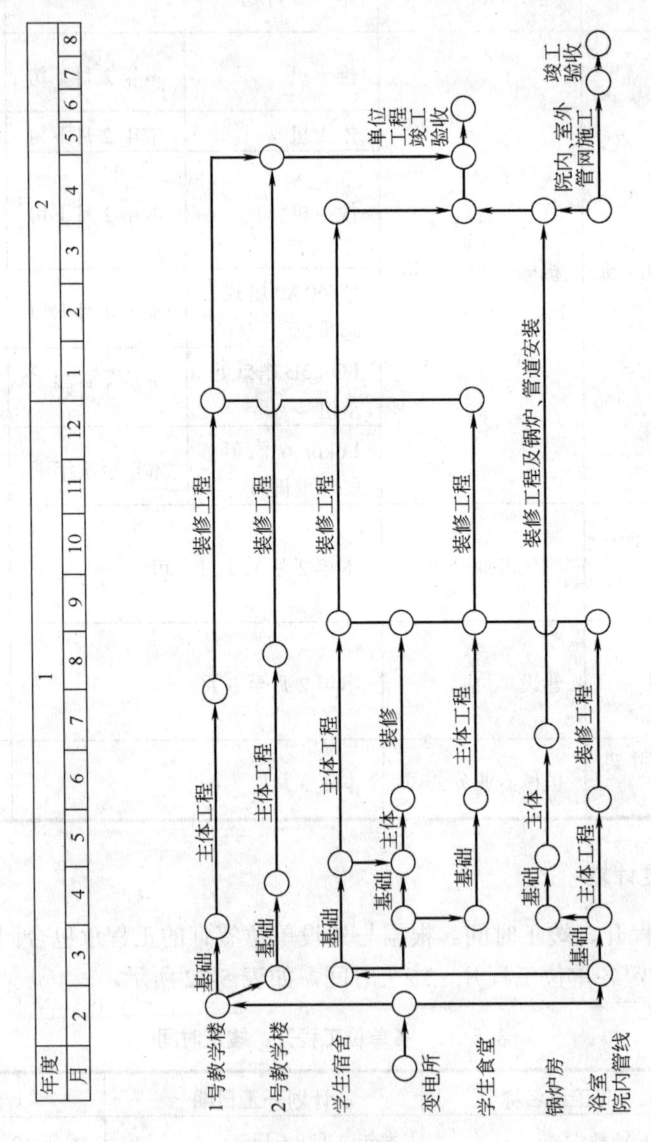

图 5-3　施工总进度网络控制计划

4. 资源需要量计划

1) 劳动力需要量计划

根据各单位工程的建筑面积，结合工期要求，结构工程按 4～5 工日/平方米，装修工程按 2～3 工日/平方米，计算出各单位工程需要的劳动力数。考虑到框架结构与混合结构劳动力组合要求，最后确定的各单位工程劳动力需要量计划如表 5-23 所示。

表 5-23 各单位工程劳动力需要量计划 单位：工日

工种名称＼工程名称	1 号教学楼	2 号教学楼	学生宿舍及变电所	学生食堂	锅炉房及浴室	合 计
木工	36	36	28	24	18	142
钢筋工	24	24	24	18	16	106
混凝土工	12	12	12	8	8	52
架子工	16	16	18	16	12	78
瓦工	32	32	54	14	24	156
抹灰工	42	42	56	32	16	188
油漆工	16	16	24	16	12	84
电焊工	4	4	2	2	2	14
合 计	182	182	218	130	108	820

2) 主要机械设备、工具需要量计划

主要工具需用计划如表 5-24 所示。主要机械设备需用计划如表 5-25 所示。

表 5-24 主要用具需要量计划

序 号	单位工程名称	架管/t	扣件/万个	架板/m^2	安全网/m^2	模板/m^2
1	1 号、2 号教学楼	450	10.63	2700	1800	6850
2	学生宿舍	180	4.25	510	900	650
3	变电室	12	0.3	60	220	165
4	学生食堂	210	4.96	660	880	1800
5	浴室	86	2.03	220	720	350
6	锅炉房	94	2.22	180	686	620
合 计		1032	24.39	4330	5206	10 435

注：模板考虑两层连续支模。安全网沿外架工作面满挂并设水平网。

表 5-25 主要机械设备需要计划

序 号	机械名称	型 号	单位	数量	用 途
1	塔式起重机	TQ60/80	台	2	学生宿舍、2 号教学楼垂直运输机械
2	塔式起重机	FO/23B	台	1	1 号教学楼垂直运输机械
3	挖土机	WY—100	台	1	单位工程基坑开挖
4	推土机		台	1	场地平整

续表

序 号	机械名称	型 号	单位	数量	用 途
5	载重汽车	东风牌	辆	4	场内至场外水平运输
6	小翻斗车		辆	6	场内材料运输
7	混凝土搅拌机		台	2	1台自动计量
8	卷扬机		台	8	主体和装修工程塔设井字架
9	砂浆搅拌机		台	2	砌筑、装修工程搅拌砂浆
10	混凝土振捣器	插入式	台	16	混凝土工程
11	混凝土振捣器	平板式	台	4	混凝土工程
12	钢筋切断机		台	1	钢筋加工
13	钢筋弯曲机		台	1	钢筋加工
14	钢筋调直机		台	1	钢筋加工
15	对焊机		台	1	钢筋加工
16	电焊机	交流	台	6	现场钢筋焊接
17	土木圆锯		台	2	木构件加工
18	木工平面刨		台	2	木构件加工
19	抽水泵	深水	台	2	深水井抽水
20	潜水泵	QY—25mm	台	4	雨季施工基坑抽水
21	蛙式打夯机		台	5	回填土施工
22	砂轮机		台	3	打磨工具
23	双头磨石机		台	6	现浇水磨石打磨
24	单头磨石机		台	6	现浇水磨石打磨
25	切割机		台	2	
26	电钻		台	4	

注：室外管线施工劳动力由上述单位工程劳动力抽调组合，总数160人。

5. 施工总平面图

施工总平面布置如图5-4所示。

1) 施工用地安排

现场东部体育场跑道作为场内的集中堆土场，中部绿化区(包括图书馆和体育馆)和北大门入口范围作为工程材料中转场地使用，工人生活区靠近西大门。

2) 施工道路规划

(1) 建设单位在进行前期准备工作的同时，已预留了一条东西向道路，并预留了大门位置，道路规划中应尽可能加以利用。因东马路系集资兴建的道路，机动车辆禁止通行，故需将原预留的东大门堵死。在施工平面布置上，计划以南门和西门作为主要施工进出口。

(2) 施工道路在规划上尽可能利用学院设计规划的正式道路位置及路床。请建设单位催促设计单位于本年2月提供院内竖向设计。

(3) 施工道路按一般简易公路的做法，碎石路面采用碎石和砂土混合辗压而成，其中碎石含量≥65%，沙土(当地土壤)含量≤35%。单位工程施工机具及材料堆场见单位工程施工组织设计。

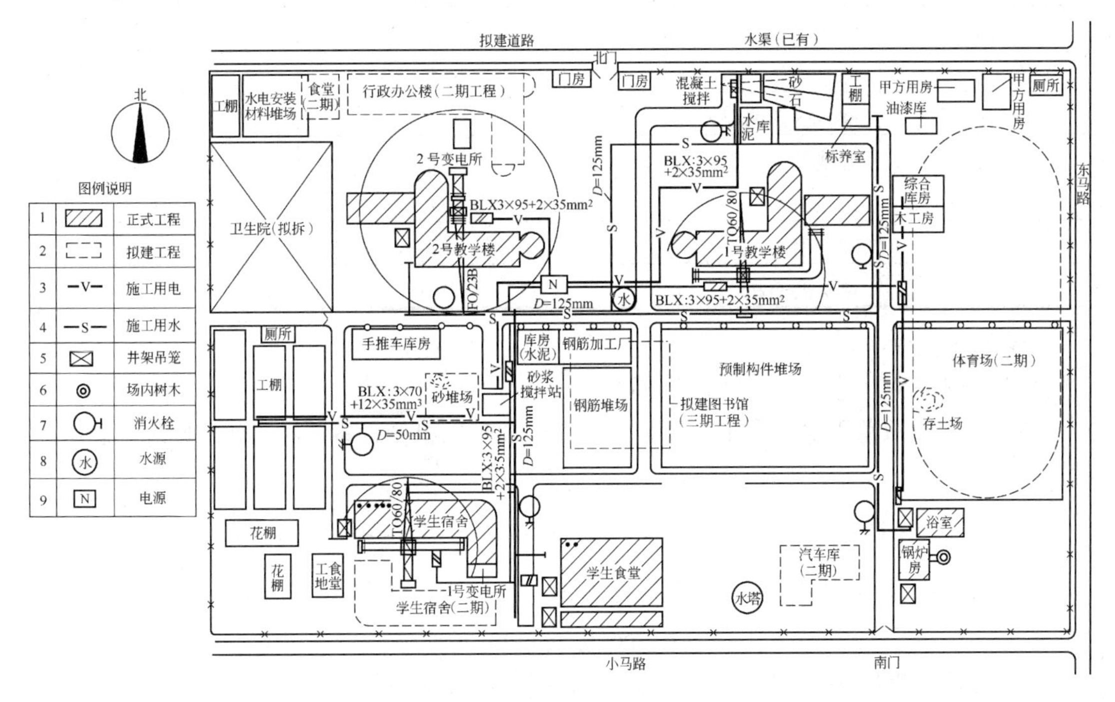

图 5-4　施工总平面图

3) 施工用电安排

(1) 主要用电设备。

施工主要用电设备见表 5-26。

表 5-26　施工主要用电设备

序　号	机械名称	数量/台	单机容量/kW
1	TQ60/80 塔式起重机	2	55.5
2	FO/23B 塔式起重机	1	70
3	卷扬机	8	11
4	混凝土搅拌机	2	10.3
5	砂浆搅拌机	5	3
6	插入式振捣器	10	1.5
7	平板式振捣器	4	0.5
8	钢筋切断机	2	10
9	钢筋弯曲机	2	3
10	钢筋调直机	1	11
11	交流电焊机	6	27
12	对　焊　机	1	75
13	土木圆锯	1	4

续表

序　号	机械名称	数量/台	单机容量/kW
14	木工平面刨	1	3.5
15	深水泵	2	2.2
16	QY-25 潜水泵	4	2.2
17	蛙式打夯机	4	2.5
18	砂轮机	6	0.5
19	双头磨石机	4	3
20	单头磨石机	4	2.2

(2) 用电计算。

$\sum P_1$=588.1kW，$\sum P_2$=162kW，K_1=0.5，K_2=0.6，$\cos\varphi$=0.75。

室内外照明取总用电量的15%计算，并考虑80%的机械设备同时工作，则现场总用电量为

$$P = 1.1 \times \left(0.5 \times \frac{588.1}{0.75} + 0.6 \times 162\right) \times 1.15 \times 0.8 \approx 495.14\,(\text{kW})$$

选择配电变压器的额定功率为

$$P\text{=500kW>495.14kW}$$

原有变压器200kW不能满足施工生产、生活需要，需增加容量。

(3) 供电线路布置。

为了经济起见，场内供电线路均设埋地式(深度不小于 0.6m)电缆，采用三相五线制干线，分区控制，共五路。施工区四路，采用 BLX 型铝芯全塑铁管电缆 3×95+2×35=355m^2；通生活区一路，采用电缆为 3×70+2×25=260m^2(至生活区食堂为 3×25+2×10=95m^2)。

线路走向及配电箱布置详见图 5-3。

4) 施工用水安排

(1) 主要分项工程用水量。

主要分项工程用水量统计如表 5-27 所示。

表 5-27　主要分项工程用水量

分项工程名称	日工程量，Q_1	用水定额，N_1	用水量/L
混凝土工程	200	1700	340 000
砌筑工程	80	200	16 000
抹灰工程	300	30	9000
楼地面工程	500	190	95 000
合　计	1080	2120	460 000

(2) 施工用水计算。

① 施工工程用水

$$q_1 = K_1 \frac{\sum Q_1 N_1 K_2}{1.5 \times 8 \times 3600} = 1.15 \times \frac{460\,000 \times 1.5}{1.5 \times 8 \times 3600} \approx 18.37\,(\text{L/s})$$

② 现场生活用水

$$q_2 = \frac{P_1 N_1 K_3}{t \times 8 \times 3600} = \frac{600 \times 60 \times 1.4}{1.5 \times 8 \times 3600} \approx 1.17\ (\mathrm{L/s})$$

③ 生活区用水

$$q_3 = \frac{P_2 N_3 K_4}{24 \times 3600} = \frac{400 \times 70 \times 2.0}{24 \times 3600} \approx 0.65\ (\mathrm{L/s})$$

④ 消防用水

$$q_4 = 15(\mathrm{l/s})$$

⑤ 管径计算

由于 $q_1+q_2+q_3=20.19(\mathrm{l/s})>q_4$，现场主干管流速取 $v=2.0\mathrm{m/s}$，则管径

$$D = \sqrt{\frac{4Q \times 1000}{\pi v}} = \sqrt{\frac{4 \times 20.19 \times 1000}{3.14 \times 2.0}} \approx 113.4\ (\mathrm{mm})$$

故现场主干管选用ϕ125 黑铁管，支管选用ϕ50 白铁管。

(3) 现场排水。

① 施工道路利用路两旁修建的排水沟排水，将积水由西向东，再向北排入拟建道路旁的排水沟内。

② 混凝土搅拌站、锅炉房、浴室和钢筋棚等生产临建污水直接排入拟建道路旁的排水沟内。

③ 生活区污水，如职工宿舍和食堂污水，由滤池直接排入南面水沟内。

5) 现场临建房屋规划

临建房屋类型及平面布局见施工总平面图。根据该项目施工周期较短的特点及尽可能减少临建费用的要求，在规划和搭设临建房屋时，应考虑在满足基本需要的前提下，必须对其面积和标准严加控制。现将有关问题说明如下。

(1) 本工程施工高峰人数估计达 820 人左右，生活区已考虑了 540 人的住房，可能尚有 280 人左右的住房将在花棚北面的空地内搭设，请注意予以预留。

(2) 整个项目施工用地的安排，必须服从报送规划部门同意的施工平面图要求，不得擅自修改。

(3) 各临建单体构造详见各单位施工组织设计。规划中，对临建房屋大多考虑利用部分旧材料搭设(如金属配套骨架和门窗等)，其标准应不高于单位施工组织设计要求。

(4) 为满足文明施工的需要，场内应按总平面规划示意图增设排水沟道，并保持畅通。污水应经滤池排至场外水沟内。

6. 主要技术措施

1) 技术管理措施

实行项目总工程师负责制，全面解决施工中出现的技术问题。技术管理流程如图 5-5 所示。

2) 质量保证措施

(1) 现场成立技术、质量管理小组，并建立以项目经理、项目总工程师为首的质量保证体系，推行目标管理(教学楼达到“市优”，学生宿舍达到“局优”，其余工程达到“优良”标准)，并以单体工程为单位开展全面质量管理活动。

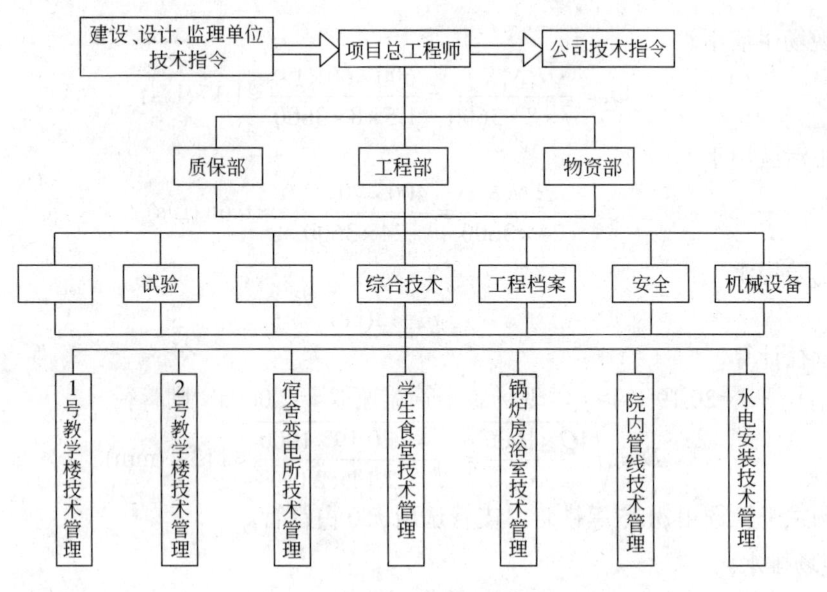

图 5-5 技术管理流程

(2) 严格执行各项技术管理制度和岗位责任制度，认真按照施工图、技术规范、规程和工艺标准施工，并贯彻“三级”技术交底制。

对工程中使用的新材料、新工艺、新技术须经过批准、试验并经鉴定后方可采用。

(3) 严格执行施工质量验收，对进场原材料、成品、半成品必须实行检验和验收制度，不符合要求的原材料、成品、半成品严禁在工程中使用。

施工中应加强技术指导与检查，工程管理中实行质量一票否决制，加强三检制，上一工序不合格必须返工重做。

(4) 严格贯彻工程质量奖惩制度，加强工程质量管理。

(5) 做好整个施工现场控制桩的保护及测量放线和标高施测工作。全场统一施测，统一管理。

3) 安全、消防措施

(1) 施工现场成立以项目经理为核心的安全、消防领导小组，设专职和兼职安全消防人员，形成安全消防保证体系。整个工地每周应进行一次安全消防大检查，以消除事故隐患。

(2) 按照建设主管部门关于文明施工的规定，开工前应将有关安全生产、消防、卫生的规章制度及现场施工平面布置图、卫生区责任图和临时用电定点图在工地西大门旁用展板公布。

(3) 凡进入施工现场的管理人员，必须参加安全考试并取得合格证书；各项工程开工前应做好安全交底工作，未进行安全交底的一律不准施工；特殊工种工人必须持证上岗；所有从业人员必须佩戴符合安全规定的劳动保护用品。

对新进场的工人和新分配来的大学生，应组织学习公司颁发的《安全手册》和建设主管部门有关安全生产的规定，考试合格后才能上岗。

(4) 单位工程用电容量大于 50kW 时，应编制用电施工组织设计；用电容量在 50kW 以内应做安全用电技术措施方案和安全防火措施。

(5) 塔式起重机的安全装置(四限位、两保险)必须齐全有效，不能带病运转。塔机操作人员必须经常检查塔机的螺栓部件并认真执行保修制度，严禁违章作业。

(6) 井字提升架的布置及其主体设计由工程部在单位施工组织设计中明确；动力部分设计及使用管理，由机械专业分公司统一负责。井字提升架应有超高限位、防坠落装置和进出口安全防护及防雷接地接零的设施，并要经常派人检查螺栓松紧和卷扬机运转情况，发现问题及时处理。卷扬机设专人操作、维修，其限位装置必须齐全、完好。吊笼起吊严格执行“三不准”制度，严禁吊笼载人运行，要有防坠落措施。

(7) 首层出入口醒目处，应设置安全生产标志，建立安全责任区；建筑物四周、跑梯四周和楼层内若有较大的孔洞，应挂设安全网和护栏设施。严禁酒后参加施工作业。

(8) 建筑物外脚手架搭设应符合操作规程规定。工作面上应满铺架板，严禁有探头板出现；上人斜道坡度不大于 1∶3，宽度不小于 1m，斜道上钉间距 300mm 的防滑木条。

(9) 对结构吊装承重平台和运输马道必须专门设计，经技术、安全人员验收合格后方可使用。

(10) 对于有易燃易爆物品的施工场所，严禁使用明火；必须使用时，需经消防部门批准并采取适当的保护措施。电焊机应单独设置开关，焊接处不能有易燃物，操作时应设专人看管。

(11) 各种机械设备应严格执行安全操作规程和岗位责任制，非操作人员严禁擅自动用。

(12) 各单位工程楼梯入口处，应设置消防箱，配备各种消防器材。生活区和生产区应按总平面要求布置消防栓，并单独设置阀门开关，施工中严禁动用。

4) 冬期雨期施工措施

(1) 冬期施工措施。

① 提前做好人力、物力准备，组织对司炉、测温、外加剂使用人员、工长等专业人员的技术培训，做好冬施技术交底。冬施准备工作要列入施工计划。

② 工程部组织有关人员对本工程各栋号的冬施项目进行统一审查，分年编制冬期施工方案，并由项目总工程师指导督促工地贯彻执行。

③ 冬期混凝土采用综合蓄热法施工，即混凝土采用热水搅拌，掺入抗冻剂和早强剂并加岩棉被覆盖保温；墙体砌筑采用抗冻砂浆，限制昼夜砌筑高度，同时对砌体进行覆盖保温。为确保合同工期及综合经济效益，凡属次年 5 月竣工的 4 个单体工程，其装修湿作业项目必须在本年年底全部完成，达到基本竣工程度。

④ 冬期尽可能不安排土方回填、屋面防水和室外散水等项目施工，必须安排时应制定专门的质量保证措施。砌筑工程应以各单位工程的楼层为单位，并在冬季到来之前完成楼层的封闭工作，为冬季室内装修创造条件。

⑤ 冬季到来之前应做好施工现场水管、水龙头、消防栓、蒸汽管和混凝土搅拌站等的保温工作，并做好冬施防火、防中毒、防冻、防滑和防爆工作。

(2) 雨期施工措施。

① 现场成立雨期施工领导小组和防洪抢险队，设专人值班，做到及时发现，及时改进，消除隐患。

② 做好雨期施工准备工作。雨季到来之前一个月，应对各种防雨设备、器材、临时

设施与临建工程进行检查、修整；现场内的排水沟，应经常有人疏通，以保证现场和生活区积水及时排除。

③ 本工程地势低洼(较设计±0.000 低 100cm)，故现场临建设施和施工道路应较自然地坪垫高 80cm 以上，防止雨水浸泡，影响使用。

④ 地下结构施工期间，应保证坑底周围排水沟和坑上排水沟畅通无阻，流入集水井内的水应及时抽出坑外；室外回填土应避免安排在雨期进行。

⑤ 现场内的控制桩、塔式起重机基础等要做好保护措施，避免被雨水浸泡后发生沉降。

⑥ 施工遇大雨或暴雨时，应停止浇混凝土并用塑料布加以遮盖。混凝土浇筑应避免安排在雨天进行。

⑦ 雨后应安排专人测定砂、石含水率，及时调整混凝土和砂浆的用水量。

⑧ 注意雨期的安全生产。雨期施工期间，要保证配电箱和场内电器设备不进水、不受雨淋；现场配电箱设置在距地面 1.5m 处，电器设备基础顶面高出地面 50cm；雨后应对一切外用照明、电器设备、脚手架和塔吊井字架等组织专人检查，确认安全后方可使用。

5) 降低成本措施

(1) 采用对焊、气压焊接长钢筋，推广ϕ22 以上钢筋连续下料，达到节约钢筋的目的。

(2) 在混凝土拌和中掺入减水剂，减少水泥用量。

(3) 利用定型组合钢模板支模，降低木材消耗。

(4) 在砌筑、抹灰砂浆中掺入粉煤灰和微沫剂，减少水泥和石灰用量。

(5) 推广混凝土地面一次抹灰成型技术。

(6) 顶棚和混凝土墙面抹灰使用混凝土界面处理剂，加气混凝土块墙面抹灰使用YH—2 型防裂剂，减少抹灰厚度，降低工程成本。

5.9 本章小结

本章介绍了施工组织总设计的基本概念，施工总体部署、施工总进度计划、施工总平面图的编制方法和步骤，大型临时设施计算等内容，并通过实例详细说明了施工组织总设计在实际工程项目中的编制过程。

本章主要知识点：

- 施工组织总设计是以整个建设项目或民用建筑群为对象编制的，是建设项目或建筑群施工的全局性战略部署。
- 施工组织总设计中的工程概况，是对建设项目或建筑群所做的总说明、总分析。
- 施工总体部署是建设项目施工程序及施工展开方式的总体设想。
- 施工总进度计划是对各施工项目作业所做的时间安排，是控制施工工期及各单位工程施工期限和相互搭接关系的依据。
- 施工组织总设计中的资源需要量计划，是做好建设项目劳动力及物资供应、平衡、调度和落实的依据。
- 施工总平面图是整个工程建设项目施工现场的平面布置图，是全工地施工部署在空间上的反映。

5.10　复习思考题

1. 简述施工组织总设计的编制程序、编制依据和编制内容。
2. 施工组织总设计中的工程概况主要反映哪些内容？
3. 施工总体部署主要包括哪些内容？在施工程序安排时应注意什么？
4. 简述施工总进度计划的编制原则和内容。
5. 简述施工总平面图的设计原则和步骤。

第 6 章　施工项目管理组织

施工项目管理组织是指为实施施工项目管理而建立健全的组织机构，以及该机构为实现施工项目目标所进行的各项组织工作。施工项目组织是管理的一种重要职能，其一般概念是指各生产要素相互结合的形式、制度和组织活动。前者通常表现为组织机构，后者表现为组织工作。由于生产要素的相互结合是不断变化的，所以组织也是动态的。它不但要贯穿于管理活动的全过程及所有方面，随着其中各种要素的变化而变化，而且本身也是一个系统的概念。从施工项目的角度看，其组织全过程可以分为两个大的阶段：一个阶段是各种生产要素进入施工项目的过程，包括技术人员和管理人员进入施工项目，组成项目经理部，以及随后的其他生产要素进入现场；另一个阶段是生产要素在施工项目内部结合、运用，完成施工项目任务的过程。

施工项目管理组织作为组织机构，它是根据项目管理目标通过科学设计而建立健全的组织实体。该机构是由有一定的领导体制、部门设置、层次划分、职责分工、规章制度和信息管理系统等构成的有机整体。一个以合理有效的组织机构为框架所形成的权力系统、责任系统、利益系统和信息系统是实施施工项目管理及实现最终目标的组织保证。

施工项目管理组织是通过施工项目管理组织机构所赋予的权力，所具有的组织力、影响力，在施工项目管理中合理配置生产要素，协调内外部及人员之间的关系，发挥各项业务职能的能动作用，确保信息畅通，推进施工项目目标的优化实现等全部管理活动。只有施工项目管理组织机构及其所进行的管理活动有机结合，才能充分发挥施工项目管理的职能。

6.1　施工项目管理经理部

《建设工程项目管理规范》(GB/T 50326—2006)指出：施工项目经理部是组织设置的项目管理机构，承担项目实施的管理任务和目标实现的全面责任。项目经理部由项目经理领导，接受组织职能部门的指导、监督、检查、服务和考核，并负责对项目资源进行合理使用和动态管理。因此，项目经理部由企业授权，在施工项目经理领导下建立的项目管理组织机构，是施工项目的管理层，其职能是对施工项目实施阶段进行综合管理，其具体组织形式如图 6-1 所示。施工项目经理部的性质可以归纳为以下三个方面。

1) 施工项目经理部的相对独立性

施工项目经理部的相对独立性主要是指它与企业存在着双重关系。一方面它作为企业的下属单位，同企业存在着行政隶属关系，要绝对服从企业的全面领导；另一方面它又是一个施工项目独立利益的代表，存在着独立的利益，同企业形成一种经济承包或其他的经济责任关系。

2) 施工项目经理部的综合性

施工项目经理部的综合性主要指以下几个方面。

(1) 明确施工项目经理部是企业所属的经济组织，主要职责是管理施工项目的各种经济活动。

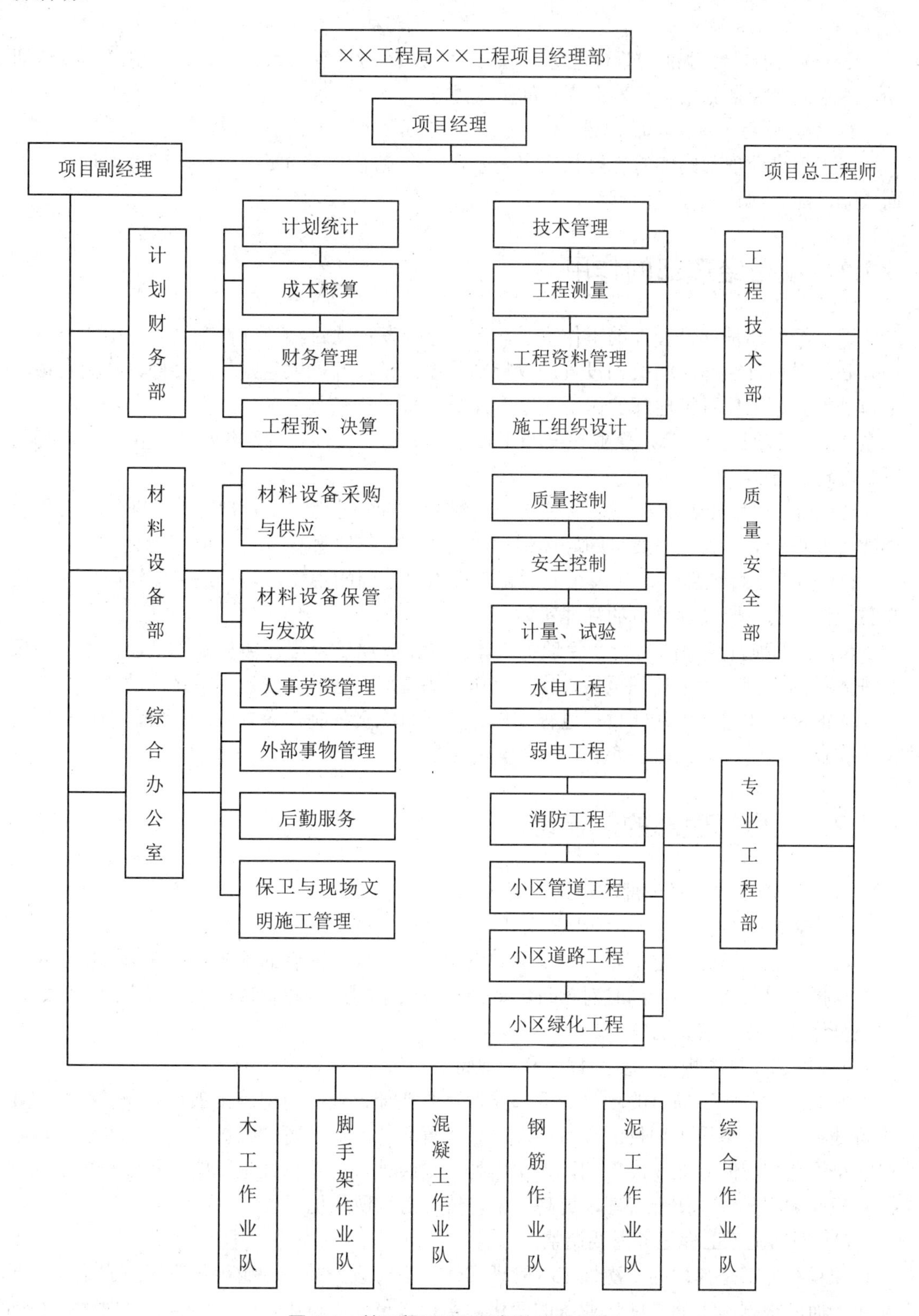

图 6-1　某工程项目经理部的组织机构

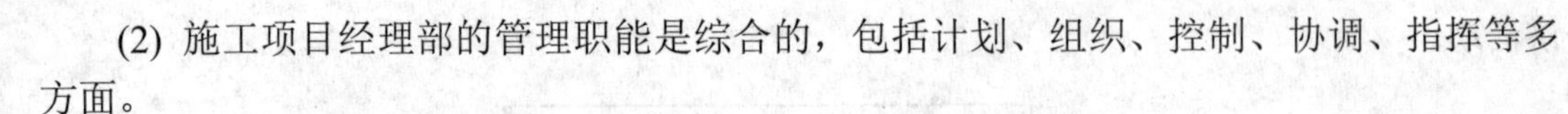

(2) 施工项目经理部的管理职能是综合的，包括计划、组织、控制、协调、指挥等多方面。

(3) 施工项目经理部的管理业务是综合的，从横向看包括人、财、物、生产和经营活动，从纵向看包括施工项目寿命周期的主要过程。

3) 施工项目经理部的临时性

施工项目经理部的临时性是指它仅是企业一个施工项目的责任单位，随着项目的开工而成立，随着项目的竣工而解体。

6.1.1 项目经理部的作用

项目经理部是项目管理的工作班子。为了充分发挥项目经理部在项目管理中的主体作用，必须对项目经理部的机构设置加以特别重视，设计好、组建好、运转好，从而发挥其应有功能。施工项目经理部的作用有以下几个方面。

(1) 施工项目经理部是企业在某一工程项目上的一次性管理组织机构，由企业委任的项目经理领导。

(2) 施工项目经理部对施工项目从开工到竣工的全过程实施管理，对作业层负有管理与服务双重职能，其工作质量的好坏将对作业层的工作质量有重大影响。

(3) 施工项目经理部是代表企业履行工程承包合同的主体，是对最终建筑产品和建设单位全面负责、全过程负责的管理实体。

(4) 施工项目经理部是一个管理组织体，要完成项目管理任务和专业管理任务；凝聚管理人员的力量，调动其积极性，促进合作；协调部门之间、管理人员之间的关系，发挥每个人的岗位作用，为共同目标进行工作；贯彻组织责任制，搞好管理；及时沟通部门之间、作业层之间，与公司之间、环境之间的信息。

6.1.2 项目经理部的规模设计

1) 设置施工项目经理部的依据

(1) 根据所选择的项目组织形式组建。

不同的组织形式决定了企业对项目的不同管理方式，提供的不同管理环境，以及对项目经理授予权限的大小。同时对项目经理部管理力量的配备和管理职责也有不同的要求，要充分体现责任、权力的统一。

(2) 根据项目的规模、复杂程度和专业特点设置。

例如，大型施工项目的项目经理部要设置职能部、处；中型施工项目的项目经理部要设置处、科；小型施工项目的项目经理部只设置职能人员即可。在施工项目的专业性很强时，可设置相应的专业职能部门，如水电处、安装处等。项目经理部的设置应与施工项目的目标要求相一致，便于管理，提高效率，体现组织现代化。

(3) 根据施工工程任务需要调整。

项目经理部是弹性的一次性工程管理实体，不应成为一级固定组织，不设固定的作业队伍。而应根据施工的进展、业务的变化，实行人员选聘进出、优化组合、及时调整和动态管理。项目经理部一般是在项目施工开始前组建，工程竣工交付使用后解体。

(4) 适应现场施工的需要设置。

项目经理部人员配置可考虑设专职或兼职，功能上应满足施工现场的计划与调度、技术与质量、成本与核算、劳务与物质、安全与文明施工的需要。不应设置经营与咨询、研究与发展、政工与人事等与项目施工关系较少的非生产部门。

2) 施工项目经理部的设置规模

施工项目经理部的设置规模等级，目前国家没有具体的规定。结合有关企业推行施工项目管理的实际，一般按项目的性质和规模划分。只有当施工项目的规模达到以下要求时才实行施工项目管理：1 万平方米以上的公共建筑、工业建筑、住宅建设小区及其他投资在 500 万元以上的工程项目，均实行项目管理。有些试点单位把项目经理部划分为三个等级。

(1) 一级项目经理部。

建设面积为 15 万平方米以上的群体工程；面积在 10 万平方米以上(含 10 万平方米)的单体工程；投资在 8000 万元以上(含 8000 万元)的各类工程项目。

(2) 二级项目经理部。

建筑面积在 15 万平方米以下、10 万平方米以上(含 10 万平方米)的群体工程；面积在 10 万平方米以下、5 万平方米(含 5 万平方米)以上的单体工程；投资在 8000 万元以下 3000 万元以上(含 3000 万元)的各类工程项目。

(3) 三级项目经理部。

建筑面积在 10 万平方米以下、2 万平方米以上(含 2 万平方米)的群体工程；面积在 5 万平方米以下、1 万平方米以上(含 1 万平方米)的单体工程；投资在 3000 万元以下 500 万元以上(含 500 万元)的各类工程项目。

项目建设总面积在 2 万平方米以下的群体工程，面积在 1 万平方米以下的单体工程，可实行栋号承包，以栋号长为承包人，直接与公司(或工程部)经理签订承包合同；也可委托某项目经理部兼任。

3) 项目经理部的部门设置和人员配备

施工项目是市场竞争的核心、企业管理的重心、成本管理的中心。《建设工程项目管理规范》(GB/T 50326—2006)指出：项目组织应树立项目团队意识，围绕项目目标而形成和谐一致、高效运行的项目团队；建立协同工作的管理机制和工作模式；建立畅通的信息沟通渠道和各方共享的信息工作平台，保证信息准确、及时和有效地传递。为此，施工项目经理部的部门设置和人员配备必须根据项目任务的具体情况而定，做到部门及人员职责分工明确，组织运转灵活，精干高效，机构之内可以实行一职多岗，各岗位职责覆盖项目管理的全过程、全方位，不留死角，但要避免职责交叉。

一般项目经理部领导成员有：项目经理、项目副经理、总工程师、总会计师、总经济师等。常设置以下几个部门。

(1) 经营核算部门：主要负责工程项目的财务经济工作，工程项目的成本计划、成本支出和工程款的收入预算、决算以及合同与索赔等工作。

(2) 技术管理部门：主要负责生产调度、施工组织设计(施工方案)、进度控制、技术管理、劳动力配置计划和统计等工作。

(3) 物资设备供应部门：主要负责材料的询价、采购、计划供应、管理、运输、工具管理和机械设备的租赁配套使用等工作。

(4) 监控管理部门：主要负责工程质量、安全管理、文明施工、环境保护和消防等工作。

(5) 测试计量部门：主要负责工程计量、测量和试验等工作。

(6) 生活服务部门：主要负责施工项目的治安保卫工作、生活保障和后勤管理等工作。

项目经理部的各个部门分工协作，团结一致，发挥集体的智慧和能力。不同规模的施工项目，上述各部门的具体划分和人员配备差别较大。特大型、大型的施工项目经理部(或称一级项目经理部)可配备 30～45 人；中型工程项目经理部(或称二级项目经理部)可配备20～30 人；小型工程项目经理部(或称三级项目经理部)可配备 15～20 人。

4) 工程案例

江南某市某住宅小区工程位于该市中心城区，共有 20 幢钢筋混凝土框架剪力墙结构小高层住宅楼，其中 9 幢为 11 层，4 幢为 16 层，7 幢为 17 层，总建筑面积为 8.19 万平方米；3 座钢筋混凝土结构的地下车库，面积合计为 0.92 万平方米；1 幢建筑面积为 0.12 万平方米 2 层框架结构的物业管理楼。经招投标，由国家某大型建筑施工企业承建该小区的土建工程、给排水工程、强弱电工程、消防工程、小区内地下管道工程、小区内道路与绿化工程和电梯的预埋工程等。为确保优质、高速、安全、文明地完成该住宅小区的建设任务，工程承建单位按照项目法实施施工管理，按三级项目部的规模组建了工程项目经理部。工程项目经理部设项目经理 1 人，项目副经理 1 人，项目总工程师 1 人的项目管理班子，下设工程技术部、质量安全部、计划财务部、材料设备部、专业工程管理部和综合办公室这“五部一室”项目管理层；并由项目经理部统一组织管理劳务作业层。该工程项目经理部组织机构如图 6-1 所示。

6.1.3 项目经理部的管理制度

施工项目管理制度是施工项目经理部为实现施工项目管理目标，完成施工任务而制定的内部责任制度和规章制度。

1) 施工项目管理制度的种类

(1) 按颁发的单位分类。

① 由企业颁发的涉及项目管理的制度。如项目管理制度、项目经理责任制、业务系统化管理制度和劳动工资管理制度等。

② 由项目经理部颁发的管理制度。如施工现场管理制度、工程质量管理制度、现场安全管理制度、材料节约实施制度、技术管理制度和施工计划管理等。

(2) 按管理制度约束力的不同分类。

① 责任制度。责任制度是以部门、单位和岗位为主体制定的，规定了每个部门或岗位应承担的责任。责任制是根据职位、岗位划分的，其重要程度不同责任大小也各不相同；责任制强调创造性地完成各项任务，其衡量标准是多层次的，可以评定等级。如各级领导、职能人员、生产工人等的岗位责任制和生产、技术、成本、质量、安全等管理业务责任制度。

② 规章制度。规章制度是以各种活动、行为为主体，明确规定人们行为和活动不得逾越的规范和准则，任何人只要涉及或参与其事，都必须遵守。所以规章制度是组织的法规，它更强调约束精神，对谁都同样适用，绝不因人的地位高低而异，执行的结果只有是与非，即遵守与违反两个简单明了的衡量标准。如施工、技术、质量、安全、材料、劳动力、机械设备和成本管理制度等。非施工专业管理制度主要有：有关的合同类制度、分配类制度和核算类制度等。

(3) 按管理制度的专业分类。

① 施工专业类管理制度。施工专业类管理制度是围绕施工项目的生产要素制定的，包括：施工管理制度、技术管理制度、质量、安全、材料、劳动、机械设备、财务等管理制度。

② 非施工专业类管理制度。非施工专业类管理制度包括：有关责任制度、合同制度、分配制度和核算制度等。

2) 建立施工项目管理制度的原则

建立施工项目管理制度时应遵循以下原则。

(1) 制定施工项目管理制度必须以国家、上级部门、公司制定颁布的施工项目管理的有关方针政策、法律法规、标准、规程等文件精神为依据，不得有抵触与矛盾。

(2) 制定施工项目管理制度应符合该项目施工管理需要，对施工过程中例行性活动应遵守的方法、程序、标准和要求做出明确规定，使各项工作有章可循；有关的工程技术、计划、统计、核算和安全等各项制度，要健全配套，覆盖全面，形成完整体系。

(3) 施工项目管理制度要在公司颁布的管理制度基础上制定，要有针对性，任何一项条款都应该文字简洁、具体明确、可操作、可检查。

(4) 施工项目管理制度的颁布、修改和废除要有严格程序。项目经理是总决策者，凡不涉及公司的管理制度，由项目经理签字决定，报公司备案；凡涉及公司的管理制度，应由公司经理批准才有效。

3) 项目经理部管理制度

施工项目经理部管理制度的建立应围绕计划、责任、技术、核算、质量和安全奖惩等方面。通常施工项目经理部的主要管理制度包括以下一些内容。

(1) 施工项目管理岗位责任制度。

(2) 施工项目质量与技术管理制度。

(3) 图纸和技术档案管理制度。

(4) 计划、统计与进度报告制度。

(5) 施工项目成本核算制度。

(6) 材料、机械设备管理制度。

(7) 施工项目安全管理制度。

(8) 文明施工和场容管理制度。

(9) 施工项目信息管理制度。

(10) 例会和组织协调制度。

(11) 分包和劳务管理制度。

(12) 内外部沟通与协调管理制度。

(13) 项目计量管理制度。

(14) 项目经理部奖罚办法。

(15) 项目经理部解体办法。

6.1.4 项目经理部的解体

企业工程管理部门是施工项目经理部组建、解体、善后处理工作的主管部门。项目经理部是一次性具有弹性的施工现场生产组织机构，当施工项目临近尾声时，业务管理人员及项目经理要陆续撤走，因此，必须重视项目经理部的解体和善后工作。项目经理部解体及善后工作的程序和内容如下。

1) 成立善后工作小组

善后工作小组，由项目经理担任组长。留守人员中主要由主任工程师，技术、预算、财务、材料各一人组成。

2) 提交解体申请报告

在竣工交付验收签字之日起15日内，项目经理向企业工程管理部写出项目经理部解体申请报告，同时提出善后留用和遣散人员的名单及时间，经有关部门审核批准后执行。

3) 解聘人员

陆续解聘的工作业务人员，原则上返回原单位。对解聘的人员要提前发给两个月的岗位效益工资，并给予有关待遇。从解聘第三个月起(含解聘合同当月)其工资福利待遇在企业或新的被聘单位领取。

4) 预留保修费用

保修期限一般为竣工后进行。由项目经理与工程管理部门协商同建设单位签订保修责任书，并确定工程保修费的预留比例。一般预留保修费为工程造价的 1.5%～5%，主要根据工程质量、结构特点、使用性质等因素确定。保修费用由企业工程部门专款专用、单独核算、包干使用。

5) 剩余物质处理

项目经理部剩余材料原则上让售给企业物质部门，材料价格就质论价。如双方发生争议，可由企业经营管理部门协调裁决；对外让售必须经企业主管领导批准。由于现场管理工作需要，项目经理部自购的通信、办公等小型固定资产要如实建立台账，按质论价，移交企业。

6) 债权债务处理

项目经理部留守人员负责在解体后三个月处理完工程结算、价款回收、加工订货等债权债务；未能在限期内处理完，或未办理任何符合法规的手续的，其差额部分计入项目经理部成本亏损。

7) 经济效益(成本)审计

项目经理部的成本盈亏审计以该项目工程实际发生的成本与价款结算回收数为依据，由审计部门牵头，预算财务和工程部门参加，于项目经理部解体后一定时间内(常规为4个月)写出审计评价报告，交经理办公会议审批。

8) 业绩审计奖惩处理

对项目经理部和项目经理进行业绩审计，做出效益审计评估。若盈余，盈余部分可依企业规章制度按比例提成，作为项目经理部及项目经理的管理奖；若亏损，亏损部分由项目经理部及项目经理负责，按比例从其管理人员风险抵押(责任)金和工资中扣除。亏损数额较大时，按规定给予项目经理行政和经济处分，乃至追究其刑事责任。

9) 有关纠纷裁决

所有仲裁的依据原则上是双方签订的合同和有关签证。当项目经理部与企业有关职能部门发生矛盾时，由企业办公会议裁决；与劳务、专业分公司、栋号作业队发生矛盾时，按业务分工，由企业劳动部门、经营部门和工程管理部门裁决。

6.2 施工项目经理

任何一个施工项目都是一项一次性的整体任务，有统一的目标，按照管理学的基本原则，需要设有专人负责，才能保证其目标的有效实现。这个负责人通常称为施工项目经理。他是企业在项目上负责管理和履行承包合同的委托代理人。项目经理是施工项目现场管理的中心，在施工活动中占有举足轻重的地位。从对外角度来看，施工项目经理是企业法人代表在项目上的代理人。企业的法人代表一般不会直接对每个建设单位负责，而是由施工项目经理在授权范围内对建设单位直接负责。从企业内部来看，施工项目经理是施工项目实施阶段所有工作的主要负责人，是项目动态管理的体现者，也是项目生产要素合理投入和优化组合的组织者。

6.2.1 施工项目经理应具备的素质

施工项目经理是施工项目目标的全面实现者，既要对建设单位的成果性目标负责，又要对企业的效率性目标负责，为此，一个称职的施工项目经理必须在政治水平、知识结构、业务技能、管理能力和身心健康等诸多方面具备良好的素质。

1. 施工项目经理应具备的素质

《建设工程项目管理规范》(GB/T 50326—2006)指出：项目经理应由法人代表任命，并根据法定代表人授权的范围、期限和内容、履行管理职责，并对项目实施全过程、全面管理。因此，项目经理应具备下列素质。

(1) 符合项目管理要求的能力，善于进行组织协调与沟通。

(2) 相应的项目管理经验和业绩。

(3) 项目管理需要的专业技术，管理、经济、法律和法规知识。

(4) 良好的职业道德和团结协作精神，遵纪守法、爱岗敬业、诚信尽责。

(5) 身体健康。

项目经理不应同时承担两个或两个以上未完项目领导岗位的工作。

2. 施工项目经理资质等级

《建筑施工企业项目经理资质管理办法》(建[1995]1 号)规定：项目经理资质分为一、二、三、四级。其资质申请条件如下。

(1) 一级项目经理：担任过一个一级建筑施工企业资质标准要求的工程项目，或两个二级建筑施工企业资质标准要求的工程项目中，作为施工管理工作的主要负责人，并已取得国家认可的高级或中级专业技术职称者。

(2) 二级项目经理：担任过两个工程项目，其中至少有一个是在二级建筑施工企业资质标准要求的工程项目中，作为施工管理工作的主要负责人，并已取得国家认可的中级或初级专业技术职称者。

(3) 三级项目经理：担任过两个工程项目，其中至少有一个是在三级建筑施工企业资质标准要求的工程项目中，作为施工管理工作的主要负责人，并已取得国家认可的中级或初级专业技术职称者。

(4) 四级项目经理：担任过两个工程项目，其中至少有一个是在四级建筑施工企业资质标准要求的工程项目中，作为施工管理工作的主要负责人，并已取得国家认可的初级专业技术职称者。

所称一、二、三、四级建筑施工企业资质标准，按建设部颁布的《建筑施工企业资质等级标准》的有关规定执行。

6.2.2 施工项目经理的选择

选择施工项目经理应坚持三个基本点：一是选择的方式必须有利于选聘适合项目管理的人担任项目经理；二是产生的程序必须具有一定的资质审查和监督机制；三是最后决定人选必须按照“经理聘任、合同约定”的原则由企业经理任命。

1) 施工项目经理的选择方式

目前，我国选择施工项目经理一般有竞争招聘制、经理委任制、基层推荐内部协调制这三种方式，它们的选择范围、程序和特点各有不同。

(1) 竞争招聘制。

竞争招聘制的招聘范围可面向企业，也可面向社会，但要本着先内后外的原则，其招聘程序是：个人自荐，组织审查，答辩讲演，择优选聘。这种方式既可选优，又可增强项目经理的竞争意识和责任心。

(2) 经理委任制。

经理委任制的委任范围一般限于企业内部的在聘干部，其程序是经过企业经理提名，组织人事部门考察，党政联席办公会议决定。这种方式要求组织人事部门严格考核，企业经理知人善任。

(3) 基层推荐内部协调制。

基层推荐内部协调制一般是企业各基层向企业推荐若干人选，然后由人事组织部门集中各方面意见，进行严格考核后，提出拟聘用人选，报企业领导研究决定。

项目经理一经任命后，其身份是企业法定代表人在工程项目上的委托代理人，他与企业经理的关系是委托授权与被委托授权的关系，他们之间不存在集权和分权的关系。项目经理必须按照企业法定代表人的授权时间、权限和范围进行具体的管理工作，不能越权。同时项目经理任命后，如无特殊原因，在项目未完成前企业不应随意更换。

2) 施工项目经理的选拔程序

施工项目经理的选拔程序及方法如图 6-2 所示。

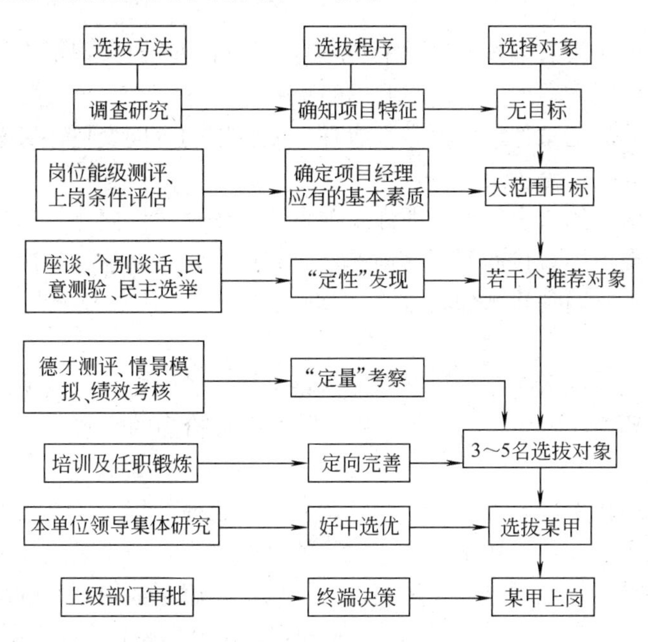

图 6-2　施工项目经理的选拔程序及方法

6.2.3　施工项目经理的工作

1. 施工项目经理应做好的基本工作

1) 规划施工项目管理方式

单位项目经理所要规划的是该项目建设的最终目标，即增加或提供一定的生产能力或使用价值，形成固定资产。这个总目标有投资控制目标、质量控制目标、时间控制目标、安全生产控制目标等。作为施工单位项目经理，则应当系统地做出详细规划，绘制展开图，进行目标管理。这件事做得如何，从根本上决定了项目管理的效能，这是因为：

管理效能=目标方向×工作效率

再者，确定了项目管理目标，就可以把群众的力量拧到一股绳上。

2) 制定规范

制定规范，就是建立合理而有效的项目管理组织机构，制定重要的规章制度，采用应达到的标准，从而保证规划目标的实现。规章制度必须面向全体职工，使他们乐意接受，以有利于推进规划目标的实现。规章制度绝大多数由项目经理或执行机构制定，岗位责任制和赏罚制度应由项目经理亲自主持制定。

3) 选用人才

一个优秀的项目经理，必须下一番工夫去选择好项目经理部领导成员及主要的业务人

员。一个项目经理在选人时，首先要掌握“用最少的人干最多的事”的最基本效率原则，要选得其才，用得其能，置得其所。

2. 施工项目经理的经常性工作

1) 决策

项目经理对重大决策必须按照完整的科学方法进行。项目经理不需要包揽一切决策，只有如下两种情况要项目经理做出及时明确的决断。

一个是出现了非规范事件，即例外性事件，如特别的合同变更、对某种特殊材料的购买、领导重要指示的执行等决策。

另一个是下级请示的重大问题，即涉及项目目标的全局性问题，项目经理要明确及时做出决断。项目经理可不直接回答下属问题，只直接回答下属建议。决策要及时、明确，不要模棱两可，更不要遇到问题绕着走。

2) 深入实际

项目经理必须经常深入实际，这样才能体察下情，了解实际，发现问题，便于开展领导工作。要把问题解决在发生之前，把关键工作做在最恰当的时候。

3) 学习

项目管理涉及现代生产、科学技术和经营管理，它往往集中了这三者的最新成果。故项目经理必须事先学习，边干边学。事实上，群众的水平是在不断提高的。项目经理如果不学习提高，就不能很好地领导水平提高了的下属，也就不能很好地解决出现的新问题。项目经理必须不断更新老化了的知识，学习新知识、新思想和新方法，要跟上改革的形势，推进管理改革，使各项管理能与国际惯例接轨。

4) 实施合同

对合同中确定的各项目标的实现进行有效的协调与控制，协调各种关系，组织全体职工实现工期、质量、成本、安全和文明施工目标，提高经济效益。

6.2.4 施工项目经理责任制

施工项目经理责任制是指以施工项目经理为主体的施工项目管理目标责任制度。它是以施工项目为对象，以项目经理为主体，以项目管理目标责任书为依据，以求得项目产品的最佳经济效益为目的，实行从施工项目开工至竣工验收再到交工的施工活动，以及包含售后服务在内一次性全过程的管理责任制度。

1. 推行施工项目经理责任制的条件

施工项目经理责任制是建筑业企业推行工程项目管理，实行两层分开后企业管理层建立的以项目经理为责任主体的施工项目全过程管理目标责任制度。施工项目经理责任制一般要坚持“经理负责，全员管理，标价分离，项目核算，指标考核，严格奖励”的原则，并以此明确项目经理与企业法人代表、项目层次与企业层次、项目层次与劳务层次三者及项目经理职责、权利之间的关系。

将施工项目经理责任制这种组织管理形式提高到制度的高度来研究、认识和推行，是建筑业企业管理体制的一项重要改革。

(1) 施工项目经理责任制是一种现代化的组织管理制度。推行施工项目经理责任制是在绝大多数有条件的企业实行的一种制度，而不是指置一切具体条件于不顾而在所有企业实行“一刀切”的项目经理责任制。其理由如下所述。

① 施工项目经理责任制是一种现代化的施工组织管理制度，但也有其他的组织管理制度可以选择和运用。事实上，世界各国都不是实行单一的施工项目经理责任制，而是多种组织管理制度并存，均需视具体的施工生产条件做出相适应的合理选择。

② 施工项目经理责任制的实行需要具备一定的条件，并不是所有的企业都能够具备这样的条件，如果不具备条件而盲目推行，往往会造成不良的后果。例如，在企业内部管理体制未进行配套改革，不具备有较强管理能力的项目经理和项目管理人员的情况下，强行推行这种组织管理制度，其效率还不一定有传统的组织管理效率高。

(2) 实行施工项目经理责任制不仅是要找出一名负责任的项目经理，而是要对企业的组织形式和管理方法进行根本的改革。这就是说，虽然项目经理是决定项目成败的关键人物，但对于推行施工项目经理责任制而言，合格的项目经理只是一个首要的条件，核心问题在于施工企业组织管理制度和观念的根本转变。现实中就有一些企业，其他的组织管理形式不变，只是选出一个项目经理就算实行“施工项目经理责任制”了。实际上，实行施工项目经理责任制的企业至少应该具备以下基本条件。

① 企业进行内部配套改革，实行管理层与作业层分开。工作重点从过去一般具体的施工技术业务转向对施工活动全过程的组织管理和对分包单位的监督管理上。要想达到这一目的，必须精简企业机构，增加现场管理人员和高级技术人员的比例。

② 管理的组织形式从固定的直线职能式转向灵活的以项目为中心的矩阵式等组织形式。

③ 管理方式从行政指令式转向合同管理形式。推行项目经理责任制的企业，一般都要用项目管理这种方法，根据客观经济关系的要求，运用经济手段，来实现企业资源的优化配置和企业各部门、各单位之间的服务、监督机制。

④ 项目经理责任制的运用必须从企业长远的发展目标出发，要符合企业经营战略的要求。项目管理的最终目标是为了提高企业的经济效益。

⑤ 施工项目经理责任制的成效不仅取决于项目经理个人，还取决于强有力的项目管理班子。没有一个合格的项目经理，施工项目经理责任制就会失败。但是有了一位合格的项目经理，也不能确保项目管理责任制能够成功，这还取决于是否有一个强有力的项目管理班子。施工项目经理只是项目管理班子中的一员，是最重要的人物，其作用的发挥还取决于其他成员的协作配合；施工项目管理班子才是具体负责组织管理项目的。因此，推行施工项目经理责任制必须首先解决如何建立起良好的项目管理班子。

2. 施工项目经理责任制的作用

(1) 建立和完善以施工项目管理为基点的适应市场经济的责任管理机制。

(2) 明确项目经理与企业、职工三者之间的责、权、利、效关系。

(3) 利用经济手段、法制手段对项目进行规范化、科学化管理。

(4) 强化项目经理人的责任与风险意识，对工程质量、工期、成本、安全和文明施工等方面全过程负责，促使高速、优质、低耗地全面完成施工项目。

3. 施工项目经理的责、权、利

1) 施工项目经理的任务

项目经理的任务主要包括两方面：一方面是要保证施工项目按照规定的目标高速、优质、低耗地全面完成。另一方面保证各生产要素在项目经理授权范围内做到最大限度地优化配置。具体体现在以下几方面。

(1) 确定项目管理组织机构的构成并配备人员，制定规章制度，明确有关人员的职责，组织项目经理部开展工作。

(2) 确定施工项目管理总目标和阶段目标，进行目标分解，制定控制措施，确保施工项目成功。

(3) 及时、适当地做出施工项目管理决策，包括投标报价决策、人事任免决策、重大技术组织措施决策、财务工作决策、资源调配决策、工程进度决策、合同签订和变更决策，对合同执行进行严格管理。

(4) 协调本组织机构与各协作单位之间的协作配合及经济、技术关系，代表企业法人进行有关签证，并进行监督、检查，确保质量、工期和成本控制成功。

(5) 建立完善的内部及对外信息管理系统。

(6) 实施合同，处理好合同变更，协商解决纠纷，处理索赔，处理好总包关系。搞好与有关单位的协作配合，与建设单位相互监督。

2) 施工项目经理的职责

施工项目经理的职责是由其承担的任务所决定的。《建设工程项目管理规范》(GB/T 50326—2006)明确规定项目经理应履行下列职责。

(1) 项目管理目标责任书规定的职责。

(2) 主持编制项目管理实施规划，并对项目目标进行系统管理。

(3) 对资源进行动态管理。

(4) 建立各种专业管理体系并组织实施。

(5) 进行授权范围内的利益分配。

(6) 收集工程资料，准备结算资料，参与工程竣工验收。

(7) 接受审计，处理项目经理部解体的善后工作。

(8) 协助组织进行项目的检查、鉴定和评奖申报工作。

3) 施工项目经理的权限

赋予施工项目经理一定的权限是确保项目经理承担相应责任的先决条件。为了履行项目经理的职责，施工项目经理必须具有一定的权限。《建设工程项目管理规范》(GB/T 50326—2006)明确规定施工项目经理应具有下列权限。

(1) 参与项目招标、投标和合同签订。

(2) 参与组建项目经理部。

(3) 主持项目经理部工作。

(4) 决定授权范围内的项目资金的投入和使用。

(5) 制定内部计酬办法。

(6) 参与选择并使用具有相应资质的分包人。

(7) 参与选择物质供应单位。

(8) 在授权范围内协调与项目有关的内、外部关系。

(9) 法定代表人授予的其他权力。

4) 施工项目经理的利益与奖罚

目前，在我国国有建筑企业中，因项目经理的权限较小，管理的面较大，付出的多，得到的少，久而久之，工作积极性下降。因此，必须明确项目经理的利益，改隐性收入为显性收入。《建设工程项目管理规范》(GB/T 50326—2006)明确指出施工项目经理的利益与奖罚如下。

(1) 获得工资和奖励。

(2) 项目完成后，按照项目管理目标责任制书规定，经审计后给予奖励或处罚。

(3) 获得评优表彰、记功等奖励。

项目经理部应进行独立核算，改变过去那种只干不算、几个项目的成本核算搅和在一起的做法。将人工费、机械费和材料节约等作为考核指标，提取一定比例的利润作为奖励基金，由项目经理按规定分配。项目经理责任期的利益，应与他所承担的责任成比例。

项目经理的最终利益是项目经理行使权力和承担责任的结果，也是市场经济条件下责、权、利相互统一的具体表现。项目经理按规定标准享受岗位效益工资和奖金，年终各项指标和整个工程项目都达到承包合同指标要求的，按合同奖罚一次兑现，其年度奖励可为风险抵押金额的3～5倍。对于项目经理控制的劳务作业层的施工预算(施工成本或分包成本)和现场经费管理成本的节约部分，项目终审时可根据实际成本节约的金额按比例对项目经理进行奖励(对项目经理的奖励应包括对项目经理部人员的奖励，由项目经理决定办法)，成本节约额对项目经理和项目经理部人员的奖励比例应在责任书上明确规定。

当项目经理对劳务作业层施工预算(分包成本)和现场经费(管理成本)控制不严，超出了核定的金额后，导致承包指标未按合同要求完成，可根据年度工程项目承包合同奖罚条款扣除风险抵押金，直至所有奖金全部扣除。如属个人责任，致使工程项目质量粗糙、工期拖延、成本亏损或造成重大安全事故的，除全部没收抵押金和扣发奖金外，可处以一次性罚款并下浮工资，性质严重者要按有关规定追究责任。

值得着重指出的是，从行为科学的理论观点来看，对施工项目经理的利益兑现应在分析的基础上区别对待，满足其最迫切的需要，以真正通过激励调动其积极性。行为科学认为，人的需要由低层次到高层次分别有：物质的、安全的、社会的、自尊的和理想的。如果把前两种需要称为“物质的”，则其他三种需要为“精神的”，于是每当进行激励之前，应分析该项目经理的最迫切需要，不能盲目地只讲物质激励。从一定意义上说，精神激励的面要大，作用会更显著。

6.2.5 建造师的执业要求、执业能力、执业范围与执业资质考核

1. 建造师的执业要求

1) 建造师执业前提

建造师经注册后，方有资格以建造师的名义担任建设工程总承包或施工管理的项目经

理并从事其他施工活动管理。取得建造师资格，未经注册的，不得以建造师名义从事建设工程施工项目的管理工作。

2) 建造师执业基本要求

建造师在工作中，必须严格遵守法律、法规和行业管理的各项规定，恪守职业道德。

3) 建造师执业分类

一级建造师执业划分为14个专业：房屋建筑工程、公路工程、铁路工程、民航机场工程、港口与航道工程、水利水电工程、电力工程、矿山工程、冶炼工程、石油化工工程、市政公用与城市轨道工程、通信与广电工程、机电安装工程及装饰装修工程。二级建造师分为10个专业：房屋建筑工程、公路工程、水利水电工程、电力工程、矿山工程、冶炼工程、石油化工工程、市政公用与城市轨道工程、机电安装工程及装饰装修工程。注册建造师应在相应的岗位上执业。同时鼓励和提倡注册建造师“一师多岗”，从事国家规定的其他业务。

2. 建造师的执业技术能力

1) 一级建造师应具备的执业技术能力

(1) 具有一定的工程技术、工程管理理论和相关经济理论水平，并具有丰富的施工管理专业知识。

(2) 能够熟练掌握和运用与施工管理业务相关的法律、法规、工程建设强制性标准和行业管理的各项规定。

(3) 具有丰富的施工管理实践经验和资历，有较强的施工组织能力，能保证工程质量和安全生产。

(4) 有一定的外语水平。

2) 二级建造师应具备的执业技术能力

(1) 了解工程建设的法律、法规、工程建设强制性标准及有关行业管理的规定。

(2) 具有一定的施工管理专业知识。

(3) 具有一定的施工管理实践经验和资历，有一定的施工组织能力，能保证工程质量和安全生产。

(4) 建造师必须接受继续教育，更新知识，不断提高业务水平。

3. 建造师的执业范围

(1) 担任建设工程项目施工的项目经理。

(2) 从事其他施工活动的管理工作。

(3) 法律、行政法规或国务院建设行政主管部门规定的其他业务。

4. 建造师的资质考核

《建设工程项目管理规范》(GB/T 50326—2006)明确规定，大中型项目的项目经理必须取得工程建设类相应专业注册执业资格证书。

国家人事部与建设部于2002年12月5日颁布的《建造师执业资格制度暂行规定》(人发[2002]111号)文件对建造师执业资格的考试做出了明确的规定。

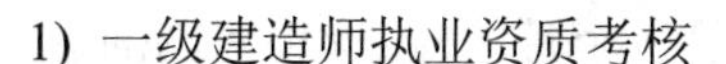

1) 一级建造师执业资质考核

凡具备下列条件之一者，可以申请参加一级建造师执业资格考试。

(1) 取得工程类或工程经济类大学专科学历，工作满 6 年，其中从事建设工程项目施工管理工作满 4 年。

(2) 取得工程类或工程经济类大学本科学历，工作满 4 年，其中从事建设工程项目施工管理工作满 3 年。

(3) 取得工程类或工程经济类双学士学位或研究生班毕业，工作满 3 年，其中从事建设工程项目施工管理工作满 2 年。

(4) 取得工程类或工程经济类硕士学位，工作满 2 年，其中从事建设工程项目施工管理工作满 1 年。

(5) 取得工程类或工程经济类博士学位，从事建设工程项目施工管理工作满 1 年。

一级建造师执业资格实行统一大纲、统一命题、统一组织的考试制度，由人事部、建设部共同组织实施，原则上每年举行一次考试。

参加一级建造师执业资格考试合格，由各省、自治区、直辖市人事部门颁发由人事部统一印制，人事部、建设部用印的《中华人民共和国一级建造师执业资格证书》。该证书在全国范围内有效。

2) 二级建造师执业资质考核

凡具备工程类或工程经济类中等专科以上学历并从事建设工程项目施工管理工作满 2 年，可参加二级建造师执业资格考试。

二级建造师执业资格实行全国统一大纲，各省、自治区、直辖市命题并组织考试的制度。

参加二级建造师执业资格考试合格，由省、自治区、直辖市人事部门颁发由人事部、建设部统一格式的《中华人民共和国二级建造师执业资格证书》。该证书在所在行政区域内有效。

5. 建造师的注册

取得建造师执业资格证书的人员，必须经过注册登记，方可以建造师名义执业。

一级建造师执业资格的注册办法：由本人提出申请，经各省、自治区、直辖市建设行政主管部门或授权的机构初审合格后，报建设部或其授权的机构注册。准予注册的申请人，由建设部或其授权的注册管理机构发放由建设部统一印制的《中华人民共和国一级建造师注册证》。

二级建造师执业资格的注册办法：由省、自治区、直辖市建设行政主管部门制定，颁发辖区内有效的《中华人民共和国二级建造师注册证》，并报建设部或其授权的注册管理机构备案。

申请注册的人员必须同时具备以下条件。

(1) 取得建造师执业资格证书。

(2) 无犯罪记录。

(3) 身体健康，能坚持在建造师岗位上工作。

(4) 经所在单位考核合格。

建造师执业资格注册有效期一般为 3 年，有效期满前 3 个月，持证者应到原注册管理机构办理再次注册手续。在注册有效期内，变更执业单位者，应及时办理变更手续。再次注册者，除应符合申请注册的人员必须同时具备的条件外，还需提供接受继续教育的证明。

经注册的建造师有下列情况之一的，由原注册管理机构注销注册。

(1) 不具有完全民事行为能力的。

(2) 受刑事处罚的。

(3) 因过错发生工程建设重大质量安全事故或有建筑市场违法违规行为的。

(4) 脱离建设工程施工管理及其相关工作岗位连续两年(含两年)以上的。

(5) 同时在两个及以上建筑业企业执业的。

(6) 严重违反职业道德的。

6.3 案 例

某省建筑施工企业承建某大学教学大楼工程。项目部组织机构及项目经理部主要管理人员的职责与权限如下。

1) 工程简介

该教学大楼坐落在某大学校园内，为框架结构，建筑面积为 75 429m^2，由 8 个建筑模块组成，通过连廊结合成为统一整体；建筑物依山而建，借地势而造。本工程 1—15 轴线为七层，15—48 轴线为六层。一层层高为 4.8m，其他各层层高为 3.9m，建筑总高度为 31.2m。本工程设有实验室、电教中心、电教网络中心、普通教室、多媒体教室、语音教室、多功能报告厅及阶梯教室，局部楼层标高复杂。整栋大楼设有 14 座楼梯和 4 部电梯作为上下楼层公共通道。

2) 工程特点

(1) 施工工期紧。总工期为 550 日历天，仅为国家工期定额指标日历天数的 60%，因而阶段工期内资源投入大，对施工单位的管理、协调和组织能力要求较高。

(2) 施工质量标准高。施工合同的质量目标为省级优良标准，因此施工过程中不但要加大对施工进度、安全生产的控制，还需严格抓好质量控制。

(3) 本工程需经过两个雨期及一个冬期，其中基础工程施工在雨期，上部结构施工需经过一个暑期，装饰工程施工在冬期和雨期。如何合理安排和组织是项目管理中的重要环节。

(4) 建筑结构错综复杂。特别是多功能报告厅与多功能阶梯教室，在轴线控制和标高控制方面均存在较大的困难，部分钢筋混凝土构件截面尺寸较大，最大的梁截面尺寸为 500mm×1500mm，且为曲线形梁，给模板的安装及支撑体系设置、钢筋安装、混凝土浇灌带来较大的难度。由于工期紧、质量要求高，需各专业、各工种立体交叉作业多，在加强安全生产管理的前提下，需要加强施工组织和调度。

(5) 工程占地面积为 18 748m^2。投入的各种资源需要量增大(如垂直运输机械需采用两台塔式起重机，两台龙门架)，给工程管理和成本控制增加了难度。

3) 施工管理组织机构

某省建筑施工企业经过招投标中标该工程施工任务后，由企业组建工程项目经理部，承担该工程的项目管理，工程按项目法施工，实行项目经理负责制，以项目合同与成本、进度、质量、安全控制为主要内容，以科学系统的管理和先进的技术为手段，行使计划、组织、指挥、协调、控制、监督六项基本职能，全面履行与业主、监理的合同，形成以全面质量管理为中心环节，以专业技术与计算机辅助管理相结合的科学化管理体系。积极发挥企业集团优势，对工程施工进行综合组织协调和控制管理，确保工程实现公司向业主承诺的各项目标。根据本工程施工特点，实施优化项目管理，公司组织构建的项目经理部机构如图6-3、图6-4所示。

4) 项目经理部主要管理人员的职责与职权

(1) 项目经理：企业法人在本工程项目的代表，代表企业对业主负责，对工期、质量、安全、成本及合同等诸多方面的要素负责。

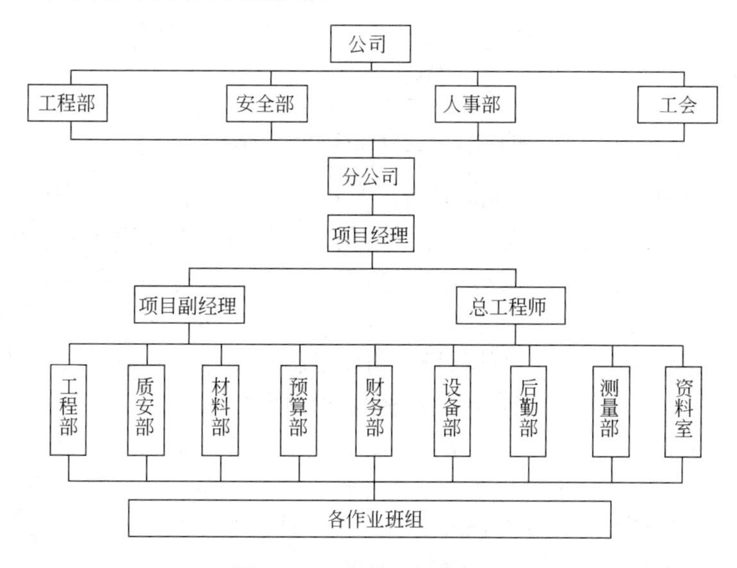

图6-3　项目管理机构框图

(2) 项目副经理：对项目施工生产的进度、安全、文明施工全面负责，对项目进行总体施工策划，全面协调项目各专业、各区域的施工；负责全盘的商务工作；对成本管理与控制、合约管理、物资管理向项目经理负责。

(3) 项目总工程师：主管项目技术工作；组织实施质量体系文件；督促施工现场各级人员履行工程质量职责，编制项目施工组织设计及主要分部分项工程施工方案，处理现场及施工中遇到的技术、质量、安全问题；编制与调整施工进度计划；遇到重大质量、安全事故提出整改措施及处理方案，并向公司汇报；对一切影响工程质量、安全生产的施工环节有权责令施工班组停止作业；对影响到工程质量、安全的技术管理人员享有奖罚权。

(4) 施工员：在项目经理的指挥下，负责生产调度、文明施工和质量管理；对施工班组不符合设计文件及规范要求的作业，应立即责令其停工进行整改；认真完成各部位的定位、标高的测定工作，并加以检查；做好施工前向有关施工班组的各项技术交底，各道工序施工完毕后进行质量记录与检查工作。

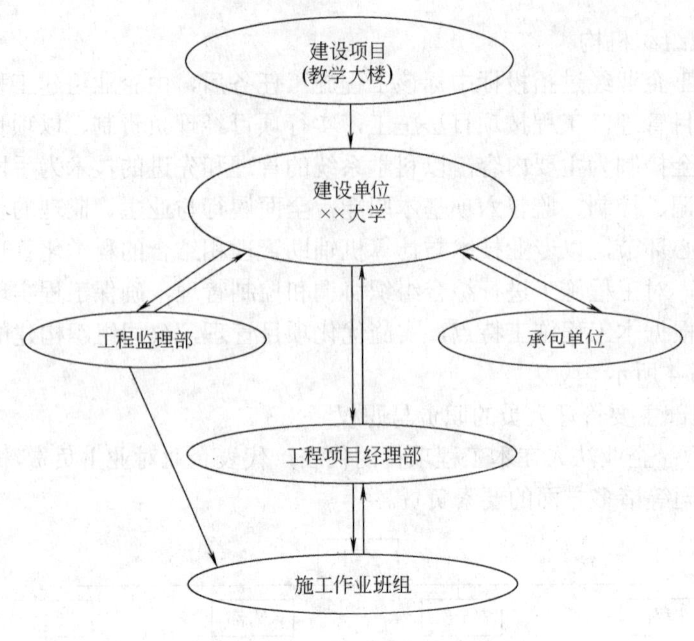

图 6-4 施工管理机构关系框图

(5) 质检员：承担本工程项目的质量管理与控制工作。对工程施工中不符合设计文件，违背业主要求，违反国家有关规范、操作规程的施工享有监督和阻止权；严格控制各道工序的工程质量，做好每道工序的隐蔽工程验收及各道工序、分项工程、分部工程的工程质量验收与记录。

(6) 安全员：承担本工程的项目现场文明施工、环境保护、消防、保卫与安全管理工作。对生产中的人、物、环境的行为与状态进行具体的管理与控制；用动态的观点来看待施工安全管理，力求达到预防、消灭事故，防止或消除事故隐患，保护劳动者安全与健康的目的。贯彻落实预防为主的安全理念，做好安全教育；在生产过程中经常检查，及时发现不文明、不安全的因素，采取措施，明确责任；对工地上存在的安全隐患与不文明施工行为享有监督权和阻止权；做好文明施工、安全检查记录。

(7) 材料员：负责材料质量，向材料供应方索取材料出厂合格证及材料试验资料，按照国家规范规定的要求，对相关材料进场后进行二次试验，并将试验报告提送建设单位与监理单位报验，对不符合要求的材料坚决杜绝进入施工现场。做好各种材料进场后，合理安排堆放场地。做好材料实际消耗与预算的对比分析工作，为工程成本的分析与控制提供准确无误的数据。

6.4 本章小结

本章施工项目经理部一节中，从施工项目经理部的相对独立性、综合性、临时性三个方面归纳了施工项目经理部的性质，阐述了项目经理部在施工管理中的作用，依据国家规范要求叙述了项目经理部的规模设计；施工项目管理制度是施工项目经理部为实现施工项目管理目标，完成施工任务而制定的内部责任制度和规章制度。本节最后介绍了施工项目管理制度的种类、建立施工项目管理制度的原则及通常施工项目经理部的主要管理制度，以及工程竣工前后项目经理部的解体要求。

第二小节介绍了施工项目经理应具备的素质与资质；选择施工项目经理应坚持的三个基本点，选择项目经理的三种常用形式；施工项目经理的基本工作和经常工作，以及施工项目经理责任制；2008 年我国建设工程项目实行注册建造师的执业要求、基本条件及执业范围。

工程案例介绍了某省建筑施工企业承建某大学教学大楼工程中项目部组织机构及项目部主要管理人员的职责与职权。

本章主要知识点：

- 施工项目经理部的性质、作用。
- 施工项目经理部的设置依据、规模和人员配备。
- 施工项目管理制度的种类。
- 项目经理部解体及善后工作的程序和内容。
- 施工项目经理应具备的素质。
- 各级项目经理承担工程建设项目管理的范围。
- 施工项目经理应做的基本工作和经常性工作。
- 施工项目经理的任务、职责、权限与利益。
- 建造师的执业前提、执业分类及执业能力。
- 建造师的执业范围、资格考试与注册。

6.5 复习思考题

1. 施工项目经理部的性质是什么？
2. 施工项目经理部的作用有哪些？
3. 施工项目经理部的设置依据是什么？
4. 施工项目经理部的设置规模是怎样的？
5. 项目经理部如何进行部门设置和人员配备？
6. 施工项目管理制度的种类有哪些？
7. 项目经理部有哪些管理制度？
8. 项目经理部解体及善后工作的程序和内容有哪些？
9. 施工项目经理应具有什么样的素质？
10. 各级项目经理承担工程建设项目管理的范围包括什么？
11. 选择施工项目经理应坚持哪三个基本点？
12. 施工项目经理的选择方式有哪些？
13. 施工项目经理应做好哪些基本工作？
14. 施工项目经理有哪些经常性工作？
15. 施工项目经理责任制的作用是什么？
16. 施工项目经理的任务和职责是什么？
17. 施工项目经理的权限有哪些？

18. 施工项目经理的利益有哪些?
19. 试述建造师的执业前提、执业基本要求和执业分类。
20. 一级、二级建造师各应具备哪些执业能力?
21. 试述一级、二级建造师的执业范围。
22. 试述一级、二级建造师资格考试与注册。

第 7 章　施工项目管理

施工项目管理是建筑企业运用系统的观点、理论和方法对施工项目进行决策、计划、组织、控制、协调等全过程的全面管理，是施工企业的一项重要工作，是建设项目管理的主要内容。施工项目管理涉及面广，实践性强，综合性广，影响因素多，涉及的法律、法规复杂。所以，目前在我国必须强化施工项目管理。

7.1　施工项目合同管理

7.1.1　施工项目合同管理概述

1. 施工项目合同管理的特点

(1) 施工项目合同管理周期长。因为现代工程体积大、结构复杂、技术和质量标准高、周期长，施工项目合同管理不仅包括施工阶段，而且包括招投标阶段和保修期。所以，合同管理是一项长期的、循序渐进的工作。

(2) 施工项目合同管理与效益、风险密切相关。在实际工程中，由于工程价值量大，合同价格高，合同实施时间长、涉及面广，受政治、经济、社会、法律和自然条件等的影响较大，合同管理水平的高低直接影响着双方当事人的经济效益。同时，合同本身常常隐藏着许多难以预测的风险。

(3) 施工项目合同的管理变量多。在工程实施过程中内外干扰事件多且具有不可预见性，使合同变更非常频繁。常常一个稍大的工程，施工过程中合同的变更能有几百项。

2. 施工项目合同管理的工作内容

(1) 建设行政主管部门在施工项目合同管理中的主要工作。

(2) 业主及监理工程师在施工项目合同管理中的主要工作。

① 业主的主要工作：对合同进行总体策划和总体控制，对招标及合同的签订进行决策，为承包商的合同实施提供必要的条件，委托监理工作师负责监督承包商履行合同。

② 监理工程师的主要工作：对于实行监理的工作项目，监理工作师的主要工作由建设单位(业主)与监理单位双方约定。

3. 承包商在施工项目合同管理中的主要工作

(1) 确定工程项目合同管理组织：包括项目(或工程队)的组织形式、人员分工和职责等。

(2) 合同文件、资料的管理。

(3) 建立合同管理系统。

7.1.2 施工项目合同的种类与内容

1. 施工项目合同的种类

(1) 从承发包的工程范围进行划分，可以将建设工程合同分为建设工程总承包合同、建设工程承包合同和分包合同。

(2) 从完成承包的内容进行划分，建设工程合同可以分为建设工程勘察合同、建设工程设计合同、建设工程施工合同和建设工程监理合同等。

(3) 从合同价款的确定方式进行划分，可以将建设工程合同分为固定价格合同、可调价格合同和成本加酬金合同。

2. 施工项目合同的内容

施工合同范本的组成：作为推荐使用的施工合同范本由《协议书》、《通用条款》和《专用条款》三部分组成，并附有3个附件。

(1) 协议书。合同协议书是施工合同的总纲性法律文件，经过双方当事人签字盖章后即成立。

(2) 通用条款。通用条款是在广泛总结国内工程实施中成功经验和失败教训的基础上，参考FIDIC(国际工程师咨询联合会)编写的《土木工程施工合同条件》中相关内容的规定，编制的承、发包双方履行合同义务的标准化条款。

(3) 专用条款。合同范本中的“专用条款”部分只为当事人提供了编制具体合同时所包括内容的指南，具体内容应由当事人根据发包工程的实际要求细化。

(4) 附件。范本中为使用者提供了“承包人承揽工程项目一览表”、“发包人供应材料设备一览表”和“房屋建筑工程质量保修书”三个标准化附件。

7.1.3 施工项目合同的签订及履行

1. 施工项目合同的签订

1) 订立应具备的条件

(1) 初步设计已经批准。

(2) 工程项目已经列入年度建设计划。

(3) 有能够满足施工需要的设计文件和有关技术资料。

(4) 建设资金和主要建筑材料、设备来源已经落实。

(5) 招投标工程，中标通知书已经下达。

2) 订立应遵守的原则

(1) 遵守国家法律、法规和国家计划的原则。

(2) 平等、自愿和公平的原则。

(3) 诚实信用的原则。

3) 订立的程序

(1) 中标通知书发出 30 日内，中标单位应与建设单位依据招标文件、投标书等签订建设工程施工合同。

(2) 投标书中已确定的条款在签订合同时不得更改，合同价应与中标价相一致。

(3) 如果中标的施工单位拒绝与建设单位签订合同，则建设单位将不再返还其投标保证金。

2. 施工项目合同的履行

合同的履行要做到以下几点。

(1) 项目经理部必须履行施工合同，在施工合同履行前应对合同内容、风险、重点或关键性问题做出特别说明和提示，并向各职能部门人员交底，落实合同的目标，依据合同指导工程实施和项目管理工作。

(2) 项目经理部履行施工合同应注意以下事项。

① 必须遵守《合同法》规定的合同履行各项原则。

② 项目经理应负责组织施工合同的履行。

③ 依照《合同法》规定进行合同的变更、转让、终止和解除工作。

④ 如果发生不可抗力致使合同不能履行或不能完全履行时，应依法及时进行处理。

(3) 履行分包合同应注意：承包人应当就承包项目(其中包括分包项目)，向发包人负责；分包人就分包项目向承包人负责。由分包人的过失给发包人造成了损失，承包人承担连带责任。

(4) 施工合同的管理。

① 实行动态管理。跟踪收集、整理、分析合同履行中的信息，并合理、及时地进行调整，充分发挥管理作用。

② 对合同履行实行预测或评估，及早提出和解决影响合同履行中的问题，防患于未然。

7.1.4 施工索赔

1. 索赔的概念

索赔是当事人在合同实施过程中，根据法律、合同规定及惯例，对不应由自己承担责任的情况造成的损失，向合同的另一方当事人提出给予赔偿或补偿要求的行为。

2. 索赔的特征

(1) 索赔是双向的，不仅承包人可以向发包人索赔，发包人同样也可以向承包人索赔。

(2) 只有实际发生了经济损失或权利损害，一方才能向对方索赔。

(3) 索赔是一种未经对方确认的单方行为。

3. 施工索赔的分类

1) 按索赔的合同依据分类

(1) 合同中明示的索赔。

(2) 合同中默示的索赔。

2) 按索赔目的分类

(1) 工期索赔。由于非承包人责任的原因而导致施工进展延误，要求发包人批准顺延合同期的索赔，称为工期索赔。

(2) 费用索赔。费用索赔的目的是要求经济补偿。当施工的客观条件改变导致承包人增加开支，要求发包人对超出计划成本的附加开支给予补偿，以挽回不应由他承担的经济损失。

3) 按索赔事件的性质分类

(1) 工程延误索赔。

(2) 工程变更索赔。

(3) 合同被迫终止的索赔。

(4) 工程加速索赔。

(5) 意外风险和不可预见因素索赔。

(6) 其他索赔。

4. 索赔的起因

引起工程索赔的原因非常多且复杂，主要有以下几方面。

(1) 工程项目的特殊性。现代工程规模大、技术性强、投资额大、工期长、材料设备价格变化快。

(2) 工程项目内外部环境的复杂性和多变性。

(3) 参与工程建设主体的多元性。由于工程参与单位多，一个工程项目往往会有发包人、总包人、工程师、分包人、指定分包人和材料设备供应商等众多单位参加。

(4) 工程合同的复杂性及易出错性。

5. 索赔的程序

1) 索赔事件发生

(1) 承包商提出索赔意向。

(2) 承包商准备索赔文件。

(3) 承包商提交索赔文件。

(4) 监理工程师审核索赔文件。

2) 是否需要提交补充材料

(1) 是。①承包商提交补充材料；②监理工程师提出初审意见。

(2) 否。监理工程师提出初审意见。

3) 监理工程师与承包商谈判

(1) 双方达成最终处理意见。

(2) 双方未达成一致，监理工程师单方提出处理意见。

4) 终审金额是否超出监理工程师的批准权限

(1) 是。①报请业主审批；②签发变更令。

(2) 否。签发变更令。

5) 承包人是否接受

(1) 是。①索赔款纳入付款证书或修改竣工日期，索赔结束。

(2) 否。转入争议的解决程序。

7.2 施工项目进度控制

7.2.1 施工项目进度控制概述

施工项目进度控制是指在既定的工期内，编制出最优的施工进度计划，在执行该计划的施工过程中，经常检查施工实际进度情况，并将其与计划进度相比较，若出现偏差，即分析偏差产生的原因和对工程总工期的影响程度，制定必要的调整措施，修改原定的计划安排；不断地如此循环，直至工程最后进行竣工验收为止的整个施工控制过程。

1. 施工项目进度控制的因素

影响施工进度的主要因素有以下几个。

(1) 参与单位和部门的影响因素：影响项目施工进度的单位和部门众多。包括建设单位、设计单位、总承包单位以及施工单位上级主管部门、政府有关部门、银行信贷单位和资源物资供应部门等。只有做好有关单位的组织协调工作，才能有效地控制项目施工进度。

(2) 施工技术因素：低估项目施工技术上的难度；采取的技术措施不当；没有考虑某些设计或施工问题的解决方法；对项目设计意图和技术要求没有全部领会；在应用新技术、新材料或新结构方面缺乏经验，没有进行相应的科研和实验，导致盲目施工，以致出现工程质量缺陷等技术事故。

(3) 施工组织管理因素：施工平面布置不合理，出现相互干扰和混乱；劳动力和机械设备的选配不当；流水施工组织不合理等。

(4) 项目投资因素：因资金不能保证以至于影响项目施工进度。

(5) 项目设计变更因素：建设单位改变项目设计功能；项目设计图样的错误或变更，致使施工速度放慢或停工。

(6) 不利条件和不可预见因素：在项目施工中，可能遇到洪水、地下水，地下断层、溶洞或地面深陷等不利的地质条件；也可能出现恶劣的气候条件、自然灾害、工程事故、政治事件、工人罢工或战争等不可预见事件，这些因素都将影响项目施工进度。

2. 施工项目进度控制的措施

施工项目进度控制的措施主要有组织措施、技术措施、合同措施、经济措施和信息管理措施等。

(1) 组织措施主要是指落实各级进度控制的人员、具体任务和工作责任，建立进度控制的组织系统按照施工项目的结构、施工阶段或合同结构的层次进行项目分解，确定其各部分进度控制的工期目标，建立进度控制的工期目标体系；建立进度控制的工作制度，如定期检查的时间、方法，召开协调会议的时间、参加人员等，并对影响施工实际进度的主要因素进行分析和预测，制定调整施工实际进度的组织措施。

(2) 技术措施主要是指应尽可能采用先进的施工技术、方法和新材料、新工艺、新技术，保证进度目标的实现；落实施工方案，在发生问题时，能适时调整工作之间的逻辑关系，加快施工进度。

(3) 合同措施是指以合同形式保证工期进度的实现，即保持总进度控制目标与合同总工期相一致；分包合同的工期与总包合同的工期相一致；供货、供电、运输、构件加工等合同规定的提供服务时间与有关的进度控制目标相一致。

(4) 经济措施是指要制订切实可行的实现施工计划进度所必需的资金保证措施。包括落实实现进度目标的保证资金；签订并实施关于工期和进度的经济承包责任制；建立并实施关于工期和进度的奖惩制度。

(5) 信息管理措施是指建立完善的工程统计管理体系和统计制度，详细、准确、定时地收集有关工程实际进度情况的资料和信息，并进行整理统计，得出工程施工实际进度完成情况的各项指标，将其与施工计划进度的各项指标进行比较，定期地向建设单位提供施工进度比较报告。

7.2.2 施工项目进度计划的审核、实施与检查

1. 施工项目进度计划的审核

项目经理应进行施工进度计划的审核。其主要内容包括：①进度安排是否符合施工合同确定的建设项目总目标和分目标的要求，是否符合其开、竣工日期的规定；②施工进度计划中的内容是否全面，有无遗漏项目，是否能保证施工质量和安全的需要；③施工顺序安排是否符合施工程序的要求；④资源供应计划是否能保证施工进度计划的实现，供应是否均衡，分包人供应的资源是否满足进度要求；⑤施工图设计的进度是否满足施工进度计划要求；⑥总分包之间的进度计划是否相协调，专业分工与计划的衔接是否明确、合理；⑦对实施进度计划的风险是否分析清楚，是否有相应的对策和应变预案；⑧各项保证进度计划实现的措施是否设计得周到、可行、有效。

2. 施工项目进度计划的实施

(1) 编制月(旬)作业计划。

(2) 签发施工任务书。

施工任务书应由工长编制并下达，在实施过程中要做好记录，任务完成后回收，作为原始记录和业务核算资料保存。

(3) 做好施工进度记录，填好施工进度统计表。

(4) 做好施工中的调度工作。

调度工作的内容主要有：监督作业计划的实施、调整协调各方面的进度关系；监督检查施工准备工作；督促资源供应单位按计划供应劳动力、施工机具、运输车辆和材料构配件等，并对临时出现的问题采取调配措施；按施工平面图管理施工现场，结合实际情况进行必要的调整，保证文明施工；了解气候、水、电、气的情况，采取相应的防范和保证措施；及时发现和处理施工中的各种事故和意外事件；调节各薄弱环节；定期、及时地召开

现场调度会议，贯彻施工项目主管人员的决策，发布调度令。

3. 施工项目进度计划的检查

在施工项目的实施过程中，为了有效地进行进度控制，进度检控人员应经常而定期地跟踪检查施工实际进度情况。主要有收集施工项目进度材料，进行统计整理和对比分析，确定实际进度与计划进度之间的关系。其主要工作包括以下几个方面。

1) 跟踪检查施工实际进度，收集有关施工进度的数据资料

跟踪检查施工实际进度是施工项目进度控制的关键措施，其目的是收集实际施工进度的有关数据。跟踪检查的时间和收集数据的质量，直接影响着施工进度控制的质量和效果。一般检查的时间间隔与施工项目的类型、规模、施工条件和对进度执行要求程度有关。通常可以确定每月、半月、每旬或每周进行一次。若在施工中遇到天气恶劣、资源供应停滞等不利因素的严重影响，检查的时间间隔可临时缩短，次数应频繁，甚至可以每日进行检查，或派人员驻现场督阵。检查和收集资料的方式一般采用进度报表方式或定期召开进度工作汇报会。为了保证汇报资料的准确性，进度控制的工作人员，要经常到现场查看施工项目的实际进度情况，从而保证能够经常的、定期地准确掌握施工项目的实际进度。

2) 整理统计数据资料，使其具有可比性

对于收集到的施工项目实际进度数据，要进行必要的整理，按计划控制的工作项目进行统计，形成与计划进度具有可比性的数据，即相同的量纲和形象进度。通常采用实物工程量、工作量、劳动消耗量或累计百分比等形式整理和统计实际检查的数据，以便与相应的计划完成量对比。

3) 对比实际进度与计划进度，确定偏差数量

将收集的资料整理和统计成具有与计划进度可比性的数据后，用施工项目实际进度与计划进度的比较方法进行比较。通常采用的比较方法有横道图比较法、S 形曲线比较法、“香蕉”形曲线比较法、前锋线比较法和列表比较法等。通过比较得出实际进度与计划进度相一致、超前、拖后三种情况，对于超前或拖后的偏差，还应计算出检查时的偏差量。

4) 根据施工项目实际进度的检查结果，提出进度控制报告

进度控制报告是将实际进度与计划进度的检查比较结果、有关施工进度的现状和发展趋势，提供给项目经理、业务职能部门的负责人和上级主管部门的简洁、清晰的书面报告。

7.2.3 施工进度计划的调整

1. 分析进度偏差的影响

(1) 分析出现进度偏差的工作是否为关键工作。如果出现进度偏差的工作为关键工作，则无论偏差大小，都将影响后续工作按计划施工，并使工程总工期拖后，故必须采取相应措施调整后期施工计划，以便确保计划工期；如果出现进度偏差的工作为非关键工作，则应按下一步继续分析。

(2) 分析进度偏差时间是否大于总时差。如果某项工作的进度偏差时间大于该工作的总时差，则将影响后续工作和总工期，必须采取措施调整；如果进度偏差时间小于或等于该工作的总时差，则不会影响工程总工期，但是否影响后续工作，则应按下一步继续分析。

(3) 分析进度偏差时间是否大于自由时差。如果某项工作进度偏差时间大于该工作的自由时差，则应对后续有关工作的进度安排进行调整；如果进度偏差时间小于或等于该工作的自由时差，则对后续工作毫无影响，不必调整。

2. 施工项目进度计划的调整方法

在对实施的进度计划进行分析的基础上，应确定调整原计划的方法，一般主要有以下几种。

1) 改变某些工作之间的逻辑关系

若实际施工进度产生的偏差影响了总工期，在工作之间逻辑关系允许改变的条件下，可改变关键线路和超过计划工期的非关键线路上有关工作之间的逻辑关系，达到缩短工期的目的。

2) 缩短某些工作的持续时间

缩短工作的持续时间不改变工作之间的逻辑关系，而是缩短某些工作的持续时间，而使施工进度加快，并保证实现计划工期。这些被压缩持续时间的工作是位于因实际施工进度的拖延而引起总工期延长的关键线路和某些非关键线路上的工作。同时，这些工作又是可压缩持续时间的工作。这种方法实际上就是网络计划优化中工期优化方法和工期与成本优化的方法，这里不再赘述。如果资源供应发生异常，应采用资源优化方法对计划进行调整，或采取应急措施，使其对工期的影响减至最小。

(1) 增减施工内容。

增减施工内容应做到不打乱原计划的逻辑关系，只对局部逻辑关系进行调整。在增减施工内容以后，应重新计算时间参数，分析对原网络计划的影响。当对工期有影响时，应采取调整措施，保证计划工期不变。

(2) 增减工程量。

增减工程量主要是指改变施工方案和施工方法，从而导致工程量的增加或减少。

(3) 起止时间的改变。

起止时间的改变应在相应工作时差范围内进行。每次调整必须重新计算时间参数，观察该项调整对整个施工计划的影响。调整时可在下列方法中进行。

① 将工作在其最早开始时间与最迟完成时间范围内移动。

② 延长工作的持续时间。

③ 缩短工作的持续时间。

7.3 施工项目成本管理

7.3.1 施工项目成本控制概述

1. 施工项目成本

施工项目成本，是指建筑施工企业在以施工项目作为成本核算对象的施工过程中，耗费的生产资料转移价值和劳动者的必要劳动所创造价值的货币形式。

2. 施工项目成本的构成

施工项目在施工中所发生的全部生产费用，如消耗的主、辅材料，构配件，周转材料的摊销费或租赁费，施工机械的台班费或租赁费，支付给生产工人的工资、奖金，以及项目经理部为组织和管理工程施工所发生的全部费用支出构成了项目的成本。明确项目成本的构成，对施工项目成本的计划管理和控制起到极大的作用。

施工项目成本按直接成本和间接成本划分，其各项费用构成如图 7-1 所示。

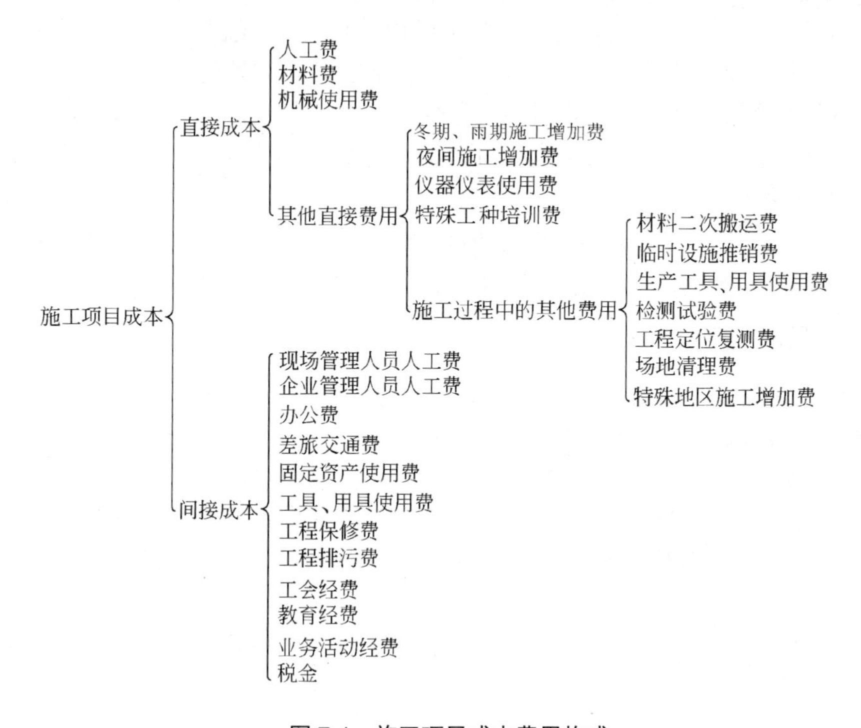

图 7-1　施工项目成本费用构成

1) 直接成本

直接成本是指施工过程中耗费的构成工程实体和有助于工程完成的各项费用。包括人工费、材料费、机械使用费和其他直接费用。

(1) 人工费是指直接从事建筑安装工程施工的生产工人开支的各项费用。包括基本工资、工资性津贴、生产工人辅助工资、职工福利费和生产工人劳动保护费。

(2) 材料费是指施工过程中耗用的构成工程实体的原材料、辅助材料、构配件、零件、半成品的费用和周转使用材料的摊销(或租赁)费用。

(3) 机械使用费是指使用施工机械作业所发生的机械使用费，以及机械安装、拆卸和进出场费用。

(4) 其他直接费用是指以上费用以外施工过程中发生的其他费用。包括冬期和雨期施工增加费、夜间施工增加费、仪器仪表使用费、特殊工种培训费、材料二次搬运费、临时设施摊销费、生产工具使用费、检验试验费、工程定位复测费、工程点交费、场地清理费，以及特殊地区施工增加费等费用。

2) 间接成本

间接成本是指施工准备、组织施工生产和管理所需的费用。包括现场管理费、企业管理费、财务费用和其他费用。

(1) 现场管理费包括现场管理人员的基本工资、工资性津贴、职工福利费和劳动保护费等，以及办公费、差旅交通费、固定资产使用费、工具用具使用费、保险费、工程保修费、工程排污费和其他费用。

(2) 企业管理费是指施工企业为组织施工生产经营活动所发生的管理费用。包括管理人员的基本工资、工资性津贴及按规定标准计提的职工福利费、差旅交通费、办公费、固定资产折旧和修理费、工具用具使用费、工会经费、职工教育经费、劳动保险费、职工养老保险费和待业保险费、财产和车辆保险费，以及各种税金和其他费用等。

(3) 财务费用是指企业为筹集资金而发生的各项费用。包括企业经营期间发生的短期贷款利息净支出、汇兑净损失、调剂外汇手续费、金融机构手续费，以及企业筹集资金发生的其他财务费用。

(4) 其他费用是指按规定支付工程造价(定额)管理部门的定额编制管理费和劳动定额管理部门的定额测定费，以及按有关部门的规定支付的上级管理费。

3. 施工项目成本控制的内容

工程项目成本控制的内容一般包括成本预测、成本决策、成本计划，成本控制、成本核算、成本分析和成本考核七个环节。

1) 成本预测

成本预测是成本管理中实现成本控制的重要手段。项目经理必须认真做好成本预测工作，以便在日后的施工活动中对成本指标加以有效地控制，努力实现制定的成本目标。

2) 成本决策

项目经理部根据成本预测情况，经过科学的分析、认真的研究，决策出建筑施工项目的最终成本。

3) 成本计划

成本计划以货币化的形式编制项目施工在计划工期内的费用、成本水平和降低成本的措施与方案，是成本控制的依据。成本计划的编制要符合实际，并留有一定的余地。成本计划一经批准，其各项指标就可以作为成本控制、成本分析和成本考核的依据。

4) 成本控制

成本控制是加强成本管理和实现成本计划的重要手段。再科学的成本计划，如果不加强控制力度，也难以实现，也就难以保证成本目标的完成，所以施工项目的成本控制应贯穿于整个过程。

5) 成本核算

成本核算是对施工项目所发生的费用支出和工程成本进行的核算。项目经理部应认真组织成本核算工作，成本核算提供的费用资料是成本分析、成本考核和成本评价以及成本预测与决策的重要依据。

6) 成本分析

成本分析是对施工项目实际成本进行分析、评价，为以后的成本预测和降低成本指明努力方向。成本分析要贯穿项目施工的全过程。

7) 成本考核

成本考核是对成本计划执行情况的总结和评价。建筑施工项目经理部应根据现代化管理的要求，建立健全成本考核制度；定期对各部门完成的成本计划指标进行考核、评比，并把成本管理经济责任制和经济利益结合起来；通过成本考核有效地调动职工的积极性，为降低施工项目成本和提高经济效益，做出自己的贡献。

7.3.2 施工项目成本预测

1. 施工项目成本预测的作用

成本预测，是指成本事前的预测分析，是对施工活动实行事前控制的重要手段，也是选择和实现最优成本的重要途径。成本预测的主要作用有以下几方面。

1) 成本预测是进行成本决策和编制成本计划的基础

施工单位在进行成本预测时，首先要广泛收集经济信息资料，进行全面系统的分析研究，并通过以现代数学方法为基础的预测方法体系和计算机，对未来施工经营活动进行定性研究和定量分析，并做出科学判断，预测出成本降低率和降低额，从而为成本决策和制订成本计划提供客观的、可靠的依据。

2) 成本预测为选择最佳成本方案提供科学依据

通过成本预测，对未来施工经营活动中，可能出现的影响成本升降的各种因素进行科学分析，比较各种方案的经济效果，作为选择最佳成本方案和最优成本决策的依据。

3) 成本预测是挖掘内部潜力，加强成本控制的重要手段

成本预测是对施工活动实行事前控制的一种手段，其最终目的是降低项目成本，提高经济效益。为了达到预定成本目标，就要切实做好成本预测工作，指明降低成本的方向和提出具体的施工技术组织措施。

2. 施工项目成本预测的方法

1) 施工项目成本预测的基本方法

根据成本预测的内容和期限不同，成本预测的方法有所不同，但基本上可以归纳为以下两类。

(1) 定性分析法：通过调查研究，利用直观材料，依靠个人经验的主观判断和综合分析能力，对未来成本进行预测的方法。因而称为直观判断预测，或简称为直观法。

(2) 定量分析法：根据历史数据资料，应用数理统计的方法来预测事物的发展状况，或者利用事物内部因素发展的因果关系，来预测未来变化趋势的方法。

2) 两点法

两点法是一种较为简便的统计方法。按照选点的不同，可分为高低点法和近期费用法。所谓高低点法，是指选取的两点是一系列相关值域的最高点和最低点。即以某一时期内的最高工作量与最低工作量的成本进行对比，借以推算成本中的变动费用与固定费用各占多少的一种简便方法。如果选取的两点，是近期的相关值域，则称为近期费用法。

两点法的优点在于简便易算；缺点是有一定的误差，预测值不够精确。

3) 最小二乘法

采用线性回归分析，寻找一条直线，使该直线比较接近约束条件，用以预测总成本和单位成本的一种方法。

4) 专家预测法

依靠专家来预测未来成本的方法。这种预测值的准确性，取决于专家知识和经验的广度与深度。采用专家预测法，一般要事先向专家提供成本信息资料，由专家经过研究分析，根据自己的知识和经验，对未来成本做出个人的判断；然后再综合分析各专家的意见，形成预测的结论。

专家预测的方式，一般有个人预测和会议预测两种。个人预测的优点是能够最大限度地利用个人的能力，意见易于集中；缺点是受专家的业务水平、工作经验和成本信息的限制，有一定的局限性。会议预测的优点是经过充分讨论，所测数值比较准确；缺点是有时可能出现会议准备不周，走过场，或者屈从领导的意见。

7.3.3 施工项目成本核算

1. 施工费用的分类

项目经理部在施工经营活动中会发生各种施工费用，财务会计部门应对各项施工费用进行归集、汇总和分配。为了正确地区分各种施工费用的性质、用途及其特点，加强控制和监督施工费用合理的支出，正确归集、分配施工费用和计算施工项目成本，必须对施工费用进行科学的分类，这是正确组织施工项目成本核算控制的重要条件。

1) 施工费用按经济性质分类

建筑安装工程的施工过程，也就是物化劳动和活劳动的消耗过程。施工费用按照经济性质归类，不外乎是物化劳动和活劳动费用两部分。在实际工作中，为了满足成本管理的需要，还要在此基础上，把施工费用分为若干要素费用。施工费用的要素，一般包括以下几项。

(1) 工资：指应计入施工费用的职工工资。

(2) 职工福利费：指按规定从职工工资中按总额的一定比例提取的职工福利费。

(3) 外购材料：指为进行施工而耗用的，从外单位购入的主要材料、结构件、机械配件、其他材料、低值易耗品和周转材料。

(4) 外购动力：指为进行施工而耗用的从外部购入的各种动力费用。

(5) 折旧费：指使用固定资产所计提的折旧费。

(6) 修理费：指固定资产修理时所发生的修理费用。

(7) 租赁费：指为进行施工而支付的外部租赁机械设备(经营租赁)和周转材料的费用。

(8) 税金：指计入施工费用的各种税金。

(9) 其他支出：指不属于以上各项费用要素的其他支出。如邮电费、差旅费、保险费用，以及应计入本期施工费用的待摊费用和预提费用等。

上述各项按照施工费用要素反映的费用支出，称为“要素费用”。施工费用按经济性质进行分类和组织核算，可以提供关于在施工过程中耗费了什么，以及耗费了多少的数据资料。按照费用要素汇总的施工费用，可以作为核定预算定额、施工定额，以及编制材料采购计划、工资基金计划和财务收支计划的依据。

2) 施工费用按计入工程成本的方法分类

施工费用按其计入工程成本的方法分类，一般可以分为直接费用和间接费用两类。

(1) 直接费用，指为了某一施工项目而发生的费用。在费用发生时，其受益对象明确，可以根据有关原始凭证直接计入某项施工项目成本。例如，构成某项工程实体的主要材料和结构件，为某项工程施工直接支付的建筑安装工人的工资等，一般都属于直接费用。

(2) 间接费用，指虽不直接由施工的工艺过程所引起，但却与工程的总体条件有关，是为组织施工和经营管理及间接为施工服务的各项费用。

施工费用划分为直接费用和间接费用两类，对于组织实际工程成本的核算具有一定的意义。对于各项直接费用的支出，在原始凭证上必须明确指出应归哪一项工程负担；对于间接费用的支出，在原始凭证上必须指明发生的地点、用途和受益对象，以便选择合理、简便的分配标准，正确地摊入各项工程成本。

2. 施工项目成本核算的办法

成本的核算过程，实际上也是各项成本项目归集和分配的过程。成本的归集是指通过一定的会计制度以有序的方式进行成本数据的收集和汇总；而成本的分配是指将归集的间接成本分配给成本对象的过程，也称间接成本的分摊或分派。

1) 人工费核算

内包人工费，按月估算计入项目单位工程成本。外包人工费，按月凭项目经济员提供的“包清工工程款月度成本汇总表”预提计入项目单位工程成本。上述内包、外包合同履行完毕，根据分部分项的工期、质量、安全和场容等验收考核情况，进行合同结算，以结账单按实调整项目的实际值。

2) 材料费核算

(1) 工程耗用的材料。

根据限额领料单、退料单、报损报耗单和大堆材料耗用计算单等，由项目材料员按单位工程编制“材料耗用汇总表”，据以计入项目成本。

(2) 钢材、水泥、木材高进高出价差核算。

① 标内代办。指“三材”差价列入工程预算账单内作为造价组成部分。由项目成本员按价差发生额，一次或分次提供给项目负责统计的统计员报出产值，以便收回资金。单位工程竣工结算，按实际消耗来调整实际成本。

② 标外代办。指由建设单位直接委托材料分公司代办三材，其发生的“三材”差价，由材料分公司与建设单位按代办合同口径结算。项目经理部只核算实际耗用超过设计预算用量的那部分量差，以及应负担市场部高进高出的差价，并计入相应的单位工程成本。

(3) 一般价差核算。

① 提高项目材料核算的透明度，简化核算，做到明码标价。

② 钢材、水泥、木材、玻璃、沥青按实际价格核算，高于预算费用的差价，高进高出，谁用谁负担。

③ 装饰材料按实际采购价作为计划价核算，计入该项目成本。

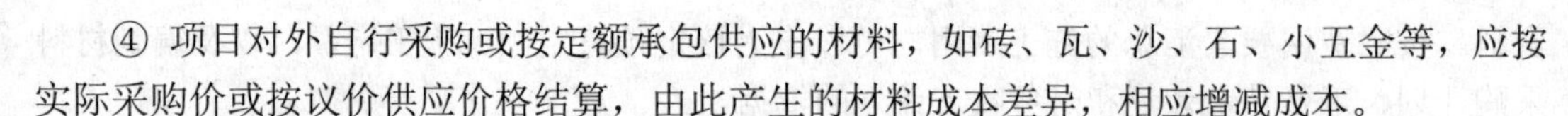

④ 项目对外自行采购或按定额承包供应的材料，如砖、瓦、沙、石、小五金等，应按实际采购价或按议价供应价格结算，由此产生的材料成本差异，相应增减成本。

3) 周转材料费核算

(1) 周转材料实行内部租赁制，以租赁的形式反映消耗情况，按“谁租用谁负担”的原则，核算其项目成本。

(2) 按周转材料租赁办法和租赁合同，由出租方与项目经理部按月结算租赁费。租赁费按租用的数量、时间和内部租赁单价计入项目成本。

(3) 周转材料在调入、移出时，项目经理部都必须加强计量验收制度，如有短缺或损坏，一律按原价赔偿，计入项目成本(短损数=进场数-退场数)。

(4) 租用周转材料的进退场运费，按其实际发生数，由调入项目负担。

(5) 对U形卡、脚手扣件等零件除执行租赁制外，考虑到其比较容易散失的因素，故按规定实行定额预提公摊耗，摊耗数计入项目成本，相应减少次月的租赁基数及租费。单位工程竣工，必须进行盘点，盘点后的实物数与前期逐月按控制定额摊耗后的数量差，按实调整清算计入成本。

(6) 实行租赁制的周转材料，一般不再分配负担周转材料差价。

4) 结构件费核算

(1) 项目结构件的使用必须有领发手续，并根据这些手续，按照单位工程使用对象编制“结构件耗用月报表”。

(2) 项目结构件的单价，以项目经理部与外加工单位签订的合同为准，计算的耗用金额计入成本。

(3) 根据实际施工形象进度、已完成施工产值的统计、各类实际成本报耗三者在月度时点上的三同步原则(配比原则的引申与应用)，结构件耗用的品种和数量应与施工产值相对应。结构件数量金额账的结存数，应与项目成本员的账面余额相符。

(4) 结构件的高进高出价差核算同材料费高进高出价差核算一致。

(5) 如发生结构件的一般价差，可计入当月项目成本。

(6) 部位分项分包，如铝合金门窗、卷帘门、轻钢龙骨石膏板、平顶屋面防水等，按照企业通常采用的类似结构件管理和核算方法，项目经济员必须做好月度已完工程部分的验收记录，正确计报部位分项分包产值，并书面通知项目成本员及时、正确、足额计入成本。

(7) 在结构件外加工和部位分包施工过程中，项目经理部通过自身努力获取的经营利益或转嫁压价让利风险所产生的利益，施工项目均应受益。

5) 机械使用费核算

(1) 机械设备实行内部租赁制，以租赁费形式反映其消耗情况，按“谁租用谁负担”原则，核算其项目成本。

(2) 按机械设备租赁办法和租赁合同，由企业内部机械设备租赁市场与项目经理部按月结算租赁费。租赁费根据机械使用台班、停置台班和内部租赁单价计算，计入项目成本。

(3) 机械进出场费，按规定由承租项目负担。

(4) 项目经理部租赁的各类中小型机械，其租赁费全额计入项目机械费成本。

(5) 根据内部机械设备租赁运行规则要求，结算原始凭证由项目指定专人签证开班数和停班数，据以结算费用。现场机、电、修等操作工奖金由项目考核支付，计入项目机械成本并分配到有关单位工程。

(6) 向外单位租赁机械，按当月租赁费用全额计入项目机械费成本。

6) 其他直接费核算

项目施工生产过程中实际发生的其他直接费，有时并不“直接”，凡能分清受益对象的，应直接计入受益成本核算对象的工程施工——“其他直接费”。如与若干个成本核算对象有关的，可先归集到项目经理部的“其他直接费”总账科目(自行增设)，再按规定的方法分配计入有关成本核算对象的工程施工——“其他直接费”成本项目内。分配方法可参照费用计算基数，以实际成本中的直接成本(不含其他直接费)扣除“三材”差价为分配依据。即人工费、材料费、周转材料费、机械使用费之和扣除“三材”高进高出价差。

(1) 施工过程中的材料二次搬运费，按项目经理部向劳务分公司汽车队托运包天或包月租费结算，或以汽车公司的汽车运费计算。

(2) 临时设施摊销费按项目经理部搭建的临时设施总价(包括活动房)除以项目合同工期求出每月应摊销额，临时设施使用一个月摊销一个月，摊完为止。项目竣工搭拆差额(盈亏)按实来调整实际成本。

(3) 生产工具用具使用费。大型机动工具、用具等可以套用类似内部机械租赁的办法以租费形式计入成本，也可按购置费用一次摊销法计入项目成本，并做好在用工具实物借用记录，以便反复利用。工具、用具的修理费按实际发生数计入成本。

(4) 除上述以外的其他直接费内容，均应按实际发生的有效结算凭证计入项目成本。

7) 施工间接费核算

施工间接费的核算应注意下面几个问题。

(1) 要求以项目经理部为单位编制工资单和奖金单列支工作人员薪金。项目经理部工资总额每月必须正确核算，以此计提职工福利费、工会经费、教育经费和劳保统筹费等。

(2) 劳务分公司所提供的炊事人员代办食堂承包、服务、警卫人员服务，以及其他代办服务费用计入施工间接费。

(3) 内部银行的存贷款利息，计入“内部利息”(新增明细子目)。

(4) 施工间接费先在项目“施工间接费”总账归集，再按一定的分配标准计入受益成本核算对象(单位工程)“工程施工——间接成本”。

8) 分包工程成本核算

(1) 包清工程，如前所述纳入人工费——外包人工费内核算。

(2) 部位分项分包工程，如前所述纳入结构件费内核算。

(3) 双包工程，是指将整幢建筑物以包工包料的形式包给外单位施工的工程。可根据承包合同取费情况和发包(双包)合同支付情况，即上下合同差，测定目标赢利率。月度结算时，以双包工程已完工程价款做收入，应付双包单位工程款做支出，适当负担施工间接费预结降低额。为稳妥起见，拟控制在目标赢利率的 50%以内，也可月结成本时做收支持平，竣工结算时，再按实调整实际成本，反映利润。

(4) 机械作业分包工程，是指利用分包单位专业化的施工优势，将打桩、吊桩、大型土方、深基础等施工项目分包给专业单位施工的形式。对机械作业分包产值的统计范围是，只统计分包费用，而不包括物耗价值。机械作业分包实际成本与此对应，包括分包结账单内除工期奖之外的全部工程费，总体反映其全貌成本。同双包工程一样，总分包企业合同

差，包括总包单位管理费和分包单位让利收益等在月结成本时，可先预结一部分，或月结时做收支持平处理，到竣工结算时，再做项目效益反映。

(5) 上述双包工程和机械作业分包工程由于收入和支出比较容易辨认(计算)，所以项目经理部也可以对这两项分包工程，采用竣工点交的办法，即月度不结盈亏。

(6) 项目经理部应增设“分建成本”成本项目，核算反映双包工程、机械作业分包工程的成本状况。

(7) 各类分包形式(特别是双包)，对分包单位领用、租用、借用本企业物资、工具、设备、人工等费用，必须根据经管人员开具的，且经分包单位指定专人签字认可的专用结算单据，如“分包单位领用物资结算单”及“分包单位租用工具设备结算单”等结算依据入账，抵作已付分包工程款。

7.3.4 施工项目成本分析和考核

1. 施工项目成本分析

由于施工项目成本涉及的范围很广，需要分析的内容也很多，应该在不同的情况下采取不同的分析方法。为了便于联系实际参考应用，我们按成本分析的基本方法，综合成本的分析方法、专项成本的分析方法和目标成本差异分析的方法叙述如下。

(1) 比较法，就是通过技术经济指标的对比，检查目标的完成情况，分析产生差异的原因，进而挖掘内部潜力的方法。这种方法，具有通俗易懂、简单易行和便于掌握的特点，因而得到了广泛的应用，但在应用时必须注意各技术经济指标的可比性。比较法的应用，通常有下列形式。

① 将实际指标与目标指标对比。通过对比检查目标的完成情况，分析完成目标的积极因素和影响目标完成的原因，以便及时采取措施，保证成本目标的实现。在进行实际与目标对比时，还应注意目标本身的质量。如果目标本身出现质量问题，则应调整目标，重新正确评价实际工作的成绩，以免挫伤他人的积极性。

② 本期实际指标与上期实际指标对比。通过这种对比，可以看出各项技术经济指标的动态情况，反映施工项目管理水平的提高程度。在一般情况下，一个技术经济指标只能代表施工项目管理的一个侧面，只有成本指标才是施工项目管理水平的综合反映。因此，成本指标的对比分析尤为重要：一定要真实可靠，而且要有深度。

③ 与本行业平均水平、先进水平对比。通过这种对比，可以反映本项目的技术管理和经济管理与其他项目的平均水平和先进水平的差距，进而采取措施加以赶超。

例如，某项目本年节约“三材”的目标为200 000元，实际节约220 000元，上年节约195 000元，本行业先进水平节约230 000元。根据上述资料编制表7-1。

表7-1 实际指标与目标指标、上期指标、先进水平对比表 单位：元

指标	本年目标数	上年实际数	企业先进水平	本年实际数	差异数		
					与目标比	与上年比	与先进比
“三材”节约额	200 000	195 000	230 000	220 000	+20 000	+25 000	−10 000

(2) 因素分析法，又称连锁置换法或连环替代法。这种方法可用来分析各种因素对成本形成的影响程度。在进行分析时，首先要假定众多因素中的一个因素发生了变化，而其他因素则不变；其次逐个替换，并分别比较其计算结果，以确定各个因素的变化对成本的影响程度。因素分析法的计算步骤如下。

① 确定分析对象(即所分析的技术经济指标)，并计算出实际与目标(或预算)数的差异。

② 确定该指标是由哪几个因素组成的，并按其相互关系进行排序。

③ 以目标(或预算)数为基础，将各因素的目标(或预算)数相乘，作为分析替代的基数。

④ 将各个因素的实际数按照上面的排列顺序进行替换计算，并将替换后的实际数保留下来。

⑤ 将每次替换计算所得的结果，与前一次的计算结果相比较，两者的差异即为该因素对成本的影响程度。

⑥ 各个因素的影响程度之和，应与分析对象的总差异相等。

例如，某工程浇筑一层结构商品混凝土，目标成本为 364 000 元，实际成本为 383 760 元，比目标成本增加 19 760 元。根据表 7-1 的资料，用“因素分析法”(连锁替代法)分析其成本增加的原因：分析对象是浇筑一层结构商品混凝土的成本 ，实际成本与目标成本的差额为 19 760 元。该指标是由产量、单价、损耗率三个因素组成的，其排序如表 7-2 所示。

表 7-2　商品混凝土目标成本与实际成本对比

项　目	计　划	实　际	差　额
产量/m^3	500	520	+20
单价/元	700	720	+20
损耗率/%	4	2.5	−1.5
成本/元	364 000	383 760	+19 760

以目标数 364 000 元=500×700×1.04 为分析替代的基础。

第一次替代：产量因素以 520 替代 500，得 378 560 元，即 520×700×1.04=378 560 元。

第二次替代：单价因素以 720 替代 700，并保留上次替代后的值，得 389 376 元，即 520×720×1.04=389 376 元。

第三次替代：损耗率因素以 1.025 替代 1.04，并保留上两次替代后的值，得 383 760 元，即 520×720×1.025=383 760 元。

计算差额：

第一次替代与目标数的差额=378 560−364 000=14 560(元)

第二次替代与第一次替代的差额=389 376−378 560=10 816(元)

第三次替代与第二次替代的差额=383 760−389 376=−5616(元)

产量增加使成本增加了 14 560 元，单价提高使成本增加了 10 816 元，而损耗率下降使成本减少了 5616 元。

为了使用方便，企业也可以通过运用因素分析表来求出各因素的变动对实际成本的影响程度，其具体形式如表 7-3 所示。

表 7-3 商品混凝土成本变动因素分析表

顺 序	连环替代计算	差异/元	因素分析
目标数	500×700×1.04		
第一次替代	520×700×1.04	145 60	由于产量增加 $20m^3$，成本增加 14 560 元
第二次替代	520×720×1.04	10 816	由于单价提高 20 元，成本增加 10 816 元
第三次替代	520×720×1.025	−5616	由于损耗率下降 1.5%，成本减少 5616 元
合 计	14 560+10 816−5616	19 760	

必须说明，在应用“因素分析法”时，各个因素的排列顺序应该固定不变；否则，就会得出不同的计算结果，也会产生不同的结论。

2. 施工项目成本考核

施工项目成本考核，应该包括两方面的考核，即项目成本目标(降低成本目标)完成情况的考核和成本管理工作业绩的考核。这两方面的考核，都属于企业对施工项目经理部成本监督的范畴。应该说，成本降低水平与成本管理工作之间有着必然的联系，又同受偶然因素的影响，但都是对项目成本评价的一个方面，都是企业对项目成本进行考核和奖罚的依据。

1) 施工项目成本考核的实施

(1) 施工项目的成本考核采取评分制。

具体方法为：先按考核内容评分，然后按七与三的比例加权平均，即责任成本完成情况的评分为七，成本管理工作业绩的评分为三。这是一个假设的比例，施工项目可以根据自己的具体情况进行调整。

(2) 施工项目的成本考核要与相关指标的完成情况相结合。

具体方法为：成本考核的评分是奖罚的依据，相关指标的完成情况为奖罚的条件。也就是在根据评分计奖的同时，还要参考相关指标的完成情况加奖或扣罚。

与成本考核相结合的相关指标，一般有进度、质量、安全和现场标化管理。以质量指标的完成情况为例说明如下：质量达到优良，按应得奖金加奖 20%；质量合格，奖金不加不扣；质量不合格，扣除应得奖金的 50%。

2) 强调项目成本的中间考核

项目成本的中间考核，可从以下两方面考虑。

(1) 月度成本考核。

一般是在月度成本报表编制以后，根据月度成本报表的内容进行考核。在进行月度成本考核的时候，不能单凭报表数据，还要结合成本分析资料和施工生产、成本管理的实际情况，然后才能做出正确的评价，带动今后的成本管理工作，保证项目成本目标的实现。

(2) 阶段成本考核。

项目的施工阶段，一般可分为基础、结构、装饰、总体四个阶段。如果是高层建筑，可对结构阶段的成本进行分层考核。阶段成本考核的优点在于能对施工告一段落后的成本进行考核，可与施工阶段其他指标(如进度、质量等)的考核结合得更好，也更能反映施工项目的管理水平。

3) 正确考核施工项目的竣工成本

施工项目的竣工成本，是在工程竣工和工程款结算的基础上编制的，它是竣工成本考核的依据。真正能够反映全貌而又正确的项目成本，是在工程竣工和工程款结算的基础上编制的。施工项目的竣工成本是项目经济效益的最终反映，它既是上缴利税的依据，又是进行职工分配的依据。由于施工项目的竣工成本关系到国家、企业和职工三者的利益，必须做到核算精准，考核正确。

4) 施工项目成本的奖罚

施工项目的成本考核，可分为月度考核、阶段考核和竣工考核三种。

由于月度成本和阶段成本都是假设性的，正确程度有高有低。因此，在进行月度成本和阶段成本奖罚的时候不妨留有余地，然后再按照竣工成本结算的奖金总额进行调整(多退少补)。施工项目成本奖罚的标准，应通过经济合同的形式明确规定。

7.4　施工项目质量管理

7.4.1　施工项目质量控制的内容

1. 施工阶段的质量控制

按照施工组织设计总进度计划，编制具体的月度和分项工程施工作业计划及相应的质量计划。对材料、机具设备、施工工艺、操作人员和生产环境等影响质量的因素进行控制，以保持建筑产品总体质量处于稳定状态。

1) 施工工艺的质量控制

工程项目施工应编制“施工工艺技术标准”，规定各项作业活动和各道工序的操作规程、作业规范要点、工作顺序和质量要求。上述内容应预先向操作者进行交底，并要求认真贯彻执行。对关键环节的质量、工序、材料和环境应进行验证，使施工工艺的质量控制符合标准化、规范化、制度化的要求。

2) 施工工序的质量控制

施工工序质量控制的最终目的是要保证稳定的生产合格产品。它控制影响施工质量的五个因素(人、材料、机具、方法、环境)，使工序质量的数据波动处于允许的范围内；通过工序检验等方式，准确判断施工工序质量是否符合规定的标准，以及是否处于稳定状态；在出现偏离标准的情况下，分析产生的原因，并及时采取措施，使之处于允许的范围内。

3) 人员素质的控制

定期对职工进行规程、规范、工序工艺、标准、计量和检验等基础知识的培训并开展质量管理和质量意识教育。

4) 设计变更与技术复核的控制

加强对施工过程中提出的设计变更的控制。重大问题须经业主、设计单位、施工单位三方同意，由设计单位负责修改，并向施工单位签发设计变更通知书。对建设规模、投资方案等有较大影响的变更，须经原批准初步设计单位同意，方可进行修改。所有设计变更

资料，均需有文字记录，并按要求归档。对重要的或影响全局的技术工作，必须加强复核，避免发生重大差错，影响工程的质量和使用。

2. 交工验收阶段的质量控制

1) 工序间交工验收工作的质量控制

工程施工中往往上道工序的质量成果被下道工序所覆盖；分项或分部工程质量成果被后续的分项或分部工程所覆盖。因此，要对施工全过程的分项与分部施工的各工序进行质量控制。要求班组实行以保证本工序、监督前工序、服务后工序为指导思想的自检、互检、交接检和专业性的“中间”质量检查，保证不合格工序不转入下道工序。出现不合格工序时，做到“三不放过”(原因未查清不放过、责任未明确不放过、措施未落实不放过)，并采取必要的措施，防止其再次发生。

2) 竣工交付使用阶段的质量控制

单位工程或单项工程竣工后，由施工项目的上级部门严格按照设计图纸、施工说明书及竣工验收标准，对工程的施工质量进行全面鉴定并评定等级，作为竣工交付的依据。工程进入交工验收阶段，应有计划、有步骤、有重点地进行收尾工程的清理工作，通过交工前的预验收，找出漏项项目和需要修补的工程，并及早安排施工。还应做好竣工工程的产品保护工作，以提高工程的一次成优率及减少竣工后的返工整修。工程项目经自检和互检后，与业主、设计单位和上级有关部门进行正式的交工验收工作。

7.4.2 施工工序质量控制

1. 工序质量控制点的设置和管理

1) 质量控制点

质量控制点是指为了保证(工序)施工质量而对某些施工内容、施工项目、工程的重点和关键部位、薄弱环节等，在一定时间和条件下进行重点控制和管理，以使其施工过程处于良好的控制状态。

2) 质量控制点设置的原则

(1) 重要的和关键性的施工环节和部位。

(2) 质量不稳定，施工质量没有把握的施工内容和项目。

(3) 施工难度大的施工环节和部位。

(4) 质量标准或质量精度要求高的施工内容和项目。

(5) 对工程项目的安全和正常使用有重要影响的施工内容和项目。

(6) 对后续工序的质量或安全有重要影响的施工内容、施工工序或部位。

(7) 对施工质量有重要影响的技术参数。

(8) 某些质量的控制指标。

(9) 可能出现常见质量通病的施工内容或项目。

(10) 采用新材料、新技术和新工艺施工时的工序操作。

对于一个分部分项工程，究竟应该设置多少个质量控制点，应根据施工的工艺、施工的难度、质量标准和施工单位的情况来决定。一般来说，施工工艺复杂时可多设，施工工艺简单时可少设；施工难度较大时可多设，施工难度不大时可少设；质量标准要求较高时应多设，质量标准要求不高时可少设；施工单位信誉不高时应多设，施工单位信誉较高时可少设。

表 7-4 列举出某些分部分项工程质量控制点设置的一般位置，可供参考。

表 7-4　质量控制点的设置位置

分项工程	质量控制点
工程测量定位	标准轴线桩、水平桩、龙门板、定位轴线、标高
地基、基础(含设备基础)	基坑(槽)尺寸、标高、土质、地基承载力、基础垫层标高、基础位置、尺寸、标高；预留洞孔、预埋件的位置、规格、数量；基础墙皮数杆及标高、杯底弹线
砌体	砌体轴线；皮数杆；砂浆配合比；预留洞孔、预埋件位置、数量；砌块排列
模板	位置、尺寸、标高；预埋件位置；预留洞孔尺寸、位置；模板承载力及稳定性；模板内部清理及润湿情况
钢筋混凝土	水泥品种、强度等级；砂石质量；混凝土配合比；外加剂比例；混凝土振捣；钢筋品种、规格、尺寸、搭接长度；钢筋焊接；预留洞、孔及预埋件的规格、数量、尺寸、位置；预制构件拼装或出场(脱模)强度；吊装位置、标高、支承长度、焊缝长度
吊装	吊装设备起重能力、吊具、索具、地锚
钢结构	翻样图、放大样
焊接	焊接条件、焊接工艺
装修	视具体情况而定

3) 质量控制点的实施

在分部分项工程施工前，施工单位应制订施工计划，选定和设置质量控制点，并且在随后制订的质量计划中明确哪些是见证点，哪些是停止点，然后提交给监理工程师审批，如果监理工程师对施工计划、质量计划和见证点、停止点的选定和设置有不同意见，可以用现场通知的方式书面通知施工单位修改。

(1) 质量控制措施的设计。

在质量控制点选择和确定以后，应对每个质量控制点进行控制措施的设计，其步骤及内容如下。

① 列出质量控制点明细表，表中应列出各质量控制点的名称和内容、质量要求、质量检验程度和方法、检验工具和设备、质量控制的责任人等内容。

② 设计控制点的施工流程图。

③ 应用因果分析方法进行工序分析，找出工序的支配性要素。

④ 制定工序质量表，对各支配性要素规定出明确的控制范围和控制要求。

⑤ 编制保证质量的作业指导书。

⑥ 绘制作业网络图，图中标出各控制因素所采用的计量仪器、编号和精度等，以便精确进行计量。

⑦ 监理工程师应对上述质量控制措施进行审查。

(2) 质量控制点的实施。

质量控制点的实施方法如下。

① 进行控制措施交底。将质量控制点的控制措施设计向操作班组交底，使操作人员明确操作要点。

② 按作业指导书进行操作。

③ 认真记录，检查结果。

④ 运用统计方法不断分析改进(实施PDCA循环)，以保证质量控制点的质量符合要求。

⑤ 在质量控制点的实施中，监理人员应在现场重点监督、检查和指导。

4) 工序质量控制点的管理

在操作人员上岗前，施工员、技术员做好交底及记录，在明确工艺要求、质量要求和操作要求的基础上方能上岗。施工中发现问题，应及时向技术人员反映，由有关技术人员指导后，操作人员方可继续施工。为了保证管理点的目标能够实现，要建立三级检查制度，即操作人员每日自检一次，组员之间或班长、质量干事与组员之间进行互检，质量员进行专检，上级部门进行抽查。

2. 工程质量预控

土方回填土工程质量预控及对策见图7-2、图7-3，这是用解析图的形式表达的。

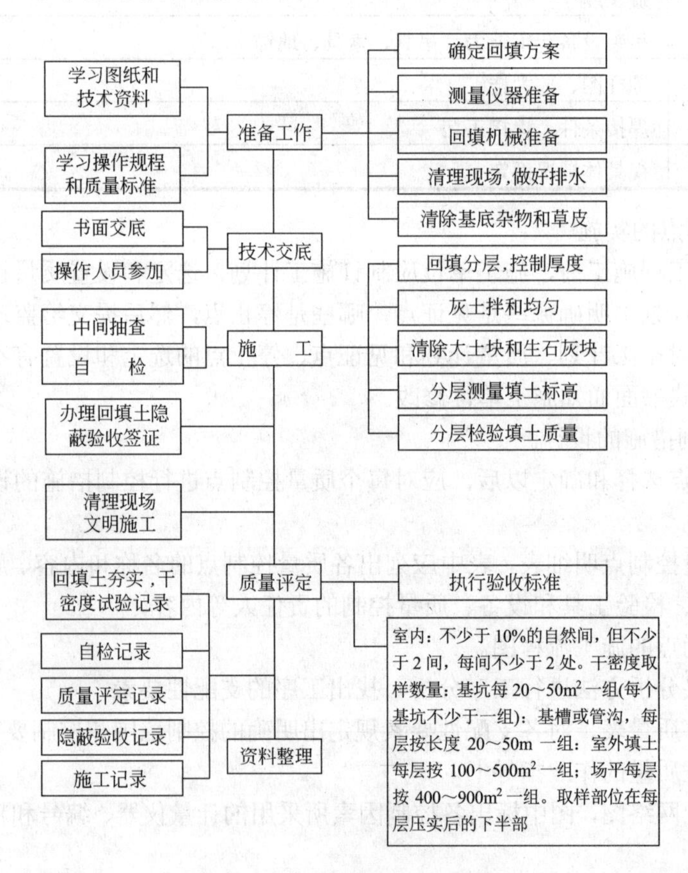

图7-2 土方回填工程质量预控

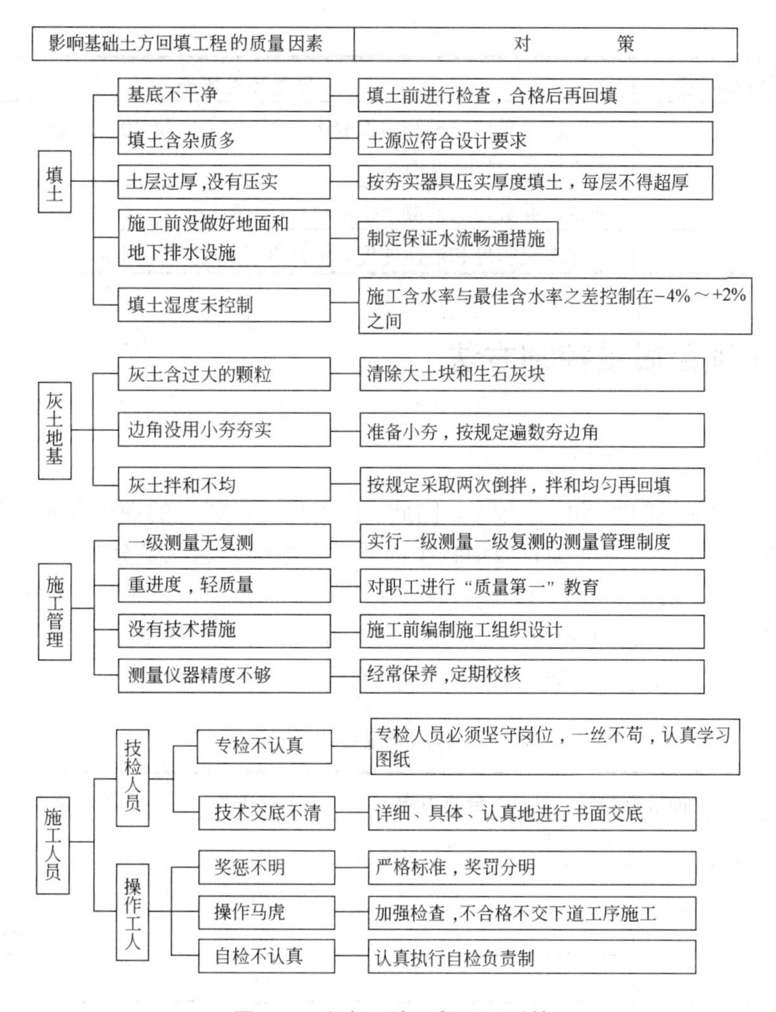

图 7-3　土方回填工程质量对策

工程质量预控是针对质量控制点或分部分项工程，预先分析施工中可能出现的质量问题，分析可能的原因，提出相应的对策，采取有效的措施进行预先控制，以保证施工的质量。

质量预控及对策的表达方式，通常采用以下表达方式。

(1) 文字表达。

(2) 用表格形式表达(质量预控对策表)。

(3) 用解析图形式表达。

【例 7-1】 混凝土灌注桩质量预控——用表格形式表达。

用简表形式分析其在施工中可能发生的主要质量问题和隐患，并针对各种可能发生的质量问题，提出相应的预控措施，如表 7-5 所示。

表 7-5　混凝土灌注桩质量预控表

可能发生的质量问题	质量预控措施
孔斜	督促施工单位在钻孔前对钻机认真整平
混凝土强度达不到要求	随时抽查原料质量；试配混凝土配合比经监理工程师审批确认；评定混凝土强度；按月向监理报送评定结果

续表

可能发生的质量问题	质量预控措施
缩颈、堵管	督促施工单位每桩测定混凝土坍落度 2 次，每 30～50cm 测定一次混凝土浇筑高度，随时处理
断桩	准备足够数量的混凝土供应机械(如搅拌机等)，保证连续不断地浇筑桩体
钢筋笼上浮	掌握泥浆密度和灌注速度，灌注前做好钢筋笼固定

7.4.3　施工项目质量控制方法

1. 分层法

由于工程质量形成的影响因素较多，因此，对工程质量状况的调查和质量问题的分析，必须分门别类地进行，以便准确有效地找出问题及其原因，这就是分层法的基本思想。

例如，一个焊工班组有 A、B、C 三位工人实施焊接作业，共抽检 60 个焊接点，发现有 18 个点不合格，占总数的 30%。究竟问题出在哪里？根据分层调查的统计数据表 7-6 可知，主要是作业工人 C 的焊接质量影响了总体的质量水平。

表 7-6　分层调查统计数据表

作业工人	抽检点数	不合格点数	不合格率/%	占不合格点总数的比例/%
A	20	2	10	11
B	20	4	20	22
C	20	12	60	67
小　计	60	18	30	

调查分析的层次划分，根据管理需要和统计目的，通常可按照以下分层方法取得原始数据。

(1) 按时间分：月、日、上午、下午、白天、晚间、季节等。

(2) 按地点分：地域、城市、乡村、楼层、外墙、内墙等。

(3) 按材料分：产地、厂商、规格、品种等。

(4) 按测定分：方法、仪器、测定人、取样方式等。

(5) 按作业分：工法、班组、工长、工人、分包商等。

(6) 按工程分：住宅、办公楼、道路、桥梁、隧道等。

(7) 按合同分：总承包、专业分包、劳务分包等。

2. 因果分析图法

因果分析图法，也称为质量特性要因分析法，其基本原理是对每一个质量特性或问题，采用如图 7-4 所示的方法，逐层深入排查可能原因。然后确定其中最主要原因，进行有的放矢的处置和管理。图 7-4 表示混凝土强度不合格的原因分析，其中，第一层面从人、机械、材料、施工方法和施工环境进行分析；第二层面和第三层面以此类推。

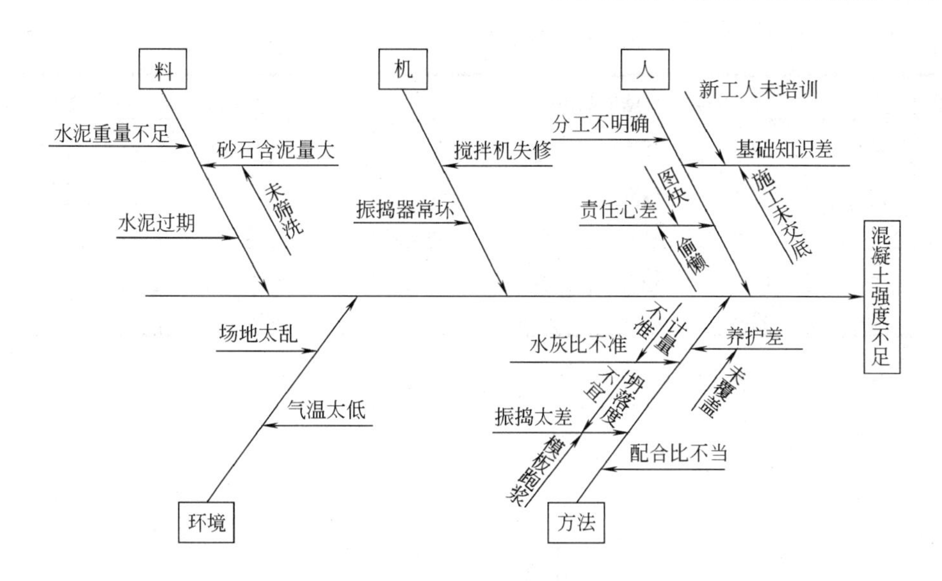

图 7-4　混凝土强度不合格因果分析

使用因果分析图法时，应注意的事项：①一个质量特性或一个质量问题使用一张图分析；②通常采用 QC 小组活动的方式进行，集思广益，共同分析；③必要时可以邀请小组以外的有关人员参与，广泛听取意见；④分析时要充分发表意见，层层深入，列出所有可能的原因；⑤在充分分析的基础上，由各参与人员采用投票或其他方式，从中选择 1～5 项多数人达成共识的最主要原因。

3. 直方图法

1) 直方图的主要用途

(1) 整理统计数据，了解统计数据的分布特征，即数据分布的集中或离散状况，从中掌握质量能力状态。

(2) 观察分析生产过程质量是否处于正常、稳定和受控状态及质量水平是否保持在公差允许的范围内。

2) 直方图法的应用

收集当前生产过程质量特性抽检的数据，然后制作直方图进行观察分析，判断生产过程的质量状况和能力。表 7-7 所示为某工程 10 组试块的抗压强度数据 150 个，但很难直接判断其质量状况是否正常、稳定和受控，如将其数据整理后绘制成直方图，就可以根据正态分布的特点进行分析判断，如图 7-5 所示。

表 7-7　数据整理表

序 号	抗压强度数据/(N/mm²)					最大值/(N/mm²)	最小值/(N/mm²)
1	39.8	37.7	33.8	31.5	36.1	39.8	31.5
2	37.2	38.0	33.1	39.0	36.0	39.0	33.1
3	35.8	35.2	31.8	37.1	34.0	37.1	31.8
4	39.9	34.3	33.2	40.4	41.2	41.2	33.2
5	39.2	35.4	34.4	38.1	40.3	40.3	34.4

续表

序 号	抗压强度数据/(N/mm^2)					最大值/(N/mm^2)	最小值/(N/mm^2)
6	42.3	37.5	35.5	39.3	42.3	42.3	35.5
7	35.9	42.4	41.8	36.3	42.4	42.4	35.9
8	46.2	37.6	38.3	39.7	46.2	46.2	37.6
9	36.4	38.3	43.4	38.2	43.4	43.4	36.4
10	44.4	42.0	37.9	38.4	44.4	44.4	37.9

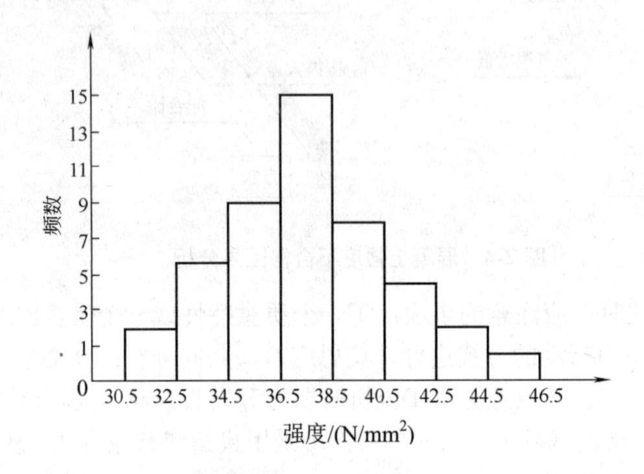

图 7-5　混凝土强度分布直方图

3) 形状观察分析

(1) 所谓形状观察分析是指将绘制好的直方图形状与正态分布图的形状进行比较分析，一看形状是否相似；二看分布区间的宽窄。直方图的分布形状及分布区间宽窄是由质量特性统计数据的平均值和标准偏差所决定的。

(2) 正常直方图呈正态分布，其形状特征是中间高、两边低、成对称，如图 7-6(a)所示。正常直方图反映生产过程质量处于正常和稳定状态。数理统计研究证明，当随机抽样方案合理且样本数量足够大时，在生产能力处于正常和稳定状态，质量特性检测数据趋于正态分布。

(3) 异常直方图呈偏态分布，常见的异常直方图有折齿型、陡坡型、孤岛型、双峰型和峭壁型，如图 7-6(b)～(f)所示，出现异常的原因可能是生产过程存在影响质量的系统因素，或收集整理数据制作直方图的方法不当所致，要具体分析。

4) 位置观察分析

(1) 所谓位置观察分析是指将直方图的分布位置与质量控制标准的上、下限范围进行比较分析，如图 7-7 所示。

(2) 生产过程的质量正常、稳定和受控，还必须在公差标准上、下限范围内达到质量合格的要求。只有这样的正常、稳定和受控才是经济合理的受控状态，如图 7-7(a)所示。

(3) 图 7-7(b)中质量特性数据分布偏下限，易出现不合格，在管理上必须提高总体能力。

(4) 图 7-7(c)中质量特性数据的分布充满上、下限，质量能力处于临界状态，易出现不合格，必须分析原因，采取措施。

(5) 图 7-7(d)中质量特性数据的分布居中且边界与上、下限有较大的距离，说明质量能力偏大不经济。

(6) 图 7-7(e)、(f)中均已出现超出上、下限的数据，说明生产过程存在质量不合格，需要分析原因，采取措施。

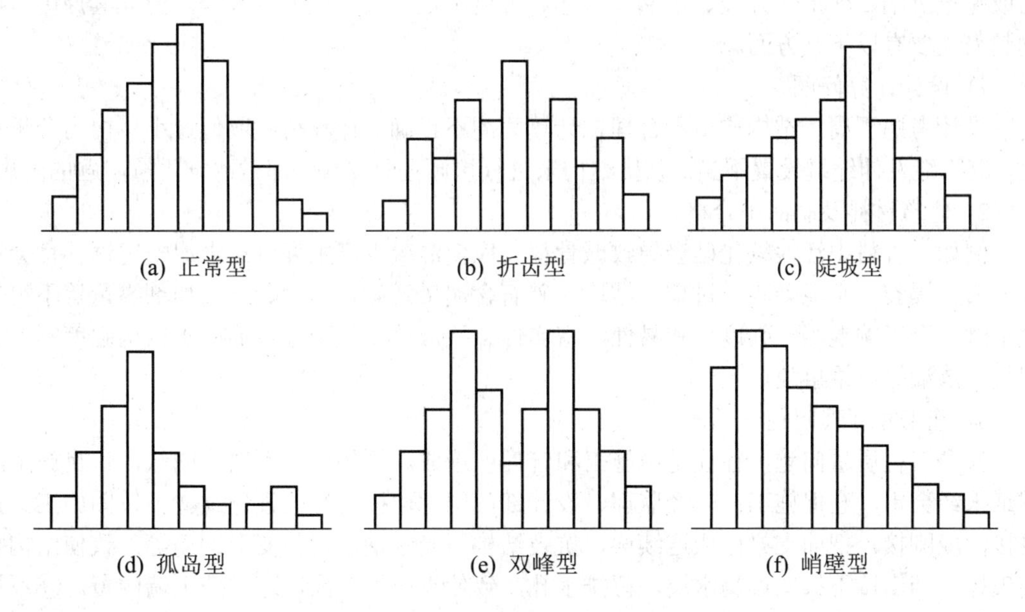

图 7-6　常见的直方图

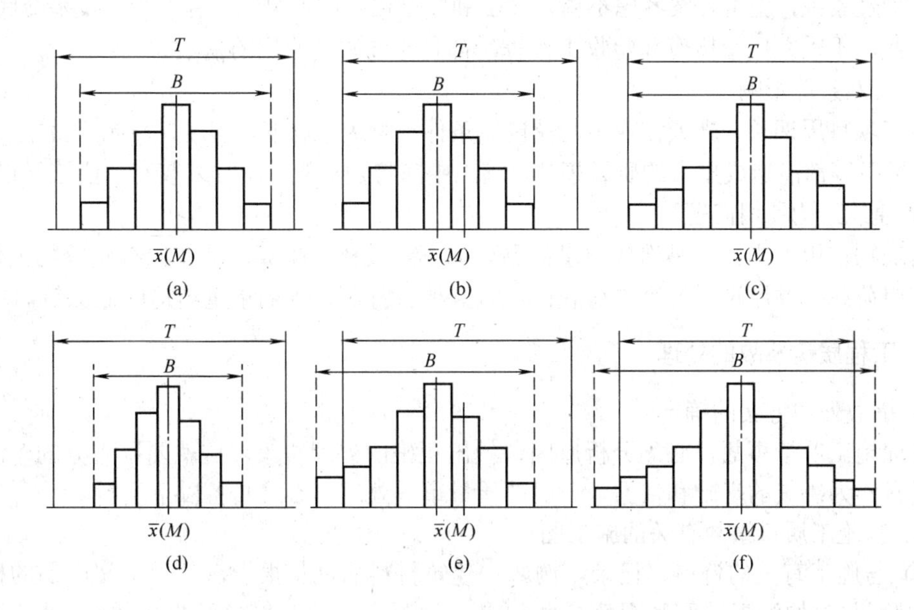

图 7-7　直方图与质量标准上、下限

7.4.4 工程质量问题的分析和处理

1. 工程质量问题分析

工程质量事故的表现形式千差万别，类型多种多样，如结构倒塌、倾斜、错位、不均匀或超量沉陷、变形、开裂、渗漏、破坏、强度不足、尺寸偏差过大等。但究其原因，归纳起来主要有以下几方面。

1) 设计计算问题

设计考虑不周，结构构造不合理，计算简图不正确，计算荷载取值过小，内力分析有误，沉降缝及伸缩缝设置不当，悬挑结构未进行抗倾覆验算等，都是诱发质量问题的隐患。

2) 建筑材料及制品不合格

例如，骨料中活性氧化硅会导致碱骨料反应使混凝土产生裂缝；水泥安定性不良会造成混凝土爆裂；水泥受潮、过期、结块，砂石含泥量及有害物含量或外加剂掺量等不符合要求时，会影响混凝土强度、和易性、密实性、抗渗性，从而导致混凝土结构强度不足、裂缝、渗漏等质量事故。

3) 施工和管理问题

许多工程质量问题，往往是由施工和管理所造成。例如：①不熟悉图纸，盲目施工，图纸未经会审，仓促施工；未经监理、设计部门同意，擅自修改设计。②不按图施工。把铰接做成刚接，把简支梁做成连续梁，抗裂结构用光圆钢筋代替变形钢筋等，致使结构裂缝破坏；挡土墙不按图设滤水层，留排水孔，致使土压力增大，造成挡土墙倾覆。③不按有关施工验收规范施工。④不按有关操作规程施工。⑤缺乏基本结构知识，施工蛮干。⑥施工管理紊乱，施工方案考虑不周，施工顺序错误；技术组织措施不当，技术交底不清，违章作业，不重视质量检查和验收工作等，都是导致质量问题的祸根。

4) 自然条件影响

施工项目周期长、露天作业多，受自然条件影响大，温度、湿度、日照、雷电、供水、大风、暴雨等都能造成重大的质量事故，施工中应特别重视，及时采取有效措施予以预防。

5) 建筑结构使用问题

建筑物使用不当，也易造成质量问题。如不经校核、验算，就在原有建筑物上任意加层；使用荷载超过原设计的容许荷载；任意开槽、打洞、削弱承重结构的截面等。

2. 工程质量事故的处理

1) 事故处理方案的确定

处理施工质量事故，必须分析原因，做出正确的处理决策，这就要以充分的、准确的有关资料作为决策的基础和依据。一般的质量事故处理，必须具备以下资料。

(1) 与施工质量事故有关的施工图。

(2) 与施工有关的资料、记录。例如，建筑材料的试验报告，各种中间产品的检验记录和试验报告(如沥青拌和料温度量测记录、混凝土试块强度试验报告等)，以及施工记录等。

(3) 事故调查分析报告。

2) 事故处理的方案

质量事故的处理方案，应当在正确地分析和判断事故原因的基础上进行。对于工程质量缺陷，通常可以根据质量缺陷的情况，做出以下三类不同性质的处理方案。

(1) 修补处理。

这是最常采用的一类处理方案。通常，当工程某些部分的质量虽未达到规定的规范、标准或设计要求，存在一定的缺陷，但经过修补后可以达到要求的标准，不影响使用功能或外观要求，在此情况下，可以做出进行修补处理的决定。

(2) 返工处理。

在工程质量未达到规定的标准或要求，有明显的严重质量问题，对结构的使用和安全有重大影响，而又无法通过修补的办法纠正所出现缺陷的情况下，可以做出返工处理的决定。例如，某防洪堤坝的填筑压实后，其压实土的干容重未达到规定要求的干容重值，分析对土体的稳定和抗渗的影响，决定返工处理，即挖除不合格土，重新填筑。

(3) 不做处理。

某些工程质量缺陷虽然不符合规定的要求或标准，但如果其情况不严重，对工程或结构的使用及安全影响不大，经过分析、论证和慎重考虑后，也可做出不做专门处理的决定。

3) 质量事故处理的鉴定验收

质量事故的处理是否达到了预期目的，是否仍留有隐患，应当通过检查鉴定和验收做出确认。事故处理的质量检查鉴定，应严格按施工验收规范及有关标准的规定进行，必要时还应通过实际量测、试验和仪表检测等方法获取必要的数据，才能对事故的处理结果做出确切的检查结论和鉴定结论。

7.5　施工项目安全管理

7.5.1　施工项目安全管理概述

1. 施工项目安全管理的主要内容

(1) 建立安全生产制度。

(2) 加强安全技术管理。

(3) 坚持安全教育和安全技术培训。

(4) 组织安全检查。

(5) 进行事故处理。

(6) 将安全生产指标作为一项重要考核指标。

2. 施工项目安全管理制度

为了坚决贯彻执行安全生产的方针，必须建立健全安全管理制度。

(1) 安全教育制度。

① 岗位教育。

② 特殊工作工人的教育和训练。

③ 经常性安全教育。

(2) 安全生产责任制。

(3) 安全技术措施计划。

(4) 安全检查制度。

(5) 安全原始记录制度。

(6) 工程保险。

7.5.2 施工项目安全保证计划

根据安全生产策划的结果，编制施工项目安全保证计划，主要是规划安全生产目标，确定过程控制要求，制定安全技术措施，配备必要资源，确保安全保证目标的实现。

其主要内容如下所述。

(1) 项目经理部应根据项目施工安全目标的要求配置必要的资源，确保施工安全保证目标的实现。专业性较强的施工项目应编制专项安全施工组织设计并采取安全技术措施。

(2) 施工项目安全保证计划应在项目开工前编制，经项目经理批准后实施。

(3) 施工项目安全保证计划的内容主要包括工程概况、控制程序、控制目标、组织结构、职责权限、规章制度、资源配置、安全措施、检查评价和奖惩制度等。

(4) 施工平面图设计是项目安全保证计划的一部分，设计时应充分考虑安全、防火、防爆、防污染等因素，以满足施工安全生产的要求。

(5) 项目经理部应根据工程特点、施工方法、施工程序、安全法规和标准的要求，采取可靠的技术措施，清除安全隐患，保证施工安全和周围环境的保护。

(6) 对结构复杂、施工难度大、专业性强的项目，除制订项目总体安全保证计划外，还需制定单位工程或分部、分项工程的安全施工措施。

(7) 对高空作业、井下作业、水上作业，水下作业、深基础开挖、爆破作业、脚手架上作业、有害有毒作业和特种机械作业等专业性强的施工作业，以及从事电气、压力容器、起重机、金属焊接、井下瓦斯检验、机动车和船舶驾驶等特殊工种的作业，应制定单项安全技术方案和措施，并应对管理人员和操作人员的安全作业资格及身体状况进行审查。

(8) 安全技术措施是为防止工伤事故和职业病的危害，从技术上采取的措施，应包括防火、防毒、防爆、防洪、防尘、防雷击、防触电、防坍塌、防物体打击、防机械伤害、防溜车、防高空坠落、防交通事故、防寒、防暑、防疫、防环境污染等方面的措施。

(9) 实行总分包的项目，分包项目安全计划应纳入总包项目安全计划，分包人应服从承包人的管理。

7.5.3 施工项目安全管理措施

1. 施工项目安全管理组织措施

施工项目安全管理组织措施包括建立施工项目安全组织系统——项目安全管理委员会；建立施工项目安全责任系统；建立各项安全生产责任制度等。

(1) 建立施工项目安全组织系统——项目安全管理委员会。项目安全管理委员会的构成如图 7-8 所示。

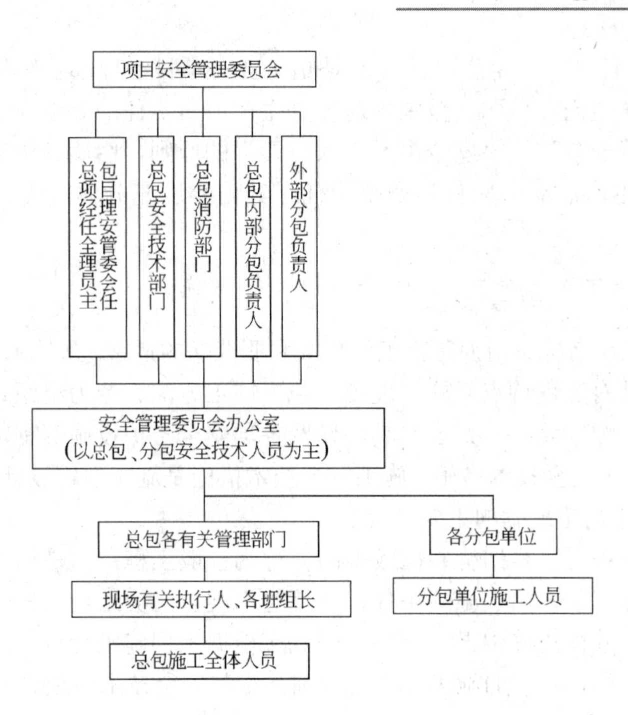

图 7-8　项目安全管理委员会的组织系统

(2) 建立与项目安全组织系统相配套的各专业、部门、生产岗位的安全责任系统，其构成如图 7-9 所示。

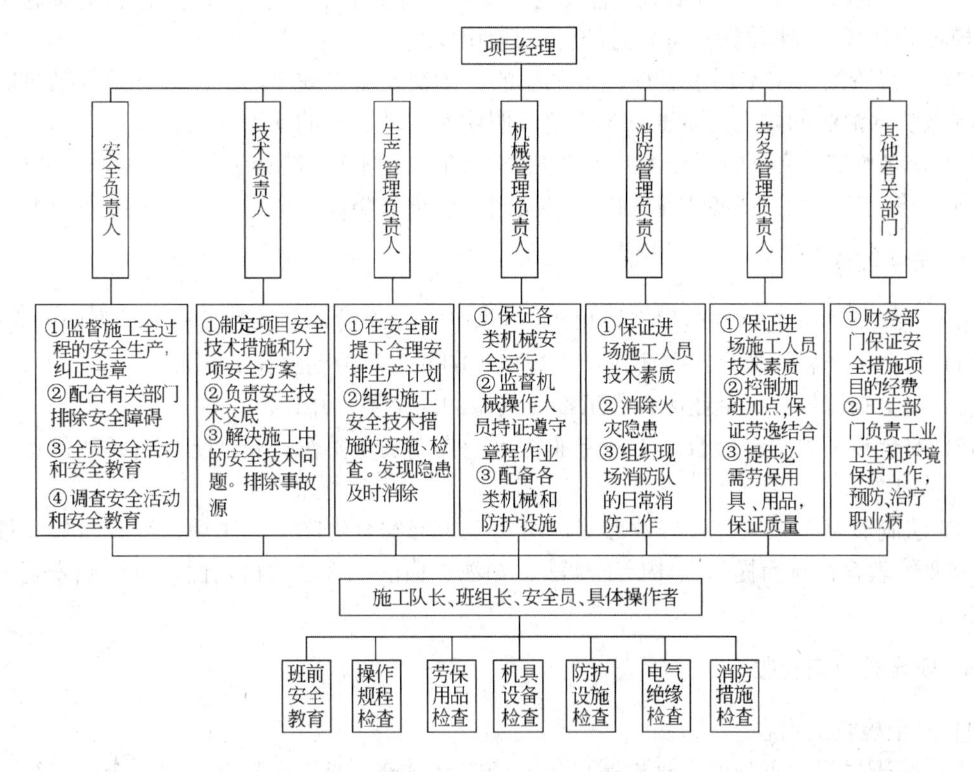

图 7-9　施工项目安全责任体系

(3) 安全生产责任制。安全生产责任制是指企业对项目经理部各级领导、各个部门和各类人员所规定的在他们各自职责范围内对安全生产应负责任的制度。安全生产责任制应根据“管生产必须管安全”、“安全生产人人有责”的原则，明确各级领导、各职能部门和各类人员在施工生产活动中应负的安全责任，其内容应充分体现责、权、利相统一的原则。

2. 施工安全技术工作措施

施工安全技术工作措施是指为防止工伤事故和职业病的危害，从技术上采取的措施。在工程项目施工中，针对工程特点、施工现场环境、施工方法、劳力组织、作业方法使用的机械、动力设备、变配电设施、架设工具，以及各项安全防护设施等制定的确保安全施工的预防措施，称为施工安全技术措施。施工安全技术措施是施工组织设计的重要组成部分。

1) 施工安全技术措施编制的主要内容

工程大致分为两种：一是结构共性较多的，称为一般工程：二是结构比较复杂、技术含量高的，称为特殊工程。由于施工条件、环境等不同，同类结构工程既有共性，也有不同之处。不同之处在共性措施中无法解决，因此应根据工程施工特点不同的危险因素，按照有关规程的规定，结合以往的施工经验与教训，编制安全技术措施。

2) 施工阶段安全控制要点

(1) 基础施工阶段：①挖土机械作业安全；②边坡防护安全；③降水设备与临时用电安全；④防水施工时的防火、防毒；⑤人工挖扩孔桩安全。

(2) 结构施工阶段：①临时用电安全；②内外架及洞口防护；③作业面交叉施工；④大模板和现场堆料防倒塌；⑤机械设备的使用安全。

(3) 装修阶段：①室内多工种、多工序的立体交叉施工安全防护；②外墙面装饰防坠落；③做防水油漆的防火、防毒；④临电、照明及电动工具的使用安全。

(4) 季节性施工：①雨季防触电、防雷击、防沉陷坍塌、防台风；②高温季节防中暑、防中毒、防疲劳作业；③冬季施工防冻、防滑、防火、防煤气中毒、防大风雪和防大雾。

3. 安全教育

安全教育，主要包括安全生产思想、安全知识、安全技能和法制教育四个方面的内容。

(1) 安全生产思想教育：主要包括思想认识的教育和劳动纪律的教育。

(2) 安全知识教育：企业所有员工都应具备的安全基本知识。

(3) 安全技能教育：结合本工种专业特点，实现安全操作、安全防护所必须具备的基本技能知识要求。

(4) 法制教育：采取各种有效形式，对员工进行安全生产法律法规、行政法规和规章制度方面的教育，从而提高全体员工学法、知法、懂法、守法的自觉性，以达到安全生产的目的。

4. 安全检查与验收

1) 安全检查的内容

主要是查思想、查制度、查机械设备、查安全设施、查安全教育培训、查操作行为、查劳保用品使用、查伤亡事故的处理等。

2) 安全检查计分内容

(1) 汇总表内容。

“建筑施工安全检查评分汇总表”是对13个分项检查结果的汇总，主要包括安全管理、文明施工、脚手架、基坑支护与模板工程、“三宝”及“四口”防护、施工用电、物料提升与外用电梯、塔吊起重吊装和施工机具9项内容，利用该表所得分数反映施工现场安全生产的情况，作为进行安全评价的依据。

(2) 分项检查表结构。

分项检查表的结构形式分为两类：一类是自成整体的系统，如脚手架、施工用电等检查表，列出的各检查项目之间有内在的联系，按其结构重要程度的大小，对其系统的安全检查情况起到制约的作用。在这类检查评分表中，把影响安全的关键项目列为保证项目，其他项目列为一般项目。另一类是各检查项目之间无相互联系的逻辑关系，因此没有列出保证项目，如“三宝”、“四口”防护和施工机具两张检查表。凡是检查表中列在保证项目里的各项，对系统的安全与否起着关键作用，为了突出这些项目的作用，而制定了保证项目的评定原则，即遇有保证项目中有一项不得分或保证项目小计得分不足40分时，此检查评分不得分。

(3) 安全检查的方法。

① 看：主要查看管理记录，持证上岗，现场标志，交接验收资料，“三宝”使用情况，“洞口”、“临边”防护情况，设备防护装置等。

② 量：主要是用尺进行实测实量。例如，脚手架各种杆件间距、塔吊轨道距离、电气开关箱安装高度、在建工程邻近高压线距离等。

③ 测：用仪器、仪表实地进行测量。例如，用水平仪测量轨道纵、横向倾斜度，用地阻仪遥测地阻等。

④ 现场操作：由司机对各种限位装置进行实际动作，检验其灵敏程度。例如，塔吊的力矩限制器、行走限位、龙门架的超高限位装置、翻斗车制动装置等。

总之，能测量的数据或操作试验，不能用估计、步量或“差不多”等来代替，要尽量采用定量方法检查。

3) 施工安全验收

(1) 验收原则：必须坚持“验收合格才能使用”的原则。

(2) 验收范围。

① 各类脚手架、井字架、龙门架、堆料架。

② 临时设施及沟槽支撑与支护。

③ 支搭好的水平安全网和立网。

④ 临时电气工程设施。

⑤ 各种起重机械、路基轨道、施工电梯及中小型机械设备。

⑥ 安全帽、安全带、护目镜、防护面罩、绝缘手套、绝缘鞋等个人防护用品。

(3) 验收程序。

① 脚手架杆件、扣件、安全网、安全帽、安全带以及其他个人防护用品，应有出厂证明或验收合格的凭据，由项目经理、技术负责人和施工队长共同审验。

② 各类脚手架、堆料架、井字架、龙门架和支搭的安全网、立网由项目经理或技术负责人申报支搭方案并牵头，会同工程和安全主管部门进行检查验收。

③ 临时电气工程设施，由安全主管部门牵头，会同电气工程师、项目经理、方案制订人和安全员进行检查验收。

④ 起重机械、施工用电梯由安装单位和使用工地的负责人牵头，会同有关部门检查验收。

⑤ 工地使用的中小型机械设备，由工地技术负责人和工长牵头，进行检查验收。

⑥ 所有验收，必须办理书面确认手续，否则无效。

7.5.4 安全事故原因分析及调查处理

1. 安全事故的等级

安全事故是人们在进行有目的的活动过程中，发生了违背人们意愿的不幸事件，使其有目的的行为暂时或永久地停止。重大安全事故，系指在施工过程中由于责任过失造成工程倒塌或废弃、机械设备破坏和安全设施失当造成人身伤亡或者重大经济损失的事故。重大安全事故分为四个等级。

(1) 一级重大事故：死亡 30 人以上或直接经济损失 300 万元以上的。

(2) 二级重大事故：死亡 10 人以上，29 人以下或直接经济损失 100 万元以上，不满 300 万元的。

(3) 三级重大事故：死亡 3 人以上，9 人以下；重伤 20 人以上或直接经济损失 30 万元以上，不满 100 万元的。

(4) 四级重大事故：死亡 2 人以下；重伤 3 人以上、19 人以下或直接经济损失 10 万元以上，不满 30 万元的。

2. 安全事故原因及分析方法

(1) 事件树分析法(ETA)，又称决策树法。它是从起因事件出发，依照事件发展的各种可能情况进行分析，既可运用概率进行定量分析，也可进行定性分析，如图 7-10 所示为工人搭脚手架时不慎将扳手从 12m 高处坠落，致使行人死亡的事故分析示例。

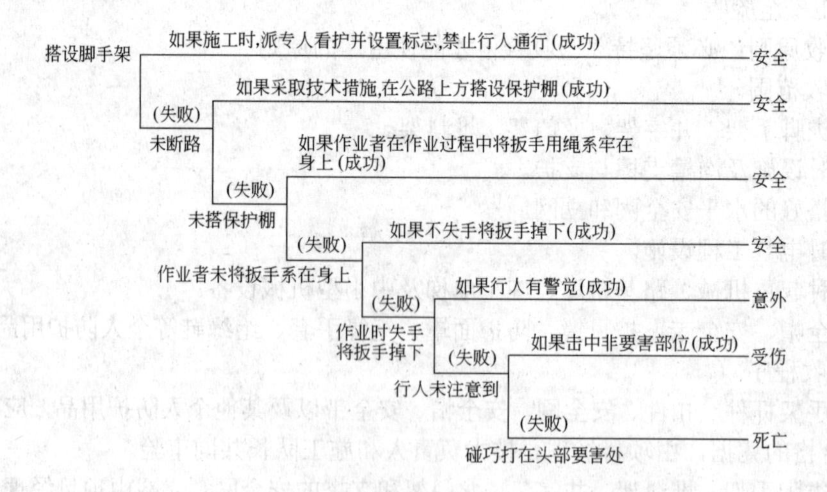

图 7-10　物体打击死亡事故事件树分析

(2) 故障树分析法(FTA)，又称事故的逻辑框图分析法。它与事件树分析法相反，是从事故开始，按生产工艺流程及因果关系，逆时序地进行分析，最后找出事故的起因。这种方法也可进行定性或定量分析，能揭示事故起因和发生的各种潜在因素，便于对事故发生进行系统预测和控制。图 7-11 为对一位工人不慎从脚手架上坠落死亡事故的故障分析示例。图中符号意义如表 7-8 所示。

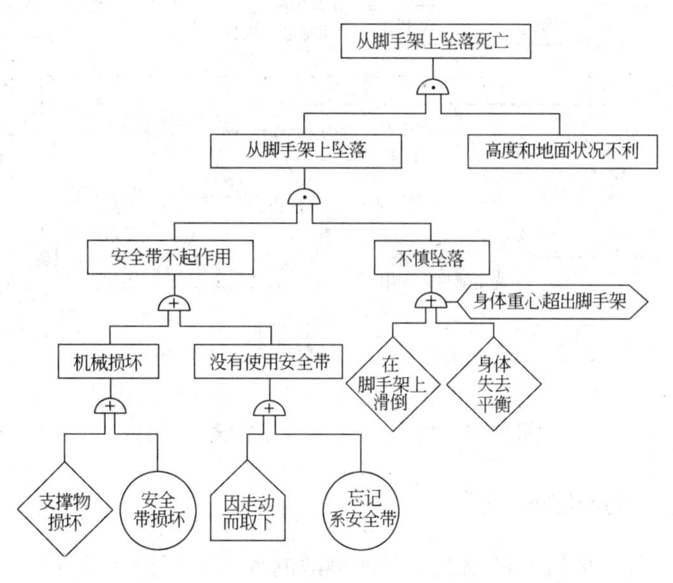

图 7-11 故障树(从脚手架上坠落死亡)

表 7-8 故障树分析常用符号

种类	名 称	符 号	说 明	表 达 式
逻辑门	与门		表示输入事件 B_1、B_2 同时发生时，输出事件 A 才会发生	$A=B_1 \cdot B_2$
	或门		表示输入事件 B_1 或 B_2 任何一个事件发生，A 就发生	$A=B_1+B_2$
	条件与门		表示 B_1、B_2 同时发生并满足该条件时，A 才会发生	
	条件或门		表示 B_1 或 B_2 任一事件发生并满足该条件时，A 才会发生	
事件	矩形		表示顶上事件或中间事件	
	圆形		表示基本事件，即发生事故的基本原因	
	屋形		表示正常事件，即非缺陷事件，是系统正常状态下存在的正常事件	
	菱形		表示信息不充分，不能进行分析或没有必要进行分析的省略事件	

(3) 因果分析图法，如图 7-12 所示。

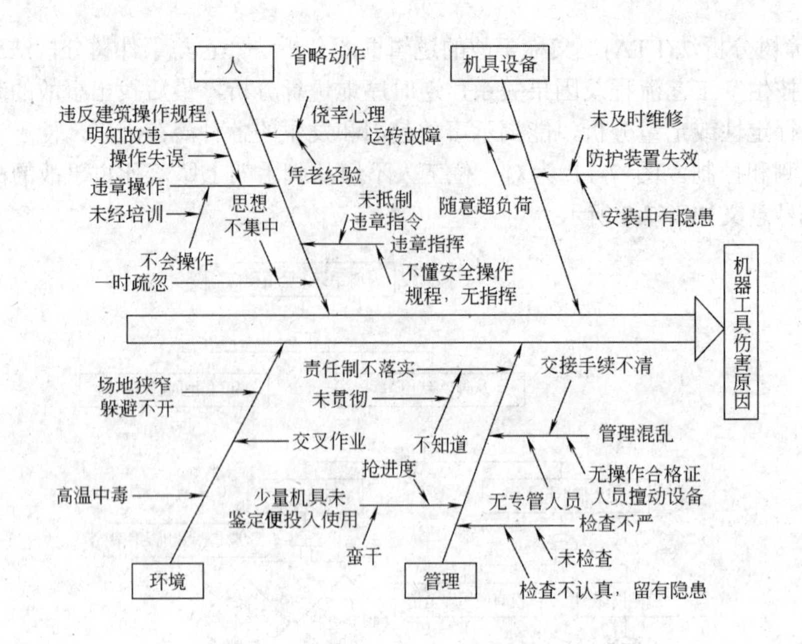

图 7-12　机器工具伤害事故因果分析图

3. 安全事故的调查及处理程序

发生伤亡事故后，负伤人员或最先发现事故的人应立即报告领导。企业对受伤人员歇工满一个工作日以上的事故，应填写伤亡事故登记表并及时上报。企业发生重伤和重大伤亡事故，必须立即将事故概况(包括伤亡人数，发生事故的时间、地点、原因等)，用快速方法分别报告企业主管部门、行业安全管理部门和当地公安部门、人民检察院。发生重大伤亡事故，各有关部门接到报告后应立即转报各自的上级主管部门。

对于事故的调查处理，必须坚持“事故原因不清不放过，事故责任者和群众没有受到教育不放过，没有防范措施不放过”的“三不放过”原则，具体按照下列步骤进行。

(1) 迅速抢救伤员并保护好事故现场。

(2) 组织调查组。

(3) 现场勘查。

(4) 分析事故原因。

(5) 制定预防措施。

(6) 写出调查报告。

(7) 事故的审理和结案。

(8) 员工伤亡事故登记记录。

在事故发生后，调查组应速到现场进行勘查。现场勘查是技术性很强的工作，涉及广泛的科技知识和实践经验，对事故的现场勘察必须及时、全面、准确、客观。现场勘察的主要内容有：现场笔录、现场拍照、现场绘图。

7.6　施工项目技术管理

7.6.1　施工项目技术管理概述

1. 技术管理的任务

施工企业的技术管理，就是对企业中各项技术活动过程和技术工作的各种要素进行科学管理的总称。技术管理的基本任务是：正确贯彻执行国家的技术政策和上级有关技术工作的指示与决定，建立良好的技术秩序，科学地组织各项技术工作，充分发挥技术人员和技术装备的作用，不断改进原有技术和采用先进技术，保证工作质量，降低工程成本，推动企业技术进步，提高经济效益。

2. 施工项目技术管理的内容

工程施工是一项复杂的分工种操作的综合过程，技术管理所包括的内容就比较多，其主要内容有以下两个方面。

1) 经常性的技术管理工作

(1) 施工图的审查和会审。

(2) 编制施工组织设计。

(3) 组织技术交底。

(4) 工程变更和洽商。

(5) 制定技术措施和技术标准。

(6) 建立技术岗位责任制。

(7) 进行技术、材料和半成品的试验与检测。

(8) 贯彻技术规范和规程。

(9) 进行技术情报、技术交流和技术档案工作。

(10) 监督与执行施工技术措施，处理技术问题等。

2) 开发性的技术管理工作

(1) 根据施工的需要，制定新的技术措施。

(2) 进行技术革新。

(3) 开展新技术、新结构、新材料、新工艺和新设备的试验研究及开发。

(4) 制定科学研究和挖潜、改造规划。

(5) 组织技术培训等。

3. 技术管理的原则

技术管理必须按科学技术规律办事，要遵循以下三个基本原则。

(1) 正确贯彻执行国家的技术政策、规范和规程。

(2) 按科学规律办事，坚持一切经过试验的原则。

(3) 讲求经济效益。

7.6.2 施工项目技术管理基础工作

1) 建立健全技术管理机构和相应的责任制

(1) 技术管理机构。

企业应建立以总工程师为首的企业技术管理组织机构，总工程师、项目主任工程师和现任工程师分别在公司经理、项目经理和区域经理的直接领导下进行工作。各级都设立技术管理的职能机构，配备技术人员，形成技术管理系统，全面负责企业的技术工作。

(2) 技术责任制。

技术责任制是企业技术管理的核心。我国施工企业，根据企业的具体情况，实行三级或四级技术责任制，实行技术工作的统一领导责任，对其职责内的技术问题，如施工方案、技术措施和质量事故处理等重大技术问题有最后决定权。

建立各级技术负责制，必须正确划分各级技术管理权限，明确各级技术领导的职责。

2) 贯彻技术标准和技术规程

(1) 技术标准。

① 建筑安装工程施工及验收规范。

② 建筑安装工程质量检验及评定标准。

③ 建筑安装材料、半成品的技术标准及相应的检验标准。

(2) 技术规程。

常用的技术规程有下列四类。

① 施工工艺规程。

② 施工操作规程。

③ 设备维护和检修规程。

④ 安全操作规程。

技术标准和技术规程一经颁发就必须严格执行。但是技术标准和技术规程不是一成不变的，随着技术和经济发展，要适时地对它们进行修订。

3) 建立健全技术原始记录

技术原始记录包括材料、构配件、建筑安装工程质量检验记录、质量、安全事故分析和处理记录、设计变更记录和施工日志等。技术原始记录是评定产品质量、技术活动质量及产品交付使用后制订维修、加固或改建方案的重要技术依据。

4) 建立工程技术档案

(略)

7.6.3 施工项目技术管理工作

技术管理工作是一项重要的基础工作，它的作用是把技术工作科学组织起来，保证技术工作有计划、有组织地开展，从而完成技术管理任务。施工项目技术管理工作主要有以下几项。

1. 图纸会审

图纸是进行施工的依据，施工单位的任务就是按照图纸的要求，高速优质地完成施工项目。图纸审查的目的，在于熟悉和掌握图纸的内容和要求；解决各工种之间的矛盾，促进相互间的协作；发现并更正图纸中的差错和遗漏；找出不便于施工的设计内容，进行洽商和更正。

图纸会审的要点是：主要尺寸、标高、轴线、孔洞、预埋件等是否有错误；建筑、结构、安装之间有无矛盾；标准图与设计图有无矛盾；设计假定与施工现场实际情况是否相符；企业是否具备采用新技术、新结构、新材料的可能性；某些结构的强度和稳定性，对安全施工有无影响等。

图纸会审后，应将会审中提出的问题、修改意见等用会审纪要的形式加以明确，必要时由设计单位另出修改图纸。会审纪要由三方签字后下发，它与图纸具有同等的效力，是组织施工、编制预算的依据。

2. 技术交底

技术交底是在正式施工之前，向参与施工的有关管理人员、技术人员和工人交代工程情况和技术要求，避免发生指导和操作的错误，以便科学地组织施工，并按合理的工序、工艺流程进行作业。技术交底的主要内容包括以下几方面。

(1) 图纸交底。目的是使施工人员了解施工工程的设计特点、做法要求、抗震处理、使用功能等，以便掌握设计关键，做到按图施工。

(2) 施工组织设计交底。要将施工组织设计的全部内容向施工人员交代，以便掌握工程特点、施工部署、任务划分、施工方法、施工进度、各项管理措施、平面布置等，用先进的技术手段和科学的组织手段完成施工任务。

(3) 设计变更和洽商交底。将设计变更的结果向施工人员和管理人员做统一的说明，讲明变更的原因，以免施工时遗漏造成差错。

(4) 分项工程技术交底。主要内容是：施工工艺、规范和规程要求、材料使用、质量标准及技术安全措施等。对新技术、新材料、新结构、新工艺、关键部位及特殊要求，要着重交代，以使施工人员把握重点。

3. 技术复核

技术复核，是指在施工过程中对重要部位的施工，依据有关标准和设计的要求进行的复查、核对工作。技术复核的目的是避免在施工中发生重大差错，保证工程质量。技术复核一般在分项工程正式施工前进行。复核的内容视工程情况而定，一般包括：建筑物坐标；标高和轴线；基础和设备基础；模板、钢筋混凝土和砖砌体；大样图、主要管道和电气等。以上均要按质量标准进行复查和核定。

4. 技术检验

建筑材料、构件、零配件和设备质量的优劣，直接影响建筑工程质量。因此，必须加强技术检验工作，并健全试验检验机构，把好质量检验关。对材料、半成品、构配件和设备的检查有下列要求。

(1) 凡用于施工的原材料、半成品和构配件等，必须有供应部门或厂方提供的合格证明。对于没有合格证明或虽有合格证明，但经质量部门检查认为有必要复查时，均须进行检验或复验，证明合格后方能使用。

(2) 钢材、水泥、砖、焊条等结构用材，除应有出厂证明或检验单外，还应按规范和设计要求进行检验。

(3) 混凝土、砂浆、灰土、夯土、防水材料的配合比，都应严格按规定的部位及数量，制作试块、试样并按时送交试验，检验合格后才能使用。

(4) 钢筋混凝土构件和预应力钢筋混凝土构件，均应按规定的方法进行抽样检验。

(5) 预制厂、机修厂必须对成品、半成品进行严格检查，签发出厂合格证，不合格的不准出厂。

(6) 对新材料、新构件和新产品，均应做出技术鉴定，制定出质量标准和操作规程后，才能在工程上使用。

(7) 在现场配制的防水材料、防腐材料、耐火材料、保温材料和润滑材料等，均应按实验室确定的配合比和操作方法进行施工。

(8) 高低压电缆和高压绝缘材料，均应进行耐压试验。

(9) 对铝合金门窗、吸热玻璃、装饰材料等高级贵重材料成品及配件，应特别慎重检验，对重量不合格的不得使用。

(10) 加强对工业设备的检查、试验和试运转工作。设备运到现场后，安装前必须进行检查验收，做好记录。重要的设备、仪器、仪表还应开箱检验。

5. 工程质量检查和验收

为了保证工程质量，在施工过程中，除根据国家规定的《建筑安装工程质量检验评定标准》逐项检查操作质量外，还必须根据安装工程的特点，分别对隐蔽工程、分项工程和交工工程进行检查和验收。

(1) 隐蔽工程检查验收：指本工序操作完成后将被下道工序所掩埋、包裹而无法再检查的工程项目，在隐蔽前所进行的检查与验收。如钢筋混凝土中的钢筋，基础工程中的地基土质和基础尺寸、标高等。隐蔽工程应由技术负责人主持，邀请监理、设计和建设单位代表共同进行检查验收后才能进行下道工序的施工。经检查后，办理隐检签证手续，列入工程档案，对不符合质量要求的问题要认真进行处理，未经检查合格者不能进行下道工序施工。

(2) 分项工程预先检查验收：一般是在某一分项工程完工后由施工队自己检查验收。但对主体结构、重点、特殊项目及推行新结构、新技术、新材料的分项工程，在完工后应由监理、建设、设计和施工单位共同检查验收，并将签证验收记录纳入工程技术档案。

(3) 工程交工验收：在所有建设项目和单位规定内容全部竣工后，进行一次综合性检查验收，评定质量等级。交工验收工作由建设单位、监理单位、设计单位和施工单位参加。

7.6.4 技术革新

1. 技术革新的内容

技术革新是对现有技术的改进、更新和突破。施工企业要提高技术素质，就必须不断地进行技术革新。施工企业的技术革新主要包括以下内容。

(1) 改革或改进施工工艺和操作方法。

施工工艺和操作方法的革新，直接影响到物化劳动的消耗，对高速优质完成施工项目有着至关重要的作用。

(2) 改进施工机械设备和工具。

结合实际研制或仿制各种效率高、性能好、经济适用又能节省劳动力的先进机具和设备。

(3) 研制新材料，改进原材料。

研究发展轻质、高强的新建材，提高材料质量，降低材料消耗和成本，进行综合利用。

(4) 管理方面的改革、材料试验技术的改革、质量检验技术的改革等。

2. 技术革新的管理工作

技术革新是一项群众性的技术工作，必须充分发动群众，调动各方面的积极性和创造性，加强组织管理，才能做好这项工作。主要应抓好以下方面。

(1) 制订好技术革新计划。

为了使计划作为技术革新的行动纲领，必须密切结合生产和施工的实际需要，发动群众在认真总结以往技术革新经验的基础上，充分挖掘潜力，明确目标，突出重点。技术创新计划的内容，一般包括名称、内容、使用地点和部位、预期效果、完成时间、费用和协作单位等。开展群众性的合理化建议活动要充分发动群众积极提建议，找关键，挖潜力，鼓励群众积极完成技术革新任务，推广使用革新成果，总结提高，力求完善，由点到面，不断扩大。总之，要发动群众广泛提合理化建议，搞小改小革。

(2) 做好技术创新成果的应用推广工作。

对于创新成果，要及时进行技术鉴定和验收，确实证明技术上切实可行、经济上合理时，应坚持在生产中推广使用，对确有成效的创新成果和合理化建议，应给予应有的奖励。

7.7 本章小结

本章叙述了施工项目合同管理，对施工项目合同的签订与履行进行了较深入的分析，对施工项目成本管理、质量管理、安全管理和施工进度计划控制进行了阐述，并配备了相适应的工程实例分析及图表解释，阐述施工项目技术管理的基础工作、管理工作及技术革新的要求与特点。

本章主要知识点：

- 承包商在施工合同管理中的主要工作。
- 施工项目合同的签订、履行与施工索赔。
- 影响施工进度控制的主要因素。
- 施工项目进度计划的审核、实施与检查。
- 施工项目成本的构成。
- 施工项目成本的控制内容、预测方法、核算办法、成本分析与考核。
- 施工项目的质量控制的内容。
- 施工工序的质量控制。

- 施工质量控制方法、工程质量问题的分析和处理。
- 施工项目安全保证计划与安全控制措施。
- 施工安全事故原因分析及调查处理。
- 施工项目技术管理的内容。
- 施工项目技术管理的基础工作及技术管理工作。

7.8 复习思考题

1. 施工合同管理的工作内容有哪些?
2. 施工项目合同的签订应具备的条件有哪些?
3. 施工合同的履行要做到哪些?
4. 简述施工索赔的程序。
5. 影响施工进度方面的因素有哪些?
6. 施工项目进度控制主要有哪些措施?
7. 施工项目进度计划的检查有哪些方法?
8. 说明施工项目成本的构成。
9. 施工项目成本控制的内容包括哪些环节?
10. 施工项目成本预测的方法有哪些?
11. 施工项目成本核算的办法有哪些?
12. 什么是比较法?
13. 什么是因素分析法?
14. 什么是工序质量控制?
15. 质量控制点设置的原则是什么?
16. 什么是分层法?
17. 什么是因果分析图法?
18. 排列图法有什么特点?
19. 直方图法有哪些用途?
20. 质量事故处理包括哪些方案?
21. 施工项目安全管理的主要内容有哪些?
22. 施工项目安全管理的组织措施是什么?
23. 一般工程安全技术措施有哪些?
24. 重大事故分为哪几个等级?
25. 安全事故有哪些分析方法?
26. 安全事故的调查及处理应如何进行?

第 8 章　施工项目信息管理

信息是在经济社会中经常用到的一个术语，世界上对信息没有一个确切的定义，但管理信息系统中常用的几种有代表性的信息可定义为：信息是加工后的数据；信息是具有新内容、新知识的消息；信息是关于客观事实的可通信的知识；信息对接收者有用，信息服务于决策，它对接收者的决策和行为产生影响。信息中的数据是指广义上的数据，它包括文字、数值、语言、图表、图像等表达形式，人们将数据经过加工处理提炼出精华以后，提供给人们有用的资料才成为信息。信息的特征包括以下几个方面。

1. 真实性

事实是信息的基本特征，也是信息的价值所在。信息需反映事物或现象的本质及其内在的联系，真实、准确地把握好信息，是我们处理施工项目管理相关数据的最终目的。不符合事实的信息不仅无用而且有害，不能成为施工项目管理信息。

2. 系统性

在施工项目管理工作中，不能片面地处理数据，不能片面地产生、使用信息。信息本身就需要系统地掌握施工项目管理中的费用管理、进度管理、质量管理、合同管理及其他管理方面的数据后才能得到。

3. 时效性

信息有可变信息和稳定信息之分，信息在施工项目管理工作中是动态的，随着时间的延续，信息不断变化、不断产生，某些信息的价值已降低或消失，这就要求在信息管理工作中及时处理数据，及时获得有价值的信息，真正做到事前管理。如某工程项目基础工程施工完毕，其信息的价值就逐渐降低或消失，只有及时地收集和掌握主体工程施工的相关信息，才能做好主体工程施工的决策和管理工作。

4. 层次性

信息对使用者有不同的对象，相对于管理层次，信息也是分层次的，高层管理者需要战略信息，中层管理者需要策略信息，基层管理者需要执行信息。在工程项目管理中，高层管理者往往对采用新技术、新材料、新工艺、新设备的决策，需要更多的外部信息和深度加工的内部信息；中层管理者对工程的材料、进度、安全、投资、合同执行等，需要较多的内部数据和信息；基层管理者需要及时掌握各个分部分项工程实际产生的数据和信息。

5. 不完全性

人们对客观事物的认识往往是局限的，需要一个逐步深入的过程，对复杂事物获得全部信息是不切合实际的，对已获得的信息也难以确保无误。认识到这一点，有利于提高施工项目管理者对施工工程客观规律的认识，尽量在避免采集工程项目施工中数据的不完全性。

6. 共享性

信息是一种资源，它可以给使用者带来巨大的效益和财富。信息能够分享，在转让或传递过程中，对信息本身的形态和内容并无改变或损失，对使用者来讲具有共享性。

7. 传输性

传输性是信息的本质特征。信息可通过文件、图纸、广告、报刊、电信、计算机网络等进行传播。

8. 压缩性

人们对信息进行加工、整理、集中、综合、概括和归纳，使信息被浓缩且不会丢失信息的本质。

8.1 施工项目信息管理概述

施工项目信息管理是指项目经理部以施工项目管理为目标，以施工项目信息为管理对象，所进行的有计划、有步骤地收集、处理、储存、传递、维护和应用各类相关专业信息等一系列工作的总和。项目经理部为实现施工项目管理的需要，使施工项目管理人员能及时、准确地获得进行项目规划、项目控制和管理决策所需的信息，应建立健全项目信息管理系统，优化信息结构，通过动态、高速度、高质量地处理大量项目施工及相关信息，和有组织、有秩序地进行信息流通，实现施工项目管理信息化，为施工管理做出最优决策，取得良好经济效果和预测未来提供科学依据。《建设工程项目管理规范》(GB/T50326—2006)指出：信息过程管理应包括信息的收集、加工、传输、存储、检索、输出和反馈等内容，宜使用计算机进行信息过程管理。

8.1.1 施工项目信息的分类

实施项目管理，需要与目标跟踪和控制有关的信息。施工项目信息通常分为信息来源及项目管理信息两大类。

1. 信息来源

信息来源可分为外部信息和内部信息两种。

1) 外部信息

外部信息是指产生于项目管理班子之外的信息，又分为指令性或指导性信息、市场信息和技术信息。如来自外部环境的信息有：监理通知、设计变更、建设单位的工程联系单、国家与地方政府部门颁布的有关政策及法规、国内外市场的有关价格信息、竞争对手信息等。

2) 内部信息

内部信息是指产生于项目管理过程中的信息，包括基层信息、管理信息和决策信息。基层信息是项目基层工作人员所需要的及由他们产生的信息，这类信息需要对原始数据进行整理和汇总；管理信息是项目经理部各有关职能部门所需要的及由他们收集的信息，如工程概况、施工方案、施工进度、完成的各项技术经济指标、项目经理部组织、管理制度等；决策信息是高层管理者所需要并产生的信息，如决策、计划、指令等，以及施工项目的成本目标、质量目标、进度目标、安全生产目标等。

2. 项目管理信息

从项目管理的角度，施工项目信息可分为管理目标信息、生产要素信息、管理工作流程信息、信息稳定程度信息、管理性质信息、层次信息等种类。

1) 管理目标信息

管理目标信息可分为成本控制信息、质量控制信息、进度控制信息和安全控制信息等。

(1) 成本控制信息。与其直接有关的信息为：施工项目成本计划、施工任务单、限额领料单、施工定额、成本统计报表、对外分包经济合同、原材料价格、机械设备台班费、人工费、运杂费等。

(2) 质量控制信息。与其直接有关的信息为：国家与地方政府部门颁布的有关质量的政策、法令、法规和标准等，质量目标的分解图表、质量控制的工作流程和工作制度、质量管理体系构成、质量抽样检查数据、各种材料和设备的合格证、质量证明书、检测报告等。

(3) 进度控制信息。与其直接有关的信息为：施工项目进度计划、施工定额、进度目标分解图表、进度控制工作流程和工作制度、材料和设备到货计划、各分部分项工程进度计划、进度记录等。

(4) 安全控制信息。与其直接有关的信息为：施工项目安全目标、安全控制体系、安全控制组织和技术措施、安全教育制度、安全检查制度、伤亡事故统计、伤亡事故调查与分析处理等。

2) 生产要素信息

生产要素信息可分为劳动力管理信息、材料管理信息、机械设备管理信息、技术管理信息、资金管理信息等。

(1) 劳动力管理信息主要包括劳动力需要量计划、劳动力流动和调配等。

(2) 材料管理信息主要包括材料供应计划、材料库存、储备与消耗、材料定额、材料领发及回收台账等。

(3) 机械设备管理信息主要包括机械设备需要量计划、机械设备合理使用情况、保养与维修记录等。

(4) 技术管理信息主要包括各项技术管理组织体系、制度和技术交底、技术复核、已完工程的检查验收记录等。

(5) 资金管理信息主要包括资金收入与支出金额及其对比分析、资金来源渠道和筹措方式等。

3) 管理工作流程信息

管理工作流程信息分为计划信息、执行信息、检查信息、反馈信息等。

(1) 计划信息包括各项计划指标、工程施工预测指标等。

(2) 执行信息包括项目施工过程中下达的各项计划、指标、命令等。

(3) 检查信息包括工程的实际进度、成本、质量的实施状况等。

(4) 反馈信息包括各项调整措施、意见、改进的办法和方案等。

4) 信息稳定程度信息

信息稳定程度信息分为固定信息与流动信息。

(1) 固定信息指在较长时期内，相对而言稳定，变化不大，可以查询得到的信息，包括各种规范、规程、定额、标准、条例、制度等，如施工定额、材料消耗定额、施工质量统一验收标准、施工质量验收规范、施工操作规程、生产作业计划标准、施工现场管理制度、政府部门颁布的技术标准、不变价格等。

(2) 流动信息是指随施工生产和管理活动不断变化的信息，如施工项目的质量、成本、进度、安全的统计信息，计划完成情况，原材料消耗量、库存量，人工工日工资数，机械台班数等。

5) 管理性质信息

管理性质信息分为生产信息、技术信息、经济信息与资源信息等。

(1) 生产信息指有关施工生产方面的信息，如施工进度计划、材料消耗等。

(2) 技术信息指技术部门提供的有关信息，如技术规范、施工方案、技术交底等。

(3) 经济信息指施工项目成本计划、成本统计报表、资金耗用等。

(4) 资源信息指施工项目资金来源、劳动力供应、材料供应、机械设备供应等。

6) 层次信息

层次信息分为战略信息、策略信息与业务信息等。

(1) 战略信息指提供给上级领导的重大决策性信息。

(2) 策略信息指提供给施工项目部各职能部门的管理信息。

(3) 业务信息指基层技术、管理、作业人员例行性工作生产或需要用的日常信息。

8.1.2 施工项目信息的表现形式

施工项目信息管理工作涉及多方面、多部门、多渠道、多环节、多专业，信息量大，来源广泛，主要信息表现形式如下。

1. 书面形式

书面形式包括设计图纸及说明书、任务书，施工组织设计，合同文本，工作条例、规章、制度，概预算书，会计、统计等种类图表、报表，会议纪要、谈判记录、技术交底记录、工作研讨记录，信函等信息。

2. 语言形式

语言形式包括口头分配任务、作指示、汇报、工作检查、介绍情况、谈判交涉、建议、批评、工作讨论和研究，个别谈话记录(如业主口头或电话提出的工程变更要求，但事后应及时追补工程变更文件记录、电话记录)等信息。

3. 技术形式

技术形式包括电报、电传、录像、录音、电视、光盘、图片、磁盘、照片等记载储存的信息。

4. 电子形式

电子形式包括电子邮件、Web网页等发送的信息。

8.1.3　施工项目信息的流动形式

《建设工程项目管理规范》(GB/T 50326—2006)指出：信息流程应反映组织内部信息流和有关外部信息流及各有关单位、部门和人员之间的关系，并有利于保持信息畅通。施工项目信息在项目组织内部和该组织与外部环境之间不断地流动，从而构成“信息流”。施工项目信息按照不同的流向，可分为以下几种流动形式。

1. 自上而下流动

自上而下流动是指自项目的主管单位、业主开始，流向工程项目的工程部(业主的施工项目管理机构)、项目监理部、项目经理部传递信息的方式；项目经理部自项目经理开始，流向项目管理各职能部门及人员，乃至工人班组传递信息的方式；在分级管理时，自每一个中间层次的机构向其下级逐级流动的信息，即信息源在上，接收信息者是其直接下属。这些信息主要指管理目标、命令、工作条例、办法及规定、业务指导意见等。

2. 自下而上流动

自下而上流动是指由下级向上级(一般逐级向上)传递信息的方式。这些信息源在下，接受信息者在上。包括项目实施和管理中有关目标的完成量、进度、成本、质量、安全、消耗、效率、工作人员的工作情况，以及值得引起上级关注的情况、意见与建议等。

3. 横向流动

横向流动是指在工程项目管理机构中，同一层次的工作部门或工作人员之间相互提供或接收信息的方式。这类信息一般是出于分工不同而各自产生的，为了共同的目标又需要相互协作、互通有无或相互补充，以及在特殊、紧急情况下，为了节省信息流动时间而需要横向提供的信息。工程项目经理应当采取措施防止产生横向信息流通的障碍，较好地发挥横向信息流应有的作用。

4. 信息中心辐射流动

信息中心是指顾问室或经理办公室等综合部门为项目经理决策做准备，需要大量信息与提供辅助资料，同时又是有关项目利害关系信息的提供者。信息中心辐射流动是指汇总信息、分析信息、分发信息的部门，帮助工作部门进行规划、任务检查，对有关的专业、技术与问题进行指导的方式。因而各职能部门不仅要向上级汇报，而且应将有关信息及时传递给顾问室或经理办公室，以便为项目经理的决策做好充分准备。

5. 内外交流

项目管理班子与自己的企业领导、建设单位、质量监督单位、安全监督单位、工程监理单位、设计单位、工程地质勘察单位、供应单位、银行、咨询单位及国家有关管理部门

等需要进行信息交流，一方面满足自身项目管理的需要，另一方面满足与项目外部环境协作的要求，或者按国家规定的要求相互提供信息。因此项目经理对这类信息应给予充分的重视，它涉及信誉、竞争、守法和经济效益等诸多方面的重大原则问题。

8.1.4 施工项目信息管理的基本要求

施工项目信息管理总是贯穿于项目管理的全过程。为了有效、有序、有组织地对施工项目全过程的各类介质信息进行管理，为预测未来和正确决策提供依据，提高管理水平，应遵循以下对施工项目经理部的信息管理基本要求。

(1) 施工项目经理部应建立项目信息管理系统，对施工项目实施全方位、全过程的信息化管理。

(2) 施工项目经理部，可以在各职能部门中设信息管理员或兼职信息管理人员，也可以单设信息管理人员或信息管理部门。信息管理人员都须经有资质的单位进行培训后，才能承担项目信息管理工作。

(3) 施工项目经理部应负责收集、整理、管理本施工项目范围内的信息。对实行总分包的施工项目，项目分包人应负责分包范围内的信息收集、整理，承包人负责汇总、整理发包人的全部信息。

(4) 施工项目经理部应及时收集信息，并将信息准确、完整、及时地传递给使用单位和人员。对施工项目的各种原始信息来源、要收集的信息内容、标准、时间要求、传递途径、反馈的范围、责任人员的工作职责、工作程序等有关问题做出具体规定，形成制度，认真执行，以保证原始资料的全面性、准确性、及时性和可靠性。为了便于信息的查询使用，要求施工项目经理部在收集项目信息时，首先应填写项目目录清单。其作用是通过此表让信息管理员输入计算机，或者信息使用者尽快地在计算机中找到所需项目的信息。项目目录清单格式如表 8-1 所示。

表 8-1　项目目录清单

序号	项目名称	项目电子文档名称	内存/盘号	单位工程名称	单位工程、电子文档名称	负责单位	负责人	日期	附注
1									
2									
3									
…									
N									

(5) 施工项目信息收集应随工程的进展进行，保证真实、准确、具有时效性，经有关负责人审核签字后，及时存入计算机中，纳入施工项目管理信息系统内。

(6) 项目信息管理工作应采取必要的安全保密措施，包括：信息的分级、分类管理方式，确保项目信息的安全、合理、有效使用。

(7) 施工项目经理部应建立完善的信息管理制度和安全责任制度，坚持全过程管理的原则，并做到信息传递、利用和控制的不断改进。

8.2　施工项目信息的内容

通常施工项目经理部在项目管理过程中应收集并整理的施工项目信息内容包括项目公共信息和项目个体信息两个方面。

1.　项目公共信息

(1) 政策法规信息：有关的政策、法律、法规和部门、企业的规章制度。

(2) 自然条件信息：工程项目所在地气象、地貌、水文地质资料。

(3) 市场信息：材料设备的供应商及价格信息、新技术、新工艺。

(4) 其他公共信息。

2. 项目个体信息

(1) 工程概况信息：工程概况、工程造价计算书、场地与环境交通概况、参与建设各单位概况、社会环境。

(2) 商务信息：施工图预算、中标的投标书、各类施工合同、工程款索赔。

(3) 施工记录信息：施工日志、质量检查记录、材料设备进场及消耗记录。

(4) 技术管理信息：施工试验记录、施工记录、施工预检记录、隐蔽工程验收记录、分部工程验收记录、各专业工程验收记录、施工组织设计、施工方案、技术交底、工程质量验收、设计变更、竣工验收资料与竣工图。

(5) 工程进度控制信息：施工进度计划、WBS 作业包、WBS 界面文件。

(6) 工程质量控制信息：质量目标、质量体系，材料、成品、半成品、构配件、设备出厂质量证明或检(试)验报告及进场后的抽检复验报告。

(7) 工程成本控制信息：预算成本、责任目标成本、实际成本、降低成本计划、成本分析。

(8) 工程安全控制信息：安全管理制度及措施、安全交底、安全设施检查与验收、安全教育、安全事故调查与处理。

(9) 资源管理信息：劳动需要量计划，主要材料、构配件、成品、半成品需要量计划，机械、设备需要量计划，资金需要量计划。

(10) 行政管理、现场管理信息：来往函件、会议通知、会议纪要，施工现场管理制度，文明施工制度，防火、保安、卫生防疫、场容规章、现场评比记录。

(11) 竣工验收信息：施工单位工程竣工报告，工程竣工验收报告，工程竣工质量验收备案表，单位工程质量验收文件(包括监理、设计、勘察、消防、桩基有关单位的质量检查、论证报告及准许使用文件等)，建设工程档案验收许可证，工程结算，工程回访与保修。

8.3　施工项目信息管理系统

施工项目信息管理系统的作用是针对施工项目的计算机应用软件系统，通过及时地提供施工项目的有关信息，支持项目管理人员进行项目规划并在项目实施中控制项目目标。

施工项目信息管理系统是一个由几个功能子系统相关联而合成的一体化的信息系统，其特点为：提供统一格式的信息，简化各种项目数据的统计和收集工作，使信息成本降低；及时全面地提供不同需要、不同浓缩度的项目信息，从而可迅速做出分析解释，及时产生正确的控制；完整系统地保存大量的项目信息，能方便、快速地查询和综合，为项目管理决策提供信息支持；利用模型方法处理信息，预测未来，科学地进行决策。

8.3.1 施工项目信息管理系统结构

施工项目信息管理系统一般由项目目录清单子系统、公共信息子系统和项目信息子系统所组成，其系统结构如图 8-1 所示。

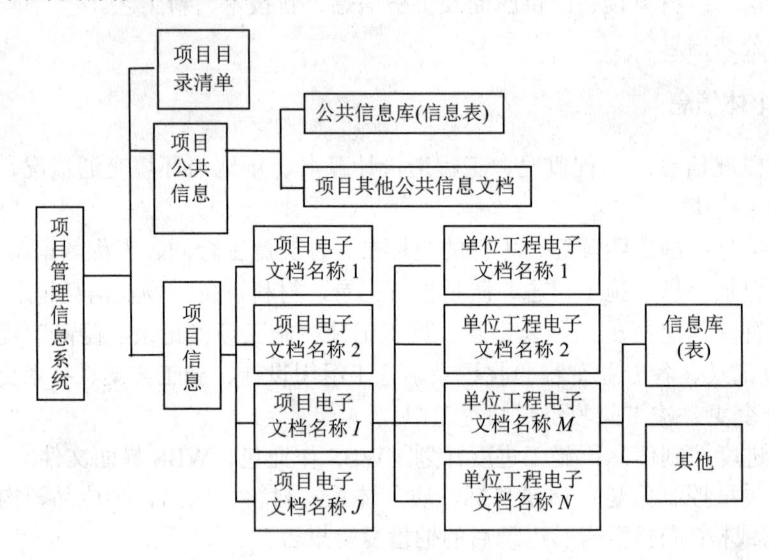

图 8-1 施工项目信息管理系统的结构

图中“公共信息库”中包括的“信息表”有：法规和部门规章表；材料价格表；材料供应商表；机械设备供应商表；机械设备价格表；新技术表；自然条件表等。

“项目其他公共信息文档”，是指除了“公共信息库”中文档以外的项目公共文档。

“项目电子文档名称 *I*”，一般以具有指代意义的项目名称作为项目的电子文档名称(目录名称)。

“单位工程电子文档名称 *N*”，一般以具有指代意义的单位工程名称作为单位工程的电子文档名称(目录名称)。

“单位工程电子文档名称 *M*”的信息库应包括：工程概况信息；施工记录信息；施工技术资料信息；工程协调信息；工程进度信息；资源计划信息；成本信息；资源需要量计划信息；商务信息；安全与文明施工管理信息；工程项目行政管理信息；竣工验收信息等。这些信息所包含的表即为“单位工程电子文档名称 *M*”的信息库中的表。除了以上数据库文档以外的反映单位工程信息的文档归为“其他”。

8.3.2　施工项目信息管理系统的内容

1. 建立信息代码系统

将各类信息按信息管理的要求分门别类，并赋予能反映其主要特征的代码，一般有顺序码、数字码、字符码和混合码等，用以表征信息的实体或属性；代码应符合唯一化、规范化、系统化、标准化的要求，以便利用计算机进行管理；代码体系应科学合理、结构清晰、层次分明，具有足够的容量、弹性和可兼容性，能满足施工项目管理需要。图 8-2 所示为单位工程质量管理信息编码示意图。

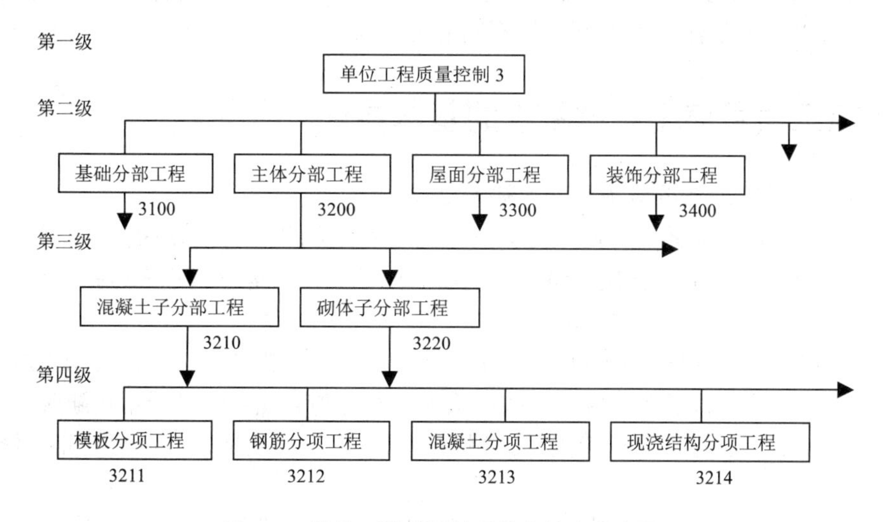

图 8-2　单位工程质量管理信息编码示意图

2. 施工项目管理中的信息流程

依据施工项目管理工作的要求和对项目组织结构、业务功能及流程的分析，建立各单位及人员之间的信息连接，并要保持纵横内外信息流动的渠道畅通有序，否则施工项目管理人员无法及时得到必要的信息，就会失去控制的基础、决策的依据和协调的媒介，将影响施工项目管理工作的顺利进行。

3. 施工项目信息管理中的信息处理

施工项目信息管理中的信息处理主要包括数据收集和输入、数据传输、数据存储、数据加工处理、数据输出等工作。施工项目信息管理中的信息处理包括采用人工信息管理系统和采用计算机信息管理系统两种。以计算机作为信息处理工具的人机系统通常具有以下功能。

(1) 数据收集和输入：将分散在各地的数据进行收集并记录下来，整理成信息系统所需求的格式或形式。收集信息先要识别信息，确定信息需求，建立信息收集渠道的结构。而信息的需求应由施工项目管理的目标出发，从客观情况调查入手，加上主观思路规定数据的范围。

(2) 数据传输：有两种主要方式，一种是计算机网络形式传输；另一种是盘片传输。建立数据传输渠道的结构，明确各类信息数据应传输至何地点、传输与何人，何时传输，采用何种方式传输等。信息数据的传输者传输数据时，应保持原始数据的完整、清楚，使接收者能准确地理解所接收的数据。

(3) 数据存储：管理中的大量数据被存储在磁盘、光盘等存储设备上。数据存储的目的是将数据保存，以备随时查询使用。

(4) 数据加工处理：对数据进行核对、变换、分类、合并、排序、更新、检索、抽出、分配、生成和计算等处理，建立索引或目录文件。运用网络计划技术模型、线性规划模型、存储模型等对数据进行统计分析和预测，成为统计信息和预信息。

(5) 数据输出：将处理好的数据按各管理层次的不同需求，编制打印成各种报表和各种文件，或者以电子邮件、Web 网页等不同的形式输出。

8.3.3 施工项目信息管理系统的基本要求

施工项目信息管理系统应满足下列基本要求。

(1) 项目信息管理体系设计时，应同时考虑项目组织和项目启动的需要，包括信息的准备、收集、标志、分类、分发、编目、更新、归档和检索等。信息应包括事件发生时的条件，以便使用前核查其有效性和相关性。

(2) 工程项目信息管理系统应目录完整、层次清晰、结构严密、表格自动生成。

(3) 工程项目信息管理系统应方便数据输入、整理与存储，有利于用户随时提取。

(4) 工程项目信息管理系统应能及时调整数据、表格与文档，能灵活补充、修改与删除数据。

(5) 工程项目信息管理系统内含的信息种类与数量应能满足项目管理的全部需要。

(6) 工程项目信息管理系统应能使设计信息、施工准备阶段的管理信息、施工过程项目管理各专业的信息、项目结算信息、项目统计信息等有良好的接口。

(7) 工程项目信息管理系统应能连接项目经理部各职能部门之间，以及项目经理部与各职能部门、作业层、企业各主管部门、企业法定代表人、发包人和分包人、监理机构等，使施工项目管理层与企业管理层及作业层信息收集渠道畅通、信息资源共享。

8.4 施工项目信息管理软件简介

在国外的建筑工程中，是否应用计算机进行管理是评价建筑业企业管理水平的一个重要指标，因此，采用计算机进行工程管理也是我国建筑业企业增强国内国际市场竞争力的一个重要手段。计算机辅助施工项目管理的普及已是大势所趋。随着科学技术的进步，大量的施工项目管理软件涌现出来，成为施工项目管理方法和手段的重要组成部分。

8.4.1 施工项目管理软件应具备的基本功能

目前项目管理软件品种繁多，这些软件各具特色，各有所长，其功能可分为三个层次。

第一层次，也称基本功能，它包括进度控制、投资控制、质量控制、资源控制、资金管理、采购管理等，是对基层工作流程的模拟，在一定程度上实现数据共享，减轻了基层项目管理人员的工作强度。第二层次功能有两个特点：一是分析和预测功能，是项目管理业务的要求，以满足中层管理人员的业务需求；二是计算机网络的使用和通信功能，是计算机的应用、分析，包括工期变动分析、成本变动分析、资源变动分析、资源替代分析、不可预见事件分析，以分析各种变动对项目可能带来的影响。在分析的基础上产生预测功能，主要包括进度预测、投资预测、资金需求预测等。第三层次是基于因特网的项目管理：一方面借助因特网使传统的项目管理软件能在因特网上运行，从而摆脱操作系统、操作地点的限制；另一方面是整个项目管理业务与因特网的结合。尽管所有这些功能大多在前两个层次中出现过，但把它们与 Web 技术集成，却是一件技术上、操作上都相当困难的任务。

8.4.2　施工项目管理软件

目前在我国较为流行的工程项目管理软件主要是美国 Microsoft 公司的 Microsoft Project 2002、美国 Primavera 公司的 Primavera Project Planner(P3)，以及我国工程项目管理系统 PKPM、同洲电脑公司的工程项目计划管理系统 TZ-Project7.2、梦龙公司的梦龙智能项目管理系统 PERT 等。

1. Microsoft Project 2002

Microsoft Project 2002 是美国 Microsoft 公司最新推出的项目管理软件，可用于项目计划、实施、监督和调整等方面的工作，在输入项目的基本信息之后，进行项目的任务规划，给任务分配资源和成本，完成并公布计划、管理和跟踪项目等。它在国外的项目管理工具中占有相当大的市场份额。其优点包括以下几方面。

(1) 易学易用，功能强大。Microsoft Project 2002 和 Office 2000 能完全集成，使用通用的 Office 界面和联机帮助系统，便于用户掌握和使用。通过 Excel、Access 或各种 ODBC 数据库、CSV 和制表符分隔的文本文件兼容数据库存取项目文件等。Microsoft Project 2002 的主要功能包括范围管理、时间管理、成本管理、人力资源管理、风险管理、质量管理、沟通管理、采购管理、综合管理等多个方面。

(2) Microsoft Project 2002 提供了强大的计划安排和跟踪工具，可帮助用户创建项目计划。如计划冲突、中断、允许为任务设置工作日历、资源可采用多种分配形式、资源的成本费率可变等，便于更真实地模拟实际项目。自定义大纲代码具有功能强大的新特点，允许用户根据自己企业的工作细目分类结构来创建项目大纲结构。

(3) Microsoft Project 2002 还支持 Internet 的新技术，有助于保证项目上全面及时的数据传输。Microsoft Project Central 是一个基于 Web 的程序，它作为 Microsoft Project 2002 的伴侣可以被安装在 Internet 或企业内部 Internet 上，来获取关于项目的最新数据。

(4) Microsoft Project 2002 还提供 Microsoft Visual Basic for Applications 扩展、资源工具(Microsoft Project 2002 Resource Kit)、软件开发工具(Microsoft Project 2002 Software Developer’s Kit)等，便于对 Microsoft Project 2002 进行下一步开发，以满足特定项目管理的需要。

2. Primavera Project Planner(P3)

美国 Primavera 公司的 Primavera Project Planner(P3)是国际上最为流行的项目管理软件之一，已成为项目管理软件的标准，其宗旨是对项目进度、资源、成本进行动态管理和控制，以时间最短、成本最低、质量最优为目标。它在计划制订、成本控制、资源处理、任务跟踪、图表输出等方面功能较强，但对操作人员的专业知识、计算机水平要求很高，需专门培训。Primavera Project Planner(P3)的精髓是广义网络计划技术与目标管理的有机结合，它代表了现代化项目管理方法和计算机最新技术的良好结合，大型项目需要 P3 这样强劲且有深度的项目管理软件，多标项目也需要 P3 这样真正的多用户系统和工作组方式的项目管理软件。目前我国绝大部分国家重点工程、大型工程项目的管理都采用 Primavera Project Planner(P3)软件。如黄河小浪底水利枢纽工程、秦山核电三期工程、京沪高速公路工程、广州地铁工程、深圳地铁工程、三峡水利工程、上海通用汽车厂建安工程等。

Primavera Project Planner(P3)可优化、计划和管理多个工程项目，进行多方案分析比较，从事目标计划跟踪，在多用户环境下安全共享数据，利用先进的资源平衡来优化资源计划，通过网络图、横道图、时标网络图反映工程数据；利用网络进行数据交换，各个部门可通过 Internet，自定义报表和电子邮件来有效地反馈工程进展；通过同 ODBC、Windows 进行数据交换，可以支持数据采集、存储和风险分析；可以输出传统的 dBase 数据库、Lotus 文件，也可以接收 dBase、Lotus 格式的数据。Primavera Project Planner(P3)处理单个项目的最大工序数可达到 10 万道，资源数不受限制，每道工序上可使用的资源数也不受限制，它还可以自动解决资源不足的问题。P3 可以根据工程的属性对工作进行筛选、分组、排序和汇总。

3. PKPM

工程项目管理系统 PKPM 是由中国建筑科学研究院与中国建筑业协会工程项目管理委员会共同开发的一体化施工项目管理软件。它以工程数据库为核心，以施工管理为目标，针对施工企业的特点而开发。PKPM 在标书制作及管理、施工平面图设计及绘制、项目管理、建筑工程概预算计算机辅助设计、自动套用定额及生成预算书报表等方面功能较强，比较适合国内的国情。其中项目管理软件是施工项目管理的核心模块，它具有很高的集成性，行业上可以和设计系统集成，施工企业内部可以同施工预算、进度、成本等模块数据共享。

PKPM 软件以《建筑工程施工项目管理规范》为依据进行开发，软件自动读取预算数据，生成工序，确定资源、完成项目的进度、成本计划的编制，生成各类资源需求量计划、成本降低计划、施工作业计划及质量安全责任目标，通过网络计划技术、多种优化、流水作业方案、进度报表、前锋线等手段实施进度动态跟踪与控制，通过质量测评、预控及通病防治实施质量控制。PKPM 软件的功能和特点如下所述。

(1) 按照项目管理的主要内容，实现四控制(进度、质量、成本、安全)、三管理(合同、现场、信息)、一提供(为组织协调提供数据依据)的项目管理软件。

(2) 提供了多种自动建立施工工序的方法。

(3) 根据工程量、工作面和资源计划安排及实施情况自动计算各工序的工期、资源消耗、成本状况，换算日历时间，找出关键路径。

(4) 可同时生成横道图、单代号及双代号网络图和施工日志。

(5) 具有多级子网功能，可以处理各种复杂工程，有利于工程项目的微观控制和宏观控制。

(6) 具有自动布图功能，能处理各种网络搭接关系、中断和强制时限。

(7) 自动生成各类资源需求曲线等图表，具有所见即所得的打印输出功能。

(8) 系统提供了多种优化、流水作业方案以及里程碑功能，实现进度控制。

(9) 通过前锋线功能动态跟踪与调整实际进度，及时发现偏差并采取调整措施。

(10) 利用三算对比和国际上通行的赢得值原理进行成本的跟踪与动态调整。

(11) 对于大型、复杂及进度、计划等都难以控制的工程项目，可采用国际上流行的“工作包”管理控制模式。

(12) 可对任意复杂的工程项目进行结构分解，在工程项目分解的同时，对工程项目的质量、进度、成本、安全目标等进行分解，并形成结构树，使得管理控制清晰，责任目标明确。

(13) 利用严格的材料检验、监测制度、工艺规范库、技术交底、预检、隐蔽工程验收、质量预控专家知识库进行质量保证；统计分析“质量验评”结果，进行质量控制。

(14) 利用国家现行的安全技术标准和安全知识库进行安全设计和控制。

(15) 可通过编制月度及旬作业计划、技术交底、收集各种现场资料等进行现场管理。

(16) 利用合同范本库签订合同和实施合同管理。

4. TZ-Project 7.2

TZ-Project 7.2 是我国大连同洲电脑有限责任公司近年推出的项目管理软件，应用较为广泛。它汲取了同类管理软件的精华，兼顾国内外施工企业的施工管理模式，TZ-Project 7.2 依据国家标准，合理地、科学地安排计划，实时动态地控制工程进度。其功能和特点如下所述。

(1) 具有编制网络计划的功能。只需在工作信息表内录入作业及相互间的逻辑关系，系统便能智能地生成各种网络图。TZ-Project 7.2 具有横道图、单代号网络图、双代号网络图、双代号时标网络图(等距、不等距)，以及各种资源的统计报表，具有打印、绘图等输出功能及联机帮助功能。

(2) 具有网络计划动态调整的功能。依据实际工作工程量的完成情况自动输出实际进度前锋线，动态跟踪工程进度；能通过计划与实施的对比，输出计划调整后的横道图，实时控制施工进度；跟踪进度计划，生成中期计划，为后续任务量的实施做准备。

(3) 具有资料优化功能。资源有限优化和均衡优化功能；资源强度曲线及消耗报表输出功能；资源预警、资料冲突时可调整计划的功能；各类资源工作报表数据可形成文本文件与 Excel 接口。

(4) 具有费用管理功能。统计分析计划的直接费用、间接费用、预算费用和其他相关的费用情况；统计分析出工程项目的最终费用情况。

(5) 具有日历管理及系统安全功能。依据工程项目要求，能够方便地指定工程日历，自动换算日历时间；具有系统保密、口令设置及导引功能。

(6) 具有分类剪裁输出功能。根据对工程的关键作业、某时段内工作情况等，可按工程项目的不同性质进行考察，便于计划的上传下达和掌握工程进展情况。

(7) 具有可扩展性。提供数据库和正文文件接口，适合二次开发和系统互连；可生成DBF和XLS两种数据格式便于用户使用。

5. PERT

梦龙智能项目管理系统 PERT 是梦龙科技(集团)公司应用网络技术的原理，采用高新技术手段开发的，适用于各种项目计划管理的智能化软件。PERT 系统在开发过程中，参考了国内外其他软件的特点，经三峡工程项目管理的大量试用、反复修改使其不断完善，目前已被我国建筑、安装、科研、监理等行业的单位使用。PERT 系统界面新颖、操作直观、功能可靠，有其独特的优越功能。

(1) 作图方便灵活。能在计算机上直接做出网络图，并可随时转换成另一种形式：单代号网络图、双代号逻辑网络图、时标网络图、时标逻辑网络图、横道图、会聚单代号网络图、单双混合方框网络图及中外两种文字的网络图，漏画工作在图形上可任意插入，多画工作删除方便并智能连接，逻辑关系任意调整，相同内容随意复制，关键节点自动生成，网络图层次分明并可随意调整。PERT 系统还提供了文本方式双代号输入法、紧前关系输入法、紧后关系输入法三种输入方法作网络图。三者之间可相互转换，用任何一种方法输入即可自动生成网络图。

(2) 瞬间可生成流水网络。采用 PERT 软件做流水网络瞬间即可生成。只要做好一个标准层，其他层自动生成普通流水网络或小流水(分层分段的立体流水)网络(小流水施工法对工期控制非常有效)，自动带层段号。

(3) 子网络功能。一般较复杂的工程项目要用多级网络进行控制，根据工程的实际情况可分为一级、二级、……多级网络，不同的管理层对应不同级别的网络，做到真正的分级管理。

(4) 动态控制及前锋线功能。网络图不能实行动态控制，不可能给工程项目管理带来较大的效益。PERT 系统将工程实际进展情况输入计算机，便会显示带前锋线的网络图，做到真正的动态管理。前锋线是对实际工程进度的记录，根据前锋线可直接了解到每项工作的提前和滞后，将前锋线拉直来预测完工时间并给出新的关键线路及相对原计划提前或滞后的时间，为领导决策提供准确的依据，有利于工程项目的管理和进度控制。

(5) 资源费用优化控制。PERT 系统资源按不同种类分类管理(可自定义名称)，通常按人、机、材分开管理，按不同属性进行分布，通过网络做出各种资源的分布曲线及报表，对这些资源及数据可进行优化计算。根据不同分布曲线分别做出用工计划、机具安排计划、材料供应计划及费用投资计划，统筹兼顾，合理安排。

(6) 综合控制功能。一个工程项目涉及对合同及图纸等诸多工程信息的管理，这类工程信息都与工程进度有关联，当工程进度发生变化时，如实际工作与原计划不符、图纸发生变更、合同需更改等许多信息的变化，靠人直接管理是很困难的，PERT 系统提供了这类信息的自动预警体系，可以使工程项目得到有序的管理。

(7) 集成管理。许多项目管理软件都把工艺过程、网络计划的编制、资源的管理在同一个计算机程序中处理，系统操作人员不但要懂财务、合同、投资，还要懂设备、材料、图纸等多专业的知识，一个人是不可能把各个方面都控制下来的，这样的处理难以达到有效的控制。在工程控制中，要有各方面的反馈信息才能对下一步进行科学的决策和控制。PERT 集成系统，是根据企业的特点，利用了 Internet 和 Intranet 等计算机网络技术，开发以网络计划为核心的项目管理集成系统，它可以使用投资控制、人事管理、材料管理、设备管理、合同管理等各部门的资源，这些资源数据可通过各部门来采集处理，并且各系统之间实行数据共享、协调工作，方可达到项目管理的效果。

8.5　本 章 小 结

本章叙述了信息的特征；施工项目信息的分类；施工项目信息的表现形式；施工项目信息的流动形式；施工项目信息管理的基本要求；施工项目信息的内容；施工项目信息管理系统结构；施工项目信息管理系统的内容；施工项目信息管理系统的基本要求。最后简略介绍了目前国内较为流行的项目管理软件。

本章主要知识点：

- 信息的特征、信息的来源、项目管理信息。
- 施工项目信息的书面形式、语言形式、技术形式、电子形式。
- 施工项目信息的自上而下流动形式、自下而上流动形式、横向流动形式、信息中心辐射流动形式、内外交流形式。
- 施工项目信息管理的基本要求。
- 施工项目公共信息、个体信息。
- 施工项目信息管理系统结构。
- 建立信息代码系统、施工项目管理中的信息流程、施工项目信息管理中的信息处理。
- 施工项目信息管理系统的基本要求。

8.6　复习思考题

1. 试述信息的特征。
2. 信息有哪两种来源？
3. 施工项目信息可分为哪些种类？
4. 施工项目信息有哪些表现形式？
5. 试述施工项目信息的流动形式。
6. 施工项目信息主要有哪两方面的内容？
7. 试述施工项目信息管理中的信息处理。

参 考 文 献

[1] 建设工程项目管理规范(GB/T 50326—2006)[M]. 北京：中国建筑工业出版社，2006.

[2] 胡志根，黄建平. 工程项目管理[M]. 武汉：武汉大学出版社，2004.

[3] 建筑工程质量管理条例[M]. 北京：中国城市出版社，2000.

[4] 建筑施工手册第四版(缩印本)[M]. 北京：中国建筑工业出版社，2003.

[5] 丛培经，和宏明. 施工项目管理工作手册[M]. 北京：中国物价出版社，2002.

[6] 周栩. 建筑工程项目管理手册[M]. 长沙：湖南科学出版社，2004.

[7] 全国建筑业企业项目经理培训教材编写委员会[M]. 施工项目成本管理. 北京：中国建筑工业出版社，2001.

[8] 全国建筑业企业项目经理培训教材编写委员会[M]. 施工项目质量与安全管理. 北京：中国建筑工业出版社，2002.

[9] 全国建筑业企业项目经理培训教材编写委员会[M]. 施工组织设计与进度管理. 北京：中国建筑工业出版社，2001.

[10] 徐家铮. 建筑施工组织与管理[M]. 北京：中国建筑工业出版社，2003.

[11] 毛小玲. 建筑施工组织[M]. 武汉：武汉理工大学出版社，2003.

[12] 中国建设监理协会[M]. 建设工程进度控制. 北京：中国建筑工业出版社，2003.

[13] 吴根宝. 建筑施工组织[M]. 北京：中国建筑工业出版社，1995.

[14] 蔡雪峰. 建筑施工组织[M]. 武汉：武汉理工大学出版社，2002.